조경식재학

최 상 범 저

기문당

· 앞표지 그림은 창경궁 경춘전 후원의 화계이다.
· 가운데 표지 그림은 몰약沒藥나무(Myrrha, *Commiphora myrrha*, 감람나무-과, 여기서 추출한 방향성 樹脂는 미라를 만드는 데 이용된다.)를 두 사람이 목도를 이용하여 나르고 있다. 아라비아 반도 남서부의 특산물이며, BC3500년 이집트, 바빌로니아로 수출하였다. 다이리 알바리 하트셉스트 여왕 신전의 부조이다.
· 뒷표지 그림은 서울대 규장각 소장의 남지기로회도(南池耆老會圖)이며, 1629년 이기룡 작품으로 보물866호이며 국사학과 교수 정옥자 규장각 관장이 제공한 것이다.

머리말

중학교와 고등학교에서 생물을 가르쳤고 대학에 와서는 조경학과 교수로서 조경식물학과 식재학을 강의하면서 강의 교재를 개발하고 연구하고 가르쳐온 지 어느덧 4반세기가 지나왔지만 항상 만족하지는 못했었음을 고백한다.

이제서야 좀 완숙해가는가 싶더니 어느새 정년이 지났고, 그간에 축적되었던 모든 정보들을 모아서 다시 시도한 것이 「조경식재학」이다.

서양에서는 식재에 관한 문헌들과 자료들이 제법 많이 있지만 우리나라에서는 그렇지 못했음을 부인할 수 없다. 따라서 식재에 관한 더 많은 문헌 발굴과 자료 조사를 해야 하겠고 식재학 분야의 연구도 좀 더 활발하게 발전시켜야 할 것이다.

나의 학문의 싹은 아마 어릴 때 자라나던 내 고향 남양주 천마산(天摩山)일 것이다. 천마산 자락 두메산골에서 철따라 봄이면 싹트고 여름이 되면 초록빛으로 가을되면 단풍지고 열매 맺는 나무와 풀들과 더불어서 자라느라 저절로 정들고 친숙해졌던 것이었나 보다.

나는 이름 외에 천마산인(天摩山人)과 맹산(盟山)이란 아호(雅號)를 두 개나 갖고 있는데 고향에 있는 천마산인은 나에게 식물에 관한 많은 지식을 가르쳐 주어서 그 고마움으로 붙인 것이고, 맹산은 이순신 장군의 진중시 중에서 「서해어룡동(誓海魚龍動) 맹산초목지(盟山草木知)」의 시 구절에서 따온 것이다. '바다에 맹서하니 물고기와 용들이 움직이고, 산에다 맹서하니 풀과 나무들이 알도다' 하는 뜻이다. 나는 해병장교로 임관해서 월남전에는 소총소대장으로 참전하였고 임진왜란을 승리로 이끈 성웅 이순신 장군을 존경할 뿐만 아니라 또한 전공이 조경식물인지라 이 시 구절이 나와 너무나도 어울려서 자작 호(號)로 지은 것이다.

나의 이름은 한자로는 崔相範으로 쓴다. 할아버지께서 지어주신 이름이지만 이름 따라 운명인지 인연인지 성(姓)에도 산(山)이 들어 있고, 이름 두 글자에도 나무(木)와 대(竹)가 들어 있다. 산, 나무, 대, 그래서인지 나는 대학에는 원예학을 전공하였고 박사과정은 임학과에서 조경식물을 연구했다. 평생을 중등학교에서는 생물을, 대학에서는 조경식물학과 식재학을 강의해오며 30여 년을 살아온 것이다. 이것은 모두가 부처님과의 인연인지도 모른다.

　이 책의 내용은 1부는 식재학으로 식재이론을 기술하였고, 2부는 식재설계편이 된다. 1장에서는 조경식재학의 어원과 정의를 살펴보고, 인접 학문 분야와의 관계를 정립하여 보았다. 2장에서는 조경식재사를 우리나라 동양, 서양 등으로 살폈고, 3장에서는 첫학기 강의를 시작한 지 한 달이 되면 식재시기가 되므로 이식과 식재를 다루었고, 4장에서는 식재구성의 원리를, 5장에서는 조경식물의 미학적 이용을, 6장에서는 조경식물의 기능적 이용을 실었다. 7장에서는 조경식물의 환경분석을, 8장에서는 조경식물의 필요조건을, 9장에서는 조경식물의 특성을 넣었다. 10장에서는 조경식물의 식재기법을 싣고 11장에서는 연못과 수생식물을 담았다. 12장에서는 조경식재와 조명을 최초로 시도하였다.

　2부에서는 식재설계를 16개 단원별로 제목을 정하고 단원의 목표를 설정하여 다루었다.

　3부 조경식물재료는 식재설계가(植栽設計家, planting designer)의 편의를 위하여 1. 조경식물, 2. 조경화초, 3. 실내조경식물, 4. 허브식물, 5. 야생화 등을 넣었다.

　4부 부록에서는 1. 내한성대 지도, 2. 조경식물선정, 3. 조경식재학 용어 등을 실었으며, 조경식재학 용어는 가급적 순수한 우리말로 다듬어서 정리하였다.

　원고정리를 도와준 조경학과 강사 하재호 박사, 대학원생 강경리, 최라윤, 서동목 조교 등 모두에게 고마움을 전한다.

2015. 10
경주 금오산 밑에서
최 상 범

차례

Part 1 식재 이론

Part 2   식재 설계

Part 3   조경식물 재료

Part 4   부 록

Part 1
식재 이론

식재대(Planter, 주목)

1

조경식재학의
어원과 정의

1. 식재 (植栽)의 어원

식재는 한자로 植栽라고 쓴다. 植심을 식, 세울 식자는 木나무 목 변에 直곧을 직의 합성어이며 '나무를 심는다'는 뜻을 나타내기 위한 것으로 木(목)이 의미 요소이고, 直(직)은 '식'의 유사음으로 발음요소이며, 나무를 곧게 세우는 것을 가리키고, 栽심을 재 : 초목을 심음, 묘목 재 : 모나무는 土흙 토 밑에 木나무 목에 戈창 과의 합성어이며 '나무를 심는다'는 뜻을 나타내기 위한 것으로 나무 목(木)이 의미요소이고, 土흙 토＋戈창 과는 발음요소이다. 따라서 한자를 풀이하면 植栽(식재)라고 하는 것은 '땅에 도구창를 이용하여 나무를 곧바로 심는다'라는 뜻이다.

나무 목

植栽(식재)의 두 글자에는 모두 木나무 목자가 들어가며, 木(목)의 글자는 줄기와 가지와 뿌리를 단순화시켜서 표현한 상형문자(象形文字)에서 온 것이다.

수목(樹木)에서 樹나무 수는 木나무 목변에 豆제기그릇 두 위에 十열 십은 음식물을 상징한 것으로 제기에 음식을 담아 곧바로 세우는 것을 나타내는 문자이며, 寸마디 촌은 手손 수와 같은 뜻으로 나무를 흙에 반듯하게 손(또는 도구)으로 심는 것을 의미하는 뜻글자이다.

영어로 식재는 Planting으로 표기한다. Plant는 명사로 식물을 나타내며 동사로서는 심다의 뜻이다. Plant에 ing를 붙여서 명사가 되어 식재(植栽)를 의미한다.

2. 조경식재학의 정의

조경식재(造景植栽, Landscape Planting)는 조경에서 미학적(美學的)으로, 그리고 기능적(機能的)으로 이용하려는 목적으로 조경식물을 식재하는 것이다.

원예학에서는 조경식물을 관상원예(Ornamental Horticulture)의 한 분야로 다루어 식물의 잎, 줄기, 수피, 열매, 꽃, 신록, 단풍, 형태 등의 아름다움과 식물의 향기, 식물이 내는 소리 등을 미학적으로 이용한다.

조경학에서는 식물을 주로 기능적으로 이용하며, 특히 대기오염, 토양침식, 소음, 햇빛 차단, 강풍 등 여러 가지 환경문제들을 식물로 해결하려는데 목적이 있다.

조경식재학(造景植栽學, Landscape Planting Science)은 조경에서 식물을 미학적으로 이용하고 기능적인 이용을 연구하여 환경문제들을 해결하는 기술과학이다.

조경식물은 수목과 화초로 나뉘고 조경수목은 교목, 관목, 덩굴식물, 지피식물 등으로 구분하며, 화초는 한해살이, 여러해살이, 알뿌리 화초 등으로 구분하고 또한 야생화, 고사리, 이끼, 허브식물 등도 조경식물로 이용된다.

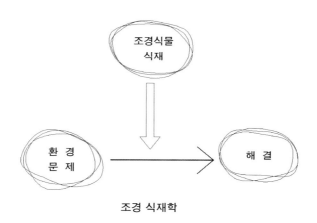

조경 식재학

농경사회에서 산업사회로 급변하면서 우리 인간의 삶에도 심각한 환경문제들에 당면하게 되었다.

공장의 굴뚝에서 나오는 대기 오염물질, 자동차 배기가스, 공장에서 나오는 폐수로 인한 수질오염, 농약이나 산성비로 인한 토양오염과 토양 산성화, 교통기관의 발달로 인한 소음과 진동, 숲의 파괴로 인한 바람의 노출과 토양침식, 또한 수원 함양에 따른 물 부족 등이 환경문제들이다.

이러한 환경문제들을 식물식재를 통해서 해결하고자 하는 것이 조경식재학의 중요한 과제이다.

3. 조경식재학과 인접 학문과의 관계

원예학은 과수원예, 채소원예, 화훼원예, 조경원예, 원예가공 등 5개 분야로 나누어진다. 과수원예와 채소원예를 묶어서 식용원예라 하고, 화훼원예와 조경원예를 묶어서 관상원예라 한다. 화훼원예는 온실에서 주로 재배하는 것으로 절화생산, 화분재배, 모종육묘 등이 있고, 조경원예는 정원에 식재하는 화초와 관상수목 등이 포함된다.

원예(園藝)에서 동산원園의 큰 입구口는 '보호하다. 방어하다'의 의미요소이고, 큰 입구口 안의 옷깃원袁은 발음요소이다. 심을 예藝의 풀초卄는 의미요소이고, 그 밑에 글자는 사람이 구부리고 땅 위에 나무를 심는 것을 형상화시킨 것이다. 따라서 원예는 동산에 식재하는 것을 의미한다.

조경학은 조경계획, 조경설계, 조경시공, 조경관리, 조경식물 및 식재학 등으로 크게 나뉜다.

임학은 조림 및 수목학, 임업경영학, 야생동물학, 임산가공학, 산림보호학 등의 5개 분야로 나누어진다.

조경학에서 식재학의 분야는 원예학의 관상원예와 임학의 조림 및 수목학과의 연관 관계를 갖고 있다.

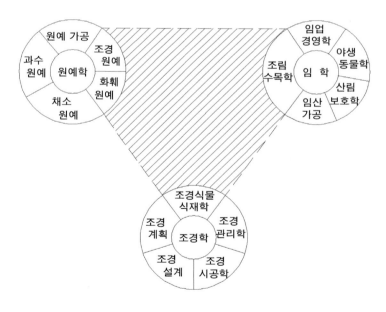

원예학, 임학, 조경학과의 관계

2
식 재 사

1. 우리나라 정원

우리나라의 문헌 중에서 식재에 관한 최초의 기록은 김부식이 편찬한 삼국사기 권 제7 신라본기 제7 문무왕(文武王) 14년(674) 2월조(條)에 궁내돌지조산종화초양진금기수宮內突池造山種花草養珍禽奇獸, 궁궐 안에 연못을 파고 산을 만들었으며, 화초를 심고 진귀한 새와 짐승을 길렀다, 즉 화초(花草)를 심었다는 기록이 있고, 삼국사기 권 제46 열전6 최치원(崔致遠) 조(條)에 영대사 식송죽 침적서사 송영풍월營臺째 植松竹 枕籍書史 誦詠風月, 높은 언덕에 정자를 지어 소나무와 대나무를 심고 서사 책으로 베개 삼아 풍월을 읊는다하는 글귀가 있다.

소나무와 대나무는 상록수로서 늘 푸른 빛깔을 나타내고, 모두 곧게 자라고 한여름철에는 그늘을 제공하고, 가을이면 솔바람 댓바람 소리를 내며, 대나무의 푸른빛과 소나무의 붉은빛은 아름다움을 더하며, 또한 대나무 숲은 겨울에 찬바람을 막아주어 아늑하고 편안한 정자가 되었을 것이다.

소나무와 대나무의 식재는 현대적 식재 개념으로도 조경식물을 미학적 이용과 기능적으로 이용하였다고 볼 수 있다. 최치원(857~?)은 신라 말엽의 대학자로 식재시기는 대략 당나라에서 귀국한 이후 AD 890년대 후반이 될 것으로 보인다.

■ 최치원* 선생이 식재한 식물(9세기)

식 물 이 름	학 명
소나무	*Pinus densiflora*
대나무	*Phyllostachys* spp.

* **최치원** 869년 치원은 나이 12살에 당(唐)에 유학하여 5년 후 18살에 단번에 급제하여 선주 율수현위, 종사관으로 있다가 885년 28살에 신라에 귀국해서, 유학한 이래 얻은 바 많으므로 지기의 품은 뜻을 펴고자 했으나 어지러운 시절인지라 유유자적 노닐 자유로운 몸이 되어 산림이나 강과 바닷가에 정자를 짓고 시를 읊었다.

상림(上林, 경남 함양읍, 천연기념물 제154호)은 우리나라 최초로 인공조림한 숲이다. 상림은 신라 말엽 진성여왕(887~897) 때 함양 태수(太守) 최치원이 식재한 것으로 읍내 안으로 흐르는 하천(뇌계, 현 위천)의 홍수 피해를 막으려고 하천을 읍내 옆으로 돌려서내고 나무들을 가야산에서 옮겨다 하천 옆을 따라 숲을 조성하고 대관림(大館林)이라 하였다.

현재 기다란 숲은 허리가 잘려서 상림과 하림으로 나뉘더니 하림은 그나마 사라져 없어지고, 지금 남아 있는 상림은 규모가 줄어들어 면적이 12ha 정도이며, 길이 1,400m, 너비 200m이며 상림에는 현재 낙엽수 116종 2만 여 주가 자라고 있다. 상림은 우리나라 최초로 수해방재(水害防災)를 위한 기능식재인 것이다.

함양의 상림(천연기념물 154호)

삼국사기 권 제25 백제본기 제3 진사왕 7년(390) 조에 백제가 궁실을 중수하고 못을 파고 산을 만들며 기이한 새들과 화초를 심었다고 하였다.

삼국사기 권 제5 신라본기 제5 선덕여왕은 전왕(진평왕: 원년 579~632) 때 당나라 태종이 홍(紅), 자(紫), 백(白)의 모란 그림과 모란씨 3되를 보내왔다고 하였는데 어린공주(덕만)였던 선덕여왕은 모란 그림에 꽃과 나비가 없는 것을 보고 "이 꽃은 비록 빼어나게 아름답지만 반드시 향기가 없을 것입니다."라고 말한 것은 너무나 유명한 이야기이다.

• 화원(花園: flower garden)

고려사 예종 8년(1113) 조(條)에는 2월에 궁 남쪽과 서쪽에 2개소의 화원(花園, 꽃

동산)을 설치하였다. 이때 환관들이 앞 다투어 아첨하여 사치한 것으로 대사(臺榭)를 짓고 담장(垣墻)을 높게 쌓으며 민가에서 화초들을 모아다가 옮겨 심고도 모자라서 송나라 상인들에게 구입하여 내탕금을 소비한 것이 적지 않았다고 하였다.

고려 의종 11년(1157) 조(條)에는 4월에 백성의 집 50여 채를 허물어 태평정(太平亭)을 짓고 태자(太子)에 명하여 편액(扁額)을 쓰게 하고 정자 옆에 이름난 꽃과 괴이한 과일나무를 심고, 괴기하고 아름다우며 진귀한 물건들을 좌우에 늘어놓았다. 정자 남쪽에 연못을 파고 관란정(觀瀾亭)을 세우고 북쪽에는 양이정(養怡亭)을 신축하고 청기와를 얹었으며 남쪽에는 양화정(養和亭)을 지어 종려나무로 지붕을 잇고 옥돌을 다듬어 환희대(歡喜臺)와 미성대(美成臺)를 쌓고 기암괴석으로 선산(仙山)을 만들고 먼 곳에서 물을 끌어들여 폭포를 만들었는데, 더할나위없이 사치스럽고 화려하였다.

이때 식재된 식물로는 모란, 국화, 작약, 석죽, 원추리, 무궁화, 접시꽃, 맨드라미, 장미, 백일홍나무, 해당화, 연꽃, 옥매, 봉선화, 자두나무, 백목련 등이다. 모란, 국화, 석죽, 무궁화, 접시꽃, 맨드라미, 장미, 백일홍나무, 연꽃, 옥매, 봉선화, 자두나무, (백)목련 등은 중국을 통해서 도입된 것으로 보인다.

■ 고려시대, 양화정과 관란정의 식물, 12세기

식 물 이 름	학 명	식 물 이 름	학 명
모 란	*Paeonia suffruticosa*	국 화	*Chrisanthesmum* spp.
무궁화	*Hibiscus syriacus*	작 약	*Paeonia lactiflora*
장 미	*Rosa* spp.	석 죽	*Dianthus sinensis*
백일홍 나무	*Lagerstromia indica*	원추리	*Hemerocallis* spp.
옥 매	*Prnus glandulosa* for. *albiplena*	접시꽃	*Alcea rosea*
자두나무	*Prunus salicina*	맨드라미	*Celosea cristata*
(백)목련	*Magnolia* spp.	연 꽃	*Nemunbo nucifera*
해당화	*Rosa rugosa*	봉선화	*Impatiens balsmina*

강희안(姜希顔 : 1417~1465)은 조선 초기 사람으로서, 세종 31년(1449) 이부랑(吏部郞)의 임기를 마치고 부지돈령(副知敦寧)에 올랐으나 한가한 직책이므로 날마다 꽃 기르는 일로 삼고 양생(養生)한 방법을 알게 될 때마다 기록한 것으로, 초간본은 강희맹의 부탁을 받고 함양군수 김종직(金宗直)이 성종 5년(1474)에 간행한 「진산세고; 晉山世稿」 권4가 양화소록(養花小錄)이다. 이 책이 우리나라 최초의 원예식물 재배에 관한 원예서적으로 16종의 꽃과 나무, 그리고 괴석에 대해서 설명하고 있다. 여기에 나오는 식물은 다음과 같다.

■ 강희안의 양화소록에 기록된 식물(1474)

식 물 이 름	학 명	식 물 이 름	학 명
노송(소나무)	*Pinus densiflora*	석류화(석류나무)	*Punica granatum*
만년송(향나무)	*Juniperus chinenses*	치자화(치자나무)	*Gardenia jasminoides* for. *grandiflora*
오반죽(오죽)	*Phyllostachys nigra*	사계화(장미)	*Rosa chinensis*
국화	*Chrisanthemum* spp.	산다화(동백나무)	*Camellia japonica*
매화(매화나무)	*Prunus mume*	자미화(백일홍나무)	*Lagerstromia indica*
난혜(난초)	*Cymbidum* spp.	일본 철쭉화(일본철쭉)	*Rhododendron* spp.
서향화(서향나무)	*Daphne odora*	귤수(귤나무)	*Citrus unshiu*
연화(연꽃)	*Nelumbo nucifera*	석창포	*Acorus graminens*

• 서석지 정원(瑞石池 庭園)

서석지

서석지(瑞石池) 정원은 경북 영양군 입암면에 있는 것으로 1613년(광해군 5년) 성균관 진사를 지낸 정영방(鄭榮邦 : 1577~1650)이 벼슬에서 물러나 낙향하여 은거하면서 산수가 뛰어난 곳에 자리 잡아 조성한 것으로 연못을 파고 '서석지(瑞石地)'라 이름하였다. 못에는 90여 개의 흰돌을 배치하였는데 60여 개는 수면 위에 놓이고 30여 개는 물 속에 낮게 잠긴다.

못가에 경당(敬堂)과 주일재(主一齊) 두 건물을 세웠다. 주일재 앞에는 사우단(四友壇)을 설치하고 선비정신을 상징하는 소나무, 대나무, 매화나무, 국화 등 네 종류의 식물을 식재하고 사절(四節)*이라 하였다.

정자의 이름은 경당(敬堂)으로서 경(敬)은 퇴계(退溪) 선생의 예(禮)를 중요시 하는 것을 뜻으로 이름 삼았다. 정영방은 퇴계학풍을 이어받은 제자였다.

서석지 한 구석에는 행단(杏壇)을 설치하고 은행나무를 식재하였는데 그 수령이 지금은 400여 년 생이 된다. 행단은 공자가 은행나무 밑에서 강학(講學)하던 장소를 상징한다.

＊ 사절(四節)　　매국설중의(梅菊雪中意, 매화와 국화는 눈 가운데 뜻이고)
송죽상후색(松竹霜後色, 소나무와 대나무는 서리 후의 빛깔이로다)
수여세한옹(遂與歲寒翁, 드디어 세한옹〈사우〉과 더불어)
동성대확약(同成帶確約, 이 세상 다하도록 약속 이루리라)

■ 서석지 식물(1613)

단	식물이름	학명
사우단	소나무 대나무 매화나무 국화	*Pinus densiflora* *Phyllostachys* spp. *Prunus mume* *Chrisanthesmum* spp.
행단	은행나무	*Ginkgo biloba*

• 연지(蓮池 : lotus pond)

  궁궐 정원이나 사대부 집안의 정원 등 별서정원(別墅庭園)에서 방지원도方池圓島 : 네 모형의 못과 가운데에 둥근 섬이 있는 못에는 연꽃을 식재하였다.

  연꽃(Lotus, *Nelumbo nucifera*)이 우리나라에 도입된 것은 천여 년 전으로 불국사에 구품연지(九品蓮池)가 조성된 것으로 보아 이미 연꽃이 식재되었고, 조선조에 와서는 숭유억불정책으로 융성치 못했다가 조선 후기에 와서 송나라 시인 주돈이(周敦頤 : 1017~1073)의 애련설(愛蓮說)*에 영향을 받아 연못 조성과 연꽃 식재가 유행하였다.

  경복궁의 향원지(香遠池 : 1456년 세조실록), 경남 함양 칠원면 무기연당(蓮塘)은 1728년, 경북 영천 임고면 선원동에 있는 연정(蓮亭)은 1750년, 달성군 하빈면 묘동에 있는 하엽정(荷葉亭)은 사육신의 한 사람인 박팽년의 11대 후손 박성수(朴聖洙)가 1769년에 조성한 것으로 모두 연꽃과 관계되는 이름들이다.

| 향원지 | 부용지 | 애련지 |

---

* **주돈이의 애련설 ;**

  송명이학의 창시자 주돈이(중국 북송의 유학자, 자는 무숙, 아호는 염계, 호남성 출생, 1017~73)는 연꽃의 자태와 생애를 너무도 사랑한 나머지 자신의 거처를 애련당(愛蓮堂)이라 이름짓고 '애련가'를 남겼다.

  물이나 뭍에 초목(草木)의 꽃들은 매우 많은데, 진(晋)의 도연명은 유독 국화(菊花)를 사랑했고, 이씨의 당(唐) 이래로 세상 사람들이 모란을 매우 사랑했으나 나는 홀로 진흙에서 나왔으나 더러움에 물들지 않고, 맑고 출렁이는 물에 씻기면서도 요염하지 않고, 속은 비었으나 겉은 곧으며 덩굴은 뻗지 않고 가지를 치지 아니하며, 향기는 멀수록 더욱 맑으며, 꼿꼿하고 깨끗이 서 있어 멀리서 바라볼 수는 있으나 함부로 가지고 놀 수 없는 연꽃을 사랑한다. 말하건대, 국화는 꽃 중에 속세를 피해 사는 은일자요, 모란은 꽃 중에 부귀한 자요, 연꽃은 꽃 중에 군자답다고 할 수 있다. 국화를 사랑하는 이는 도연명 이후로 들은 바가 드물고, 연꽃을 사랑하는 이는 나와 함께 할 자가 몇이나 되는가, 응당 모란을 사랑하는 이가 많으리라.

향원지(香遠池)와 향원정은 경복궁 후원에 고종(1876)이 조성한 것으로 이미 세조실록(1456)에 취로정과 못을 조성한 기록이 있다. 향원(香遠)은 송나라 주돈이 애련설 향원익청(香遠益淸 ; 향기는 멀수록 더욱 맑고)에서 따온 것이다.

애련지(愛蓮池)는 1405년 창덕궁 창건 당시에 조성된 것이며, 부용지(芙蓉池)는 1776년(영조 52)에 주합루를 언덕 위에 짓고 그 밑에 못을 조성하고 연꽃을 식재하였다. 부용은 연꽃을 가리키는 다른 말이다.

남지기로회도(南池耆老會圖: 서울대 규장각 소장)

옆 그림은 한양의 궁궐 남쪽 숭례문(崇禮門) 인근에 있었던 남지(南池)에서 예순 살 이상의 노인(耆老, 기로)들이 연회를 하는 장면으로, 남지기로회도(南池耆老會圖)에는 연못에 연꽃이 가득 식재되어 있다.

• 화계(花階 : flower terrace)

조선조 민가(民家)의 전통정원에서는 안채의 뒤쪽 동산의 산 비탈면을 계단으로 꾸미고 화단을 만들어 주로 키가 작은 화목류(花木類)를 식재하였다. 궁중정원에서도 후원을 다듬고 화강암 장대석을 바로쌓기 하여 단(壇)을 조성하여 화계를 만들었다.

경복궁내 왕비 침전인 교태전(交泰殿) 후원에 경회루 연못에서 파낸 흙으로 아미산(峨眉山)을 조성하고 장대석(長臺石)을 뉘어서 4개의 계단을 만들고 화계(花階)를 조성하고 꽃나무를 식재하였다.

■ 아미산 화계의 식물

수 종	학 명	수 종	학 명
매화나무	*Prnus mume*	철쭉나무	*Rhododendron schlippenbachii*
모란	*Paeonia suffruticosa*	해당화	*Rosa rugosa*
앵두나무	*Prunus tomentosa*		

경복궁 교태전 화계

창덕궁 낙선재 화계

창경궁 경춘전 화계

2. 고대 서양 정원

1) 고대 이집트(BC 2600~31)

고대 이집트는 정원문화가 가장 앞선 나라였다. 이집트의 정원은 사막에서 불어오는 모래바람과 뜨거운 열기로부터 보호하는 것이 우선과제였다. 이러한 기후적 환경을 극복하기 위하여 녹음수(綠陰樹), 시원한 물길(water channels), 신선한 과일과 맑은 정신이 요구되었다.

이집트 고급관리들의 무덤에서 발견된 벽화에는 정원의 그림이 생생하게 그려져 있다. 정원의 설계는 중심축을 따라서 주위에 정원 요소들이 대칭으로 배치되었다. 경관 형태는 교목

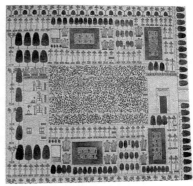

약 BC 1450년경 이집트 테베에서 발견된 무덤의 정원 벽화

가로수길, 덩굴식물로 덮인 트렐리스, 못 등이 정원의 양쪽으로 놓여 있다. 정원의 담장이 뜨거운 열기와 바람으로부터 보호되도록 둘러싸이고 숲은 녹음과 과일을 제공하며 물은 정원 안으로 관개되어 기온을 내려주는 역할을 하였다.

정원의 식물들은 이집트 문화에서 실용적이고도 상징적인 목적을 지니고 있다. 대추야자는 음식물을 제공하면서 비옥함을 상징한다. 파피루스는 부활을 상징하면서 많은 건축적 장식에 나타나는 형태이다. 석류나무는 다산(多産)과 비옥함을 상징한다. 무화과나무, 캐로브나무, 양고추냉이, 포도 등은 녹음을 제공하는 동시에 필수적인 과일을 공급한다. 비록 이집트에서 자생하는 야생화는 없었지만 양귀비, 센터레아 등의 화초도 재배하였다.

▌고대 이집트의 정원식물

식 물 이 름	학 명	식 물 이 름	학 명
팔메토	*Chamaerops humilis*	서양 수련	*Nymphaea caerulea*
파피루스	*Cyperus papyrus*	대추야자	*Phoenix dactylifera*
시카모아 고무나무	*Ficus sycamorus*	석류나무	*Punica granatum*

2) 고대 그리스 정원(BC 480~146)

서양의 문화, 역사, 설계 등 여러 가지의 기원은 고대 그리스나 로마의 문명에서 유래되었다. 그리스는 철학, 연극, 도시계획, 미술, 조각, 건축 등의 분야에서 선구자였다.

구상력(構想力)과 수학적 질서는 고대 그리스 건축과 부지계획에까지 퍼져나갔다. 그리스인들은 자연의 토지 형태에 대해서 엄청난 애정을 갖고 있었으며, 자연과 기하학을 합병시키는 능력이 있었다. 따라서 그들의 도시를 산꼭대기에 배치하고 신(神)에 대하여 찬미했을 뿐만 아니라 또한 인간형태에 대해서도 경의를 표하였다.

고대 그리스인들은 식물의 신비와 상상력을 구체화하였고 건축, 조경, 신화 등에서 중요한 역할을 하였다. 꽃과 나무들은 그리스 건축과 장식예술에서 건축적 요소로서 결합되었다.

건축적 의장으로 아칸서스 잎이 코린트식 원기둥의 돌머리에 조각되었다. 플라타너스 나무는 거대하고 쾌적한 그늘을 제공하기 때문에 존중되었고, 샘물가에 자리잡은 것을 암시하는 것으로도 표현되었다. 플라토닉 시대(BC 482~348)에 플라타너스 나무는 학당(學堂)의 오솔길에 그늘을 마련하였고 철학적 토론을 위해 편안한 장소로 제공되었다. 철학자 아리스토텔레스는 플라타너스 숲길을 따라 그의 제자들을 가르치면서 걸었다.

서향나무, 월계수, 석류 등의 식물이 그리스 신화에도 나온다.

■ 고대 그리스의 정원식물

식 물 이 름	학 명	식 물 이 름	학 명
아칸서스	*Acanthus spinosa*	올리브 나무	*Olea europea*
사프란 크로커스	*Crocus sativus*	플라타너스	*Platanus orientalis*
아이비	*Hedera helix*	석류나무	*Punica granatum*
월계수	*Laurus nobilis*	유럽 주목	*Taxus baccata*
도금양 나무	*Myrtus communis*		

3) 고대 로마 정원(BC 27~AD 476)

로마 제국은 영국으로부터 북아프리카에 이르기까지, 그리고 스페인에서 동쪽으로는 티그리스와 유프라테스 강에 이르기까지 엄청난 영토를 확장하였다. 로마인들은 다른 나라로부터 문화를 흡수하고 수용하며 채택하여 새롭고 독특한 로마인의 것으로 창조해 갔다. 여기에 대한 증거들로 정복한 나라들로부터 건축, 정원, 식물수집하고 번식시킨 것들이 있다. 그 한 예로서 폼페이의 주택과 정원에서 발견할 수 있다. 주택은 사생활 보호와 평온을 위해서 안쪽으로만 바라볼 수 있는 내정(內庭)을 두었다. 폼페이인들의 주택구조는 내정(內庭, 中庭 : atrium, inner courtyard)을 중심으로 하여 그 둘레에 방들을 배치하여 햇빛과 환기가 될 수 있도록 하였다.

후기에 주택들은 내정(內庭) 주위에 열주랑(列柱廊 : 기둥으로 둘러싸인 안마당으로 둘러싸인 열린 공간이 있게 되었는데, 그리스에서 기원된 것이었다.

공간이 늘어나는 만큼 로마인들은 자연을 사랑하느라 정원에 충당하였다. 정원에는 녹색과 시원함을 제공하였다. 정원에는 과일나무, 산울타리, 별나게 설계된 토피어리(topiary) 등을 식재하였다.

정형식 화단에는 전정한 회양목 산울타리로 테두리 식재를 하였고 철따라 도금양나무의 흰 꽃, 아이비의 녹황색 꽃, 서양 분꽃나무의 흰 꽃, 데이지 꽃, 백합꽃들이 무성하였고 장미꽃이나 팬지, 양귀비, 붓꽃들이 만발하여 아름다운 빛깔을 더욱 강조하였다.

또 다른 로마의 발달은 근교 빌라(villa suburbana)라고 하는 전원 사유지가 중산층의 부(富) 증가와 도시 인구의 급성장 결과로 생겨났다. 이 사유지는 농촌보다 좀 더 편안하고 때때로 쉴 수 있는 주거지인 셈이다. 맑은 공기와 자연은 물론이려니와 조망은 건강과 편안함처럼 중요한 것 이었다. 주택은 언덕에 위치하여 남동쪽을 향해서 겨울에는 따뜻한 햇볕을 받고 여름에는 햇빛으로부터 시원하도록 배치하였다. 나무들은 그리스에서 도입한 플라타너스, 사이프러스, 이집트에서 온 이탈리아 소나무들이 빌라를 장식하였다. 사유지에는 꽃밭과 음식물 공급을 위한 채소밭, 양어장과 조각물 등이 배치되었다.

▮ 고대 로마의 식물

식 물 이 름	학 명	식 물 이 름	학 명
아칸서스	*Acanthus spinosa*	민트	*Mentha* spp.
회양목	*Buxus* spp.	도금양 나무	*Myrtus communis*
레몬나무	*Citrus* spp.	올리브 나무	*Olea europea*
사이프러스	*Cupressus sempervirems*	이탈리아 소나무	*Pinus pinea*
아이비	*Hedera helix*	플라타너스	*Pltanus orientalis*
월계수	*Laurus nobilis*	살구, 체리, 자두	*Prunus* spp.
라벤더	*Lavendula* spp.	타임	*Thymus* spp.

3. 고대 중국 정원 (BC 1600~AD 1279)

중국 문화에서 정원설계는 가장 오랫동안 계속되어 온 전통 중의 하나이다. 중국에는 두 개의 문화적 철학이 설계 개념의 쌍벽을 이루었다.

유교(儒敎)는 중국의 주택과 도시를 엄격하게 기하학적으로 통제하도록 접근해서 직선과 직각이 인간의 상호관계에서 문화유물과 전형화 되었다.

도교(道敎)는 자연에 따른 조화를 원칙으로 하였다. 중국정원은 이 조화의 상징적 형태에서 배치하도록 추구하였다. 중국에서는 도교와 유교의 철학적 가치가 설계에서 적용된 것을 모두 발견할 수 있다.

중국 정원에서는 수세기 동안 바위, 못, 식물들의 이용이 주요 설계요소가 되었다. 자연 재료로서의 바위는 거대한 우주에서 영속성과 영구성을 제시한다. 한 개의 바위나 여러 개의 바위들은 산악의 힘과 안정성을 상징하여 내구력(耐久力)을 표현한다.

정원에서 식물은 그들의 축적된 상징성과 문학적 감상을 위해서 조심스럽게 선정되었다. 정원에는 매화나무가 많은 사랑을 받았고, 종종 문학작품에 소개되었다. 매화나무의 꽃은 혹한을 이겨내고 피어나서 만발한 흰색 꽃들은 줄기의 검은 껍질의 빛깔과 대비를 이룬다. 대나무와 소나무도 중요한 정원식물이었다. 대나무는 곧고 늘 푸르러서 선비정신을 잘 나타낸다. 소나무는 바위와 잘 조화를 이루어서 은일(隱逸)과 고독(孤獨)을 표현한다.

매화나무, 대나무, 소나무는 함께 세한삼우(歲寒三友)로 흔히 언급된다. 중국정원에서 주요 꽃들로는 국화, 모란, 연꽃 등이 있다. 국화는 가장 오래 전부터 재배되어온 꽃 중의 하나이며, 늦가을부터 초겨울까지 오랫동안 꽃이 피기 때문에 개화기간이 긴 것이 특징이다.

모란은 꽃이 크고 완전한 형태이기 때문에 '꽃 중의 왕'이라고 생각되며 또한 부귀(富貴)를 상징하기도 한다. 연꽃은 중국정원에서 모든 못에 심어져 연못으로 부른다. 연꽃은 향기로운 분홍빛깔의 꽃이 피고 잎은 곧게 서며 이상, 정화, 고결함 등을 표현한다.

■ 중국 정원 식물

식 물 이 름	학 명	식 물 이 름	학 명
진달래	*Rhododendron* spp.	뽕나무	*Morus alba*
대나무	*Phyllostachys* spp.	연꽃	*Nelumbo nucifera*
동백나무	*Camellia japonica.*	수련	*Nymphaea* spp.
국화	*Chrisanthemum* spp.	난초	*Cymbidium* spp.
은행나무	*Ginkgo biloba*	모란	*Paeonia suffruticosa*

4. 일본 정원(AD 575~1600)

일본 정원은 중국 정원 양식이 한국을 거쳐 흘러 들어가 크게 다르지 않았지만 그들만의 독특한 설계로 발전되었다. 일본 정원은 자연경관에서 바위, 식물, 물 등의 요소들을 정원에 축소하여 옮겨놓아 소유하고 감상하도록 발전하였다.

일본 정원은 신선설(神仙說)에 따라 선산(仙山)을 본떠서 섬과 못 주변에 화초를 심고 진기한 새와 짐승을 길렀다. 임천형(林泉型) 정원에서 좀 발달하여 가마구라시대에는 회유임천형(回遊林泉型) 정원이 나타나는데, 못 가운데 섬을 만들어 다리를 놓고 걸어서 못과 그 주변을 걷는 형식이다.

무로마치시대에 와서는 고산수형(枯山水型) 정원으로 물을 전혀 사용하지 않고 돌을 쌓아 폭포수를 뜻하고 흰 모래를 깔아 흐르는 물을 나타내며 바위를 놓아 산을 상징하는 형식이다. 다도(茶道)의 발달과 더불어 생겨난 다정(茶亭)은 차를 마시는 작은 건물 주변에 만든 작은 정원으로 디딤돌, 석등, 손 씻는 물그릇 등을 배치하였다.

▌ 일본 정원 식물

식 물 이 름	학 명	식 물 이 름	학 명
단풍나무	*Acer palmatum*	일본 붓꽃	*Iris ensuta*
진달래	*Rhododendron* spp.	소나무	*Pinus densiflora*
대나무	*Phyllostachys* spp.	해 송	*Pinus thunbergiana*
동백나무	*Camellia japonica*	벚나무	*Prunus* spp.
가츠라나무	*Cercidiphyllum japonica*		

5. 중세 유럽 정원(AD 500~1200)

로마인의 원예기술은 오랜 전쟁을 치르는 동안 AD 476년 로마제국의 멸망과 더불어 쇠퇴하였다. 정원의 개념은 6세기에서부터 13세기에 이르기까지 점차 변하였다. 정원은 수도원과 사원에 딸린 곳에서만 겨우 존재하였다. 사원 정원에서는 종종 약초를 재배하였다. 채소밭에는 양파, 순무, 부추, 그리고 고수, 타임, 딜 등의 허브식물도 재배하였다.

▌ 중세 유럽 정원 식물

식 물 이 름	학 명	식 물 이 름	학 명
서던우드	*Atemisia abrotanum*	봉숭아 나무	*Prunus persica*
훠 넬	*Foeniculum vulgare*	참나무	*Quercas* spp.
렌텐 장미	*Hellehorus nigra*	루	*Ruta graveolens*
마돈나 백합	*Lilium caudidum*	세이지	*Salvia* spp.
뽕나무	*Morus alba*	장 미	*Rosa* spp.

6. 이탈리아 문예부흥기의 정원

14세기 중엽 이탈리아 문예부흥의 탄생은 미술, 건축, 정원 등에서 엄청난 변화를 가져왔다. 문예부흥이란 용어는 고대 그리스나 로마 문화로부터 고전적 인도주의의 회복을 의미한다.

식물은 르네상스 빌라 정원에서 중요한 역할을 하였다. 인동덩굴, 포도 등의 덩굴식물은 담벽이나 퍼골라에 올려지고 도금양 나무 산울타리는 정원의 공간 보도에 윤곽을 만들고 허브식물과 화초로 화단을 가득 채웠다. 허브식물로는 데이지, 라벤더, 멜로우, 로즈마리 등이 있었다. 16세기 후반에는 기하학적으로 설계한 파아테르 화단(parterre bed)이 선보이게 된다.

그리스와 로마로부터 도입된 엄청난 식물들이 식재되었다. 즉 서양 딸기나무, 상록 참나무, 플라타너스, 무화과나무 등이다. 상록수들은 연중 정원에 녹색으로 지속되었고 허브식물과 화초들은 계절적으로 색채를 강조하였다.

이 시기에는 자생식물 이외에도 무역을 통해서, 그리고 중동지방과 아메리카 등의 지역에서 식물을 탐험하여 외국식물을 도입하였다. 빌라 소유자들은 도입식물을 식재함으로써 그들의 부와 명성을 과시하였다. 처음으로 박물학자와 식물학자에 의해서 식물이 도입되었고 이탈리아에서는 파두아(Padua)대학과 피사(Pisa)대학에서, 영국에서는 옥스퍼드와 케임브리지대학에서 식물원을 만들었다.

■ 이탈리아 르네상스의 정원식물

식 물 이 름	학 명	식 물 이 름	학 명
서양 딸기나무	*Arbutus unedo*	이탈리아 소나무	*Pinus pinea*
밤나무	*Castanea sativa*	플라타너스	*Platanus orientalis*
레몬, 오렌지	*Citrus* spp.	석류나무	*Punica granatum*
사이프러스	*Cypressus sempervrens*	상록 참나무	*Quercus ilex*
라벤더	*Labendula* spp.	로즈마리	*Rosmarinus officinalis*
올리브	*Olea europea*	서양 분꽃나무	*Viburnum tinus*

7. 무어인의 정원

서양에서는 중세기 암흑기에 빠져드는 동안 이슬람교도는 AD 712년경에 북아프리카로부터 모로코에 이어 스페인까지 퍼져 나갔다. 결과적으로 페르시아, 시리아, 고대 로마의 정원은 스페인의 무어인 정원으로 곧바로 바뀌어 나갔다.

물, 나무, 꽃, 과일나무 등이 무어인 정원에서 중요한 요소가 되었다. 물은 시원함을 제공하기 위한 것으로 못, 실개천, 분수 등의 형태로 정교하게 설계되었다.

식물들이 동부 지중해, 페르시아, 극동지방으로부터 엄청난 경비를 들여 도입하여 스페인의 무어인 정원에 식재되었다. 오렌지와 레몬나무는 도금양 나무 산울타리를 따라 정원에서 향기를 내뿜었고 대추야자 나무, 플라타너스, 사이프러스 나무가 녹음수로 식재되었다. 사각형의 식재상(植栽床)에는 화초들로 가득 채워졌다. 이 화초들은 물이 매우 귀중했기 때문에 대부분 가뭄에 견디는 것들이었다.

▮ 스페인 무어인의 정원식물

식 물	식 물 이 름	학 명
과일나무	귤, 오렌지 나무	*Citrus* spp.
	무화과나무	*Ficus carica*
관상식물	녹나무	*Cinnamonum camphora*
	사이프러스	*Cupressus semperviens*
허브식물	고수	*Coriandrum sativum*
	커민	*Cuminum cyminum*

8. 프랑스의 정형식 정원

17세기 프랑스의 조경은 경쟁적으로 건축, 조각, 회화 등과 더불어 중요한 예술형태로 되었다. 강력한 설계개념은 전 유럽과 아메리카로 퍼져나갔다. 프랑스는 중세의 방어적 배치 개념이 더 이상 요구되지 않았고 방대한 토지에 엄청나게 넓은 정원을 만들었다.

프랑스 정원은 정형적이고 대칭적으로 구성되었다. 거대한 파아테르(자수화단 : 刺繡花壇, parterre bed)는 장식적인 설계로 낮은 관목을 사용하였고, 화초는 낮은 지형에 색채와 질감으로 도안(圖案)하였다.

르 노트르(Le nôre)는 식물을 다양한 방법으로 이용하였다. 그는 특정한 법칙에 따라서 녹색 건축물의 형태로 만들었다. 녹색 식물은 설계에서 우세하여 잔디의 녹색 축(軸)으로 지면을 덮어서 길이를 더하였다. 이것을 태피스 버트(tapis vert)라고 한다. 또한 르 노트르는 역사에서 어느 설계가보다 더 많은 토피어리를 강전정하여 녹색 수벽(樹壁, green wall)을 만들기도 하였다.

■ 프랑스 정형식 정원의 식물

식 물 이 름	학 명	식 물 이 름	학 명
시카모아 단풍나무	*Acer pseudoplatanus*	황제 왕관꽃	*Fritillaria imperialis*
아네모네	*Anemone* spp.	백 합	*Lillium* spp.
아퀼레지아	*Aquiligia vulgaris*	튜베로스	*Polianthus tuerosa*
서양 회양목	*Baxus simpervirens*	서양 주목	*Taxus baccata*
서양 서나무	*Carpinus betulus*	보리수나무	*Tilia platyphyllos*

9. 영국 정원

1) 영국의 자연풍경식 정원(1715~1820)

영국의 토지와 기후는 새로운 설계 개념에 적합하였다. 구릉, 녹색 언덕, 안개, 잿빛 하늘, 풍부한 물 등은 자연풍경식 정원을 가능케 하였다. 또 다른 전통으로는 관광이 새로운 설계미학에 대해서 공헌한 것이다. 유럽을 여행하면서 위대한 건축과 예술작품들을 보고나서 그들만의 낙원에 이상을 도입한 것이었다.

물, 지형, 식재, 차경(借景, borrowed view) 등이 자연풍경 효과를 이루는데 다루어졌다. 집단으로 조림한 식물들이 자연지형의 경사를 따라 산언덕에 자리잡았다. 침엽수와 활엽수가 주요 식물이었고, 관상가치가 있는 관목들은 넓은 초원에 균형을 이루도록 식재하였다.

자연에 대한 새로운 철학이 식물에서도 영국인의 태도가 반영되었다. 식물을 강전정하여 요구하는 형태로 만들기 보다는 오히려 식물의 고유형태를 살렸다.

식물 탐험가들은 뉴잉글랜드의 조지아, 캐나다 등지에서 소나무를, 스칸디나비아에서 전나무와 분비나무, 염주나무, 호두나무, 플라타너스를, 레바논시더 등은 중동지방에서, 차나무는 오스트레일리아에서 수집하였다. 영국의 정원과 공원설계에서 자연풍경식이 나타난 것은 특히 아메리카를 비롯하여 전세계 정원에 영향을 미쳤다.

■ 영국 자연풍경식 정원의 식물

식 물 이 름	학 명	식 물 이 름	학 명
레바논시더	*Cederus deodora*	서양 고광나무	*Philadelphus coronarius*
오스트랄리아 차나무	*Leptosperum scoparium*	라일락	*Syringa vulgaris*
튤립나무	*Liriodendron tulififera*	미국 느릅나무	*Ulmus americana*
태산목	*Magnolia grandiflora*		

2) 영국 빅토리아 정원(1820~1880)

빅토리아기(Victoria era, 1820~1880)의 정원은 이탈리아, 프랑스, 중국 등 설계 개념의 용광로였다. 정원에는 외국에서 도입한 교목, 관목, 화초 등 진귀한 식물들이 식재되었다. 정원설계는 어느 한 양식에 얽매이지 않고 절충적이어서 양탄자 화단(carpet bed), 산책하는 원로 등 그림 같은 표현이어서 어느 한 설계 형태에만 국한시키지 않았다.

개별 설계요소로서의 화초는 중세기 이래 많이 식재하였고, 특히 한해살이 화초의 사용은 온실에서 육묘하여 정원에 옮겨 심었다. 양탄자(카펫) 화단이 많은 정원에서 주요 설계요소가 되었다.

아열대 식물을 수집하여 표본온실에서 재배하는 것도 유행하였다.

■ 영국 빅토리아기의 정원식물

식 물 이 름	학　　명	식 물 이 름	학　　명
자귀나무	*Albizzia julibrissin*	석죽	*Dianthus chinensis*
아제라텀	*Ageratum houstonianum*	화살나무	*Euonymus japonica*
금어초	*Antirrhinum majus*	이베리스	*Iberis umbellata*
베고니아	*Begonia* spp.	봉선화	*Impatiens balsamina*
과꽃	*Callistephus chinensis*	마리골드	*Tagetes erecta*
센터레아	*Centaurea cyanus*	서양 솔송나무	*Tsuga heterophylla*
화백나무	*Chamaecyparis pisifera*	백일초	*Zinnia elegans*
샤스타 데이지	*Chrysanthemum maximum*		

10. 아메리카 정원

다양한 문화의 용광로처럼 아메리카의 국가적 이념은 정원에서도 그대로 반영되었다. 다양한 기후 상태와 지형을 지닌 문화의 다양성은 경관의 멋진 장식을 만들어 냈다. 그 결과는 아메리카 전역을 통틀어 정원과 도시계획에서 발견된다. 뉴잉글랜드로부터 남부와 서부에 이르기까지 정원양식의 수용은 사적 경관과 공적 경관 모두를 볼 수 있다.

19세기 후반과 20세기 초에서 전문가의 일은 식물에 관한 완전한 지식이었다. 많은 조경가들의 경향은 자생식물을 이용하는 것이었다. 이 시대에 식재설계는 자생식물의 이용과 그 생장환경에 대한 식물 생태학적으로 어울리는 것을 결합하는 것이었다.

■ 아메리카 정원(1840~1920)에서 자생식물과 도입식물

식 물 이 름	학 명	식 물 이 름	학 명
단풍나무	*Acer palmatum*	단풍잎 플라타너스	*Platanus acerifolia*
동백나무	*Camellia japonica*	상록 상수리나무	*Quercus* spp.
코레옵시스	*Coreopsis grandiflora*	캐나다 솔송나무	*Tsuga canadensis*
꽃 산딸나무	*Cornus florida*	서양 솔송나무	*Tsuga heterophyllus*
자주잎 너도밤나무	*Fagus sylvatica* 'Atropunicea'	미국 느릅나무	*Ulmus americana*
툴립나무	*Liriodendron tulipifera*		

3
이식과 식재

1. 수목식재 (樹木植栽)

조경식재 과정은 이식(移植)으로부터 시작된다. 벼농사도 못자리에서 육묘한 다음에 일정한 시기로 자라나면 논으로 이앙(移秧)하는 것과 마찬가지이다.

이식(移植, transplanting)은 조경식물 농장이나 야생지역에서 새로운 조경식재 부지로 옮겨 심는 것이다. 이식의 3대 작업은 굴취(digging), 운반(moving), 식재(planting)의 과정이 있다.

1) 좋은 조경수목의 선정

새로운 조경부지에 식재하고자 하는 식물은 아래와 같은 조건들을 갖추어야 한다.

(1) 건강한 식물이어야 한다.

질병에 감염되었거나 해충에 피해를 받지 않은 건강한 식물이어야 한다.

식물 병원균에 감염된, 즉 이병식물(罹病植物)이 새로운 조경부지에 이식된다면 옮겨간 곳에서 병균이나 해충이 감염되고 퍼져 나가서 다른 조경식물에까지 피해를 주게 된다.

(2) 잘 생긴 식물이어야 한다.

조경식물도 잘 생긴 식물이 있다. 즉 그 식물의 고유한 특성을 그대로 지닌 것이어야 한다. 주간(主幹)의 손상이 없고 줄기가 사방으로 골고루 같은 크기로 자라 펴졌고, 수피(樹皮, bark)의 손상이 없어야 한다.

(3) 관리비가 적절해야 한다.

이식한 조경식물을 관리하는 데 과도한 비용이 소요되는 것은 가급적 피하는 것이 좋다. 예를 들면 가이즈카 향나무는 전정하는데 지나치게 많은 인건비가 들어간다.

이식하는데 있어서 운반거리도 경비의 지출요인이 된다. 먼 거리 운반인 경우에는 고려사항이 된다.

(4) 뿌리는 실뿌리들이 치밀하고 많아야 한다.

이식이 쉽고 활착(活着, reestablish)이 빠르며, 이식 몸살(transplanting shock)이 적다. 뿌리가 길고 엉성한 것은 이식하더라도 활착이 늦거나 어려운 편이다.

(5) 새로운 식재 장소의 토양, 기후 등 환경에 적합해야 한다.

특히 내한성대(耐寒性帶, cold hardiness zone)에 고려되어야 한다. 내한성대를 벗어나면 겨울철에 동사(凍死)할 우려가 있다.

(6) 향토수종(鄕土 樹種)이 가장 좋은 식물이다.

향토수종은 그 지역에서 자생하는 식물이므로 모든 환경에 최적 상태에서 살아온 식물들이다.

2) 이식 시기

(1) 낙엽수

낙엽수는 낙엽교목, 낙엽관목, 낙엽 덩굴식물, 낙엽 지피식물 등으로 구분된다. 낙엽수는 추운 겨울이 오면 생존하기 위한 방법으로 잎을 떨어뜨리게 되며 또한 휴면을 하게 된다. 이 휴면기(11월 상순에서 4월 상순)가 낙엽수를 이식하기에 최적기가 된다.

휴면기는 잎이 떨어지는 늦가을부터 겨울에 이어 잎이 나오기 전 이른 봄까지이다. 이른 봄철에 꽃이 피는 매화나무, 명자나무와 모란 등의 낙엽관목이나 내한성이 강한 낙엽수는 휴면기이더라도 가을철 이식이 더 적합하며, 특히 모란은 늦가을에 뿌리 활동이 왕성하다. 내한성이 약한 도입 수종으로 백일홍나무, 석류나무, 능소화나무 등은 봄철에 이식하는 것이 좋다.

가을철 이식은 가을이나 겨울에 건조하면 고사율이 높으므로 이 기간 동안 관수 관리를 철저히 해야 한다.

(2) 상록수(상록활엽수와 상록침엽수)

상록수는 상록교목, 상록관목, 상록 덩굴식물, 상록 지피식물 등으로 구분된다. 같은 상록수이더라도 상록침엽과 상록활엽이 있다.

상록수의 이식 적기는 일반적으로 가을보다는 늦은 봄이 좋다. 상록수는 연중 잎을 지니고 있어서 광합성작용, 호흡작용, 증산작용 등 3대 작용을 연중하게 된다.

상록활엽수의 잎의 활동은 늦은 봄철이 되어 뿌리가 생장활동을 하는 시기이기 때문에 활동을 시작하기 직전인 3월 상순에서 4월 상순이 이식 적기가 된다. 이 시기를 놓친 경우에는 새 가지들이 목화(木化)된 6월 상순에서 7월 상순에 하는 것이 유리하다. 또한 이 때는 뿌리의 생장활동이 왕성하기 때문이다. 상록수의 뿌리는 늦은 봄에 생장하다가 여름철 건조기간에는 생장이 정지되거나 매우 적게 자라며, 여름이나 초가을 강우기에 뿌리의 생장이 재개된다.

상록활엽수는 온대지방의 남쪽에서 흔히 자생하며 겨울철 이식은 불가능하지만 상록침엽수는 대부분 북쪽에 자생하며 추위에 강하므로 겨울철에 이식도 가능하며 이식 적기는 2월 하순에서 4월 하순이 되며 최적기는 새로운 침엽이 나오기 직전인 3월 중순에서 4월 중순이 된다. 가을철 이식은 9월 하순에서 11월 상순에 이식하더라도 뿌리가 활착한 다음에 겨울을 맞이하게 됨으로써 가능하다. 상록수는 가급적 늦가을 이식은 피해야 한다.

(3) 대나무

대나무의 이식 시기는 봄철이다. 즉 죽순(竹筍)이 땅 위로 돋아 나오기 직전이 적기인 셈이다. 내한성이 강한 조릿대, 이대, 오죽 등은 4월 상순과 이른 봄이 적기이고 맹종죽, 왕대는 아열대 원산이므로 늦은 4월 하순이 좋다.

다음과 같은 경우에는 식재 시기가 연기되어야 한다.
- 토양이 지나치게 젖었거나 침수되었을 때
- 토양이 추위로 동결되었을 때
- 가뭄이 계속되는 기간 중일 때
- 건조한 바람이 계속적으로 불 때

3) 교목의 이식 준비

조경식물에서 수목은 농장재배 수목, 야생 수목, 용기재배 수목 등이 있다.

(1) 농장재배 수목(農場栽培樹木, nersery-grown tree)

농장에서 재배한 수목은 파종하여 육묘한 것, 영양 번식하여 재배한 것, 야생에서 수집한 것 등이 있다.

이러한 수목들은 농장에서 몇 년마다 한 번씩 굵은 뿌리 전정(root pruning)을 하기 때문에 실뿌리들이 많이 발달했으므로 이식이 잘된다.

실뿌리들은 수분과 양분을 흡수를 할 수 있어서 이식하더라도 쉽게 활착(活着)된다.

(2) 야생수집 수목(野生收集樹木, collected, wilding tree)

조경현장에서는 간혹 산야(山野)에서 자생하는 야생식물들을 수집하여 이식하는 경우가 있다. 야생수목들은 거친 토양에서 생장하므로 뿌리가 길고 엉성하며 듬성듬성하다. 이러한 수목을 이식하게 되면 실뿌리가 없어서 활착하는데 어려움이 있고 결국에는 고사(枯死)하는 경우가 있다. 어린 교목은 뿌리전정을 하지 않아도 되지만 오래된 교목은 반드시 뿌리전정(root pruning)을 해서 많은 실뿌리를 내어야 한다.

뿌리전정(root pruning) 방법은 이식작업을 하기 3년 전부터 하게 되며 작업은 1년차와 2년차로 나누어서 한다.

첫해에는 줄기 밑둥에서 일정한 거리를 두고 원형을 그려 원둘레의 세 곳에 도랑을 파면서 굵은 뿌리를 잘라낸다. 이때 뿌리는 예리한 도구로 잘라내야 한다. 그 다음 해에는 나머지 부분에 도랑을 파면서 뿌리를 잘라낸다. 뿌리의 절단면에 형성층에서 유합조직(calluse tissue)이 생기고 많은 실뿌리를 낸다.

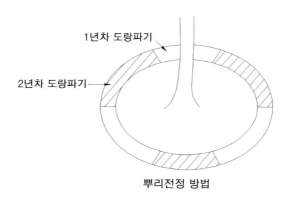

뿌리전정 방법

파낸 흙은 구비(외양간 거름, manure), 퇴비(leaf mold), 화학비료 등을 섞어서 도랑에 다시 채워 넣는다. 양분이 풍부하면 실뿌리가 많이 나와서 양분을 충분히 흡수하게 되므로 나무도 건강하고 실뿌리의 발달을 돕게 된다.

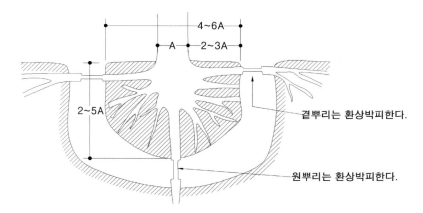

굴취 단면도(근원직경의 2~3배 거리에서 도랑을 판다.)

곁뿌리는 환상박피한다.

원뿌리는 환상박피한다.

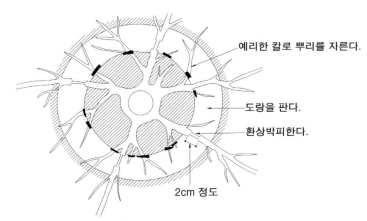

예리한 칼로 뿌리를 자른다.

도랑을 판다.

환상박피한다.

2cm 정도

굴취 평면도(굵은 원뿌리와 곁뿌리는 환상박피한다.)

4) 굴취(掘取, 파올리기, digging)

굴취는 이식하고자 하는 수목을 농장이나 야생지역에서 땅을 파고 뿌리를 파올리는 작업과정이다.

적절한 굴취는 가능한 한 많은 근계(根系, root system)가 보존되어야 한다. 근계에서 특히 실뿌리가 많아야 한다. 실뿌리는 수분과 양분을 흡수하게 되므로 수목이 새로운 이식지에서 쉽게 활착(活着)하여 생장할 수 있다. 근계에 흙은 없는 것을 맨 뿌리(bare root)라고 하며, 뿌리에 흙이 붙어 있는 채로 화분모양처럼 파올린 것을 뿌리분(盆, root ball)이라 한다.

(1) 맨 뿌리(bare root)

낙엽수의 어린 나무들은 실뿌리가 많고 활착이 잘 되므로 흔히 맨 뿌리로 이식한다. 교목은 크기가 1m 이하인 경우에 해당된다.

맨 뿌리는 뿌리에 흙이 붙어있지 않은 것을 말한다. 맨 뿌리 수목을 굴취할 때는 근계의 끝부분부터 도랑을 둥글게 파서 근계가 가급적 온전히 있어야 한다. 뿌리전정은 농장 수목인 경우에 먼저 뿌리전정을 한 곳에 일정거리로 떨어져서 굴취를 하여 새로 나온 실뿌리를 보존해야 한다. 맨 뿌리는 기계적 상처나 건조를 방지하기 위해서 젖은 천으로 덮어 습도를 유지해야 한다.

(2) 뿌리분(盆, root ball, soil ball)

뿌리분은 이식하고자 하는 수목의 뿌리에 흙이 온전히 달라붙어 있어서 그 모양이 마치 화분의 형태를 이룬다. 일반적으로 천근성 교목의 뿌리분은 접시모양이어서 접시 분(盆, flat ball)이라 하고, 심근성 교목의 뿌리분은 팽이모양이어서 팽이 분(盆, top ball)이라고 한다.

뿌리분의 크기는 토성, 뿌리의 습성, 수종, 기타 요소 등에 따라 달라지며 일반적으로 낙엽수의 뿌리분은 크기가 크고 상록수의 뿌리분은 낙엽수보다 작다.

흉고직경 5cm 이상인 교목은 반드시 뿌리분(盆)을 만들어야 한다.

(접시분)   (팽이분)

뿌리분의 종류   뿌리분

뿌리분을 뜰 때는 토양습도가 있어야 분이 깨지지 않는다. 토양이 건조하면 흙이 메져서 분이 쉽게 깨지고 토양습도가 있으면 토양이 차져서 뿌리분이 쉽게 깨지지 않는다. 만약 굴취할 때 토양이 건조하다면 굴취작업하기 2~3일 전에 뿌리 주위에 충분히 관수를 하면 흙이 차져서 뿌리에서 안 떨어져나가고 뿌리분이 깨지는 것을 막고 새로운 이식장소에 식재되어도 잘 생존할 수 있다.

굴취하고 운반하여 새로운 식재지에서 식재할 때까지 시간이 걸리게 될 경우에는 그늘진 곳에 보관하거나 뿌리분에 수시로 물을 뿌려 습도를 유지하고 좀 더 시간이 걸릴 경우에는 도랑을 파서 뿌리분을 묻어주는 가식(假植, heeling-in, temporary planting)작업을 하고 물을 뿌려주고 줄기에는 천으로 덮어서 해가리를 해야 한다.

① 뿌리분을 만들고 삼베천 감싸기

② 뿌리분 줄감기

③ 뿌리분

④ 굴취한 뒤 들어올리기

⑤ 차에 싣기

⑥ 운반

⑦ 식재 구덩이에 앉히기

이식과정

① 분 뜨기와 감싸기(balled & burlapped)

굴취 과정에서 뿌리분을 뜰 때 뿌리에 상처가 생기거나 분이 깨어지는 것을 막기 위해 새끼줄이나 삼베 천 또는 삼베 띠로 뿌리분을 감싸야 한다. 또한 더욱 튼튼하게 하기 위해서 동아줄로 묶어서 안전하도록 해야 한다. 고무 밴드나 철사를 이용하는 것은 바람직하지 않다. 또한 이러한 재료들은 식재시 곧 바로 제거해야 한다.

② 상자공법(箱子工法, box method)

모래흙이 많은 곳에서는 뿌리분을 뜨기가 어렵다. 이러한 경우에 네모형으로 도랑을 파서 굴취를 하게 되는데 네모로 도랑을 파 내려가면서 나무판자로 틀을 만들어가면서 사각 뿌리분, 즉 상자모양의 뿌리분을 만들어 파서 올린다.

(3) 용기 재배 수목(容器栽培樹木, container-grown tree)

농장재배 식물의 일종으로 조경식물은 농장의 포지(圃地)에 식재하지 않고 일정 크기의 철제 용기에 재배한 것이다. 이 식물의 장점은 연중 이식이 가능한 점이다. 또한 뿌리의 손상이 전혀 없으므로 이식 몸살(trans-planting shock)이 전혀 없다.

단점으로는 커다란 나무 재배가 어려운 점이고 수년 동안 자라면 용기 안에서 뿌리뭉치(girdling root)가 생겨서 뿌리가 둥글게 뭉치게 되어 새로운 장소에서 활착이 어려운 점이다.

5) 운반(運搬, moving)

운반은 굴취한 곳에서 새로운 식재할 곳으로 옮기는 과정이다.

수목운반차

작은 나무들은 운반하기가 쉽지만 큰 나무들의 운반은 어려운 작업 과정이다. 큰 나무들을 운반하려면 장비가 필요하다. 짧은 거리일 때에는 흔히 목도(wood runner)가 사용되지만 큰 나무 운반에는 전문 장비인 수목운반 차(tree mover)가 요구된다.

운반도중에 다음과 같은 점들을 주의하여야 한다.
• 가지, 줄기 등의 손상을 막기 위해 끈으로 묶고 천으로 덮는다.
• 맨 뿌리, 뿌리분 등의 습도 유지를 위해 천으로 덮는다.
• 상록수는 잎과 줄기의 건조를 막기 위해 천으로 덮거나 증산 억제제 등을 살포한다.

6) 가식(假植, temporary planting, heeling-in)

조경식물을 제자리에 심기 전에 잠시 동안 임시로 묻어두는 것을 말한다. 조경식물을 식재하는데 식재구덩이가 미처 파져 있지 않거나 일손이 부족하거나, 다른 일 때문에 미루어져서 제때에 제자리에 못 심게 될 경우가 생기게 된다. 이러한 경우에는 식재식물을 가식하게 된다.

가식장소는 응달이어야 한다. 일정한 깊이와 길이로 도랑을 파서 뿌리분을 넣고 흙으로 덮는다. 뿌리분은 항상 습도가 유지되어야 하며 또한 줄기와 가지부분도 천으로 덮어서 직사광선을 막아주고 물을 뿌려서 습도를 유지하여 뿌리분이나 줄기가 마르지 않도록 관리하여야 한다.

가식

7) 식재 거리(植栽距離, planting space)

식물은 살아있는 생물체이므로 해가 지나갈수록 크기가 커진다. 식재 거리는 식재설계가에게는 고민스러운 당면문제가 된다. 왜냐하면 대부분의 의뢰인들은 식재공사가 끝나자마자 곧바로 성숙한 모습을 원하기 때문이다. 따라서 일반적인 경향은 식물이 모두 성장한 최대 크기는 무시하고 어린나무들을 밀식(密植)하게 된다.

식재설계가는 식물의 크기, 즉 높이, 수관폭, 수관의 두께 등 3차원을 이해해야 한다. 또한 식재 시기의 크기와 완전 성장했을 때의 크기도 알아야 한다. 완전 성장했을 때의 평균 크기도 알아야 하지만 이것은 식재의 위치, 온도, 토양요인 등에 따라 다양하다. 이상적인 토양에서는 어떤 교목이 다자라면 평균 30m까지 자라지만 토양이 척박하거나 온도가 알맞지 못하면 20m 밖에 못자랄 수도 있다. 만약에 교목을 좁은 지상식재상(地上植栽床, raised planting bed)에 식재한다면 잘 자라지 못하고 그 교목의 수명은 짧아질 것이다.

일반적으로 대부분의 식재설계가는 식물의 평균 성숙성장에 따라 식재거리를 기초로 삼고 최대성장에 도달할 것을 고려하여 설계하게 된다.

일반적으로 식재거리는 식물이 완전 성장했을 때의 최대 높이에서 2/3의 거리가 적당하다. 식재거리가 좁으면 당장의 식재효과는 나타난다고 하더라도 성장하게 되면 식물의 줄기가 겹쳐져서 햇빛을 충분히 받지 못해 광합성에 지장이 있고, 특히 양수는 가지가 고사(枯死)하게 되며, 땅속에서는 뿌리들 간의 양분 흡수 경쟁이 심해져서 건강한 생장을 막게 된다.

　산울타리(hedge)나 가리개(privacy screen)식재에서는 어린 식물을 밀식하여 즉석 효과를 내는 것이 중요하다.

8) 식재(植栽, planting)

　(1) 식재 구덩이(식혈, 植穴, planting hole)

　식재 구덩이는 조경수목의 근계(根系)를 충분히 수용할 수 있도록 깊게, 그리고 넓게 파내어야 한다. 특히 거친 토양일수록 더 깊고 넓게 파야 한다.

　식재 구덩이의 크기는 일반적으로 뿌리분이 들어가고도 그 둘레에 여유 공간이 충분할 정도가 되어야 한다.

　구덩이를 파낼 때 비옥한 표토(表土, top soil)와 유기물이 적은 심토(心土, subsoil)는 분리시킨다. 심토는 식재구덩이에 흙넣기 할 때 퇴비와 섞어서 유기물이 풍부한 토양으로 만든다.

　배수가 좋지 않은 점질 토양은 식재하기 전에 사전처리 작업을 해야 한다. 지면배수를 위해 도랑(明渠, 명거)을 마련해야 하고, 더욱 적극적인 방법으로는 식재 구덩이로부터 땅속에 암거(暗渠)를 설치하여 토관을 매설하거나 자갈을 묻어서 지하배수를 해야 한다.

　그 밖의 방법으로는 식재 구덩이를 낮게 파고 식재 구덩이에 자갈을 깔고 왕모래를 얹은 다음에 그 위에 뿌리분을 앉히는 상식방법(上植方法)이 있다.

　배수상태의 좋고 나쁨을 현장에서 쉽게 검사하는 방법으로는 구덩이를 30cm의 넓이로 50cm 정도 깊이로 파고서 물을 가득 채우고 24시간 후에 관찰하여 물이 모두 빠져 나갔으면 배수가 좋은 토양이고 물이 아직 남아 있으면 배수가 불량한 토양이다.

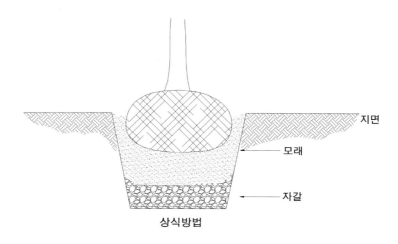

상식방법

(2) 나무 앉히기(setting the tree)

식재 구덩이에 나무를 앉힐 때 주의해야 할 점은 지면과 나무의 뿌리목(root collar) 부분이 일치해야 한다는 것이다. 이보다 너무 깊이 앉히면 뿌리가 땅속 깊이 묻혀서 뿌리의 호흡이 어려워져 질식사할 우려가 있다. 특히 침엽수가 활엽수보다 더 민감한 편이다. 따라서 경험이 풍부한 식재가(植栽家)들은 뿌리목을 지면보다 약간 높이 앉힌다.

식재 구덩이에 뿌리분을 앉히고 흙을 넣을 때 너무 건조한 흙이나 지나치게 습한 흙은 피하는 것이 좋다. 흙을 구덩이에 더 넣거나 파내어서 뿌리목의 높이를 조절하여 나무를 앉힌다.

맨 뿌리의 근관(根冠, root crown)은 수평보다는 약간 옆으로 퍼지기 때문에 식재 구덩이의 밑바닥 모양은 산 모양으로 가운데의 바닥이 약간 높게 원뿔형 높이기 (cone shaped mound)로 만드는 것이 뿌리 퍼짐과 활착에 도움이 된다.

흙은 구덩이에 점차적으로 넣고 공기 주머니(air pocked)를 줄이고 뿌리를 펴기 위해서 또한 뿌리가 흙과 잘 접촉하도록 나무를 약간 들어 올려준다. 그리고 발로 뿌리 주위를 밟아 준다.

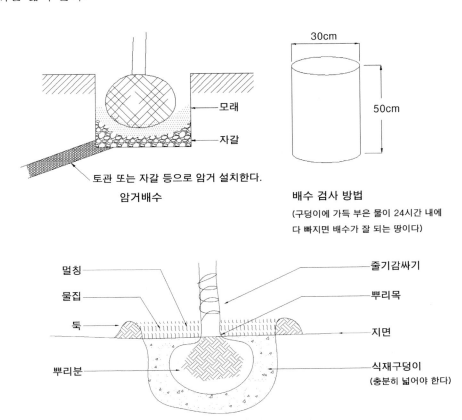

암거배수

배수 검사 방법
(구덩이에 가득 부은 물이 24시간 내에 다 빠지면 배수가 잘 되는 땅이다)

식재구덩이에 뿌리분 앉히기(뿌리목과 지면이 일치해야 한다.)

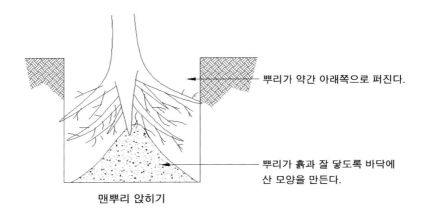

뿌리가 약간 아래쪽으로 퍼진다.

뿌리가 흙과 잘 닿도록 바닥에 산 모양을 만든다.

맨뿌리 앉히기

식재 구덩이에 흙을 다 채우고 나서 물을 듬뿍 부으면 공기주머니를 줄일 수 있다.

구덩이에 넣는 흙이 진흙인 경우에는 뿌리 주위에 공기나 물이 도달하기가 어렵게 된다. 뿌리분을 구덩이에 앉히고 나서 흙을 넣기 전에 반드시 뿌리분을 감싸맸던 삼베 끈이나 고무띠, 철사 등은 풀어서 제거하고 특히 고무 띠는 반드시 풀어서 꺼내어야 한다. 최종작업으로 식재구덩이 주위에 물집(water basin)을 만들고 물을 충분히 준다.

(3) 지주대 세우기(지주목, staking, suporting)

지주대(지주목)는 이식한 수목이 바람에 흔들리는 것을 막고 뿌리의 정상적 기능과 발육을 방해받지 않기 위해서 식재 후에 곧바로 설치하여 완전히 활착하여 정상적인 생장을 할 때까지 3년 이상은 유지시켜야 한다.

지주대의 재료는 간벌목(間伐木)이 흔히 사용되며 제재목(製材木)도 사용되며 간혹 철골재도 사용된다.

- 1각 지주대 : 1~2m의 어린 나무에 쓰인다. 1개의 지주대를 땅에 박고 1m 정도의 높이에서 나무줄기와 지주대를 끈으로 고정시킨다. 나무줄기에 닿는 부분의 끈은 상처를 예방하기 위하여 고무호스 속에 끈을 넣는다.
- 2각 지주대 : 두 개의 지주대를 땅에 박고 윗부분을 연결시키고 여기에 나무줄기를 고정시킨다. 또는 1각 지주대에 서처럼 끈으로 고정시키는 방법이 있다.
- 3각 지주대 : 세 개의 지주대를 1각 지주대처럼 세 개를 세우는 방법도 있다.
- 3각뿔 지주대 : 세 개의 지주대를 나무줄기에 교차시켜서 끈으로 고정시킨다. 이때 지주대 끝 부분이 줄기에 닿아서는 안 된다.
- 3각뿔 장대 지주대 : 큰 교목은 4~5m 이상의 3개의 긴 장대를 나무줄기에 교차시켜서 고정시킨다.
- 4각 지주대 : 2각 지주대를 4방위로 세워서 고정시키고 각 지주대를 연결한 다

음 줄기를 고무밴드로 고정시킨다.

- 4각뿔 장대 지주대 : 4개의 장대 지주대를 나무 줄기 높은 한 곳에 고정시킨다.
- 당김줄 : 큰 교목은 나무 중간에 철선을 묶어서 삼각형 모양으로 땅에 고정시킨다.
- 빗장 지주대 : 군식한 교목의 줄기마다 빗장 지주대로 엮어서 고정시킨다.

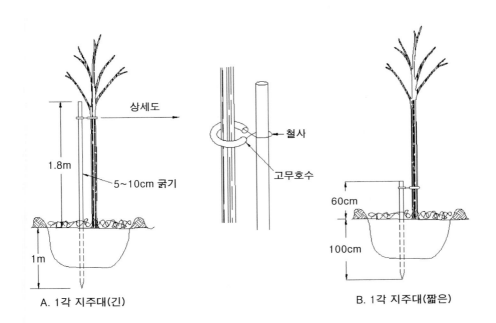

A. 1각 지주대(긴)   B. 1각 지주대(짧은)

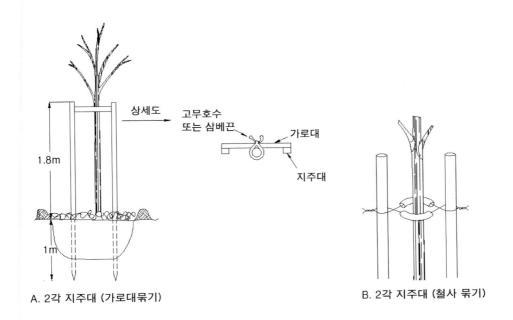

A. 2각 지주대 (가로대묶기)   B. 2각 지주대 (철사 묶기)

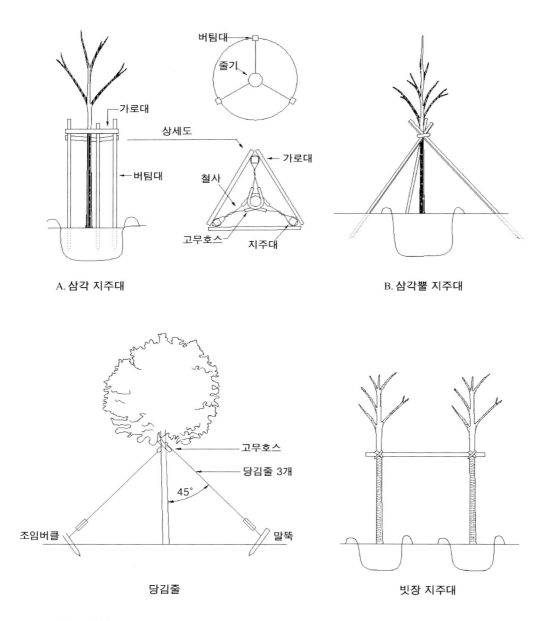

A. 삼각 지주대

B. 삼각뿔 지주대

당김줄

빗장 지주대

(4) 전정(剪整, pruning)

　이식한 나무는 가지의 일부를 전정하여 뿌리와 지상부(수관)의 균형을 유지하여
야 한다. 이식한 나무는 굴취 과정에서 엄청난 양의 뿌리가 잘려나갔다. 따라서 수분
흡수 능력은 줄어들었으나 지상부의 줄기는 그대로이기 때문에 지상부의 줄기와 가
지를 잘라내서 뿌리에서 흡수한 수분이 줄기에 적정량이 공급될 수 있도록 하는 작
업 과정이다. 즉 전정은 뿌리 손실에 대한 보상인 셈이다.

　농장에서 재배한 수목은 실뿌리가 많으므로 약전정을 하고 야생수집수목은 많은 뿌리 손실로 인해서 강전정을 하게 된다. 일반적으로 전정의 정도는 이식시기, 활착 여부, 뿌리의 보존상태, 수분관리 등에 따라서 달라진다. 전정을 하더라도 가급적 그 나무의 고유한 수형을 유지하는 것이 바람직하다. 지상부의 가지, 소지, 잎 등은 동화 녹말을 생산하고 활착에 작용하지만 또한 햇빛을 차단하여 일소(日燒, sun scald)예 방을 한다.

① 전정 방법

- 끝가지 자르기(heading back) : 소지, 가지, 줄기, 신초 등의 끝부분을 잘라낸다. 전 체적으로 수형이 작아지는 결과가 나온다.
- 속가지 자르기(thinning out) : 수관 내부의 작은 가지들을 솎아낸다. 통풍과 채광 이 좋아진다.
- 순치기(pinching) : 새로 자란 당년생 가지 끝을 엄지와 검지로 제거한다.
- 잎 훑기 : 수분 소모를 줄이기 위해서 잎을 따내는 방법이다. 늦게 이식한 단풍 나무에서 흔히 잎 훑기 한다.
- 굵은 가지자르기 : 줄기에서 일정한 거리를 두고 밑쪽에서 중간쯤 먼저 자르고 난 다음 위쪽 방향에서 5~10cm 밖에서 자른다. 이 때 가지가 떨어진다. 마지막 으로 줄기 가까이에서 그루터기를 잘라낸다.

② 전정의 우선순위

- 죽은 가지
- 병충해의 피해를 입은 가지
- 도장지(徒長枝)
- 내향지(內向枝)
- 줄기 부정아(不整芽)에서 돋아난 가지
- 서로 얽힌 가지
- 평행하는 가지

4각뿔 장대 지주대

③ 전정을 하는 일반적 이유

- 생장을 조절하거나 방향을 조절한다.(수형)
- 꽃과 열매 생산을 조절한다.(과일나무)
- 식물의 건강을 촉진한다. 즉 묵은 줄기를 제거하면 젊은 줄기가 새로 나온다.(관목)
- 손상된 가지를 제거한다.(눈, 강풍, 얼음 등으로)
- 인위적으로 수형을 만든다.(토피어리, 이스팰리어)
- 약하고 흉한 가지를 제거하여 매력적으로 보이게 한다.
- 이식한 나무는 뿌리 손실에 대한 보상으로 가지와 줄기를 전정한다.

④ 전정 시기

a. 겨울 전정(휴면기)
- 줄기와 가지를 쉽게 볼 수 있다.(병든 가지, 약한 가지, 상처 난 가지)
- 절단면의 손상이 적다.
- 상록수는 동계 전정을 하지 않는다.

b. 봄 전정
- 화목류에서 죽은 가지를 제거한다.
- 관목은 줄기를 솎아내기 한다.

c. 여름 전정
- 수관이 조밀하면 통풍과 채광을 위해서 속가지치기를 한다.
- 도장지는 제거한다.

d. 가을 전정
- 수형을 다듬기 위해서 전정한다.
- 강전정을 하지 않는다.

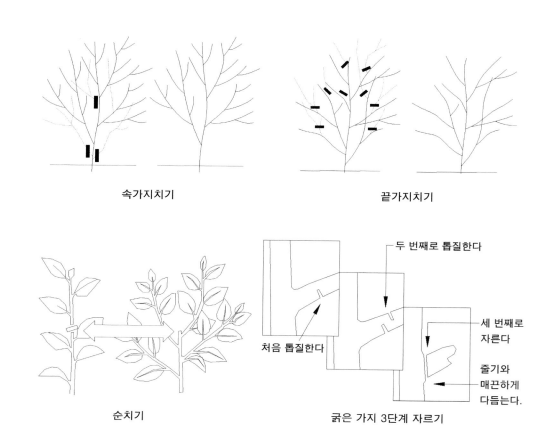

속가지치기   끝가지치기

순치기   굵은 가지 3단계 자르기

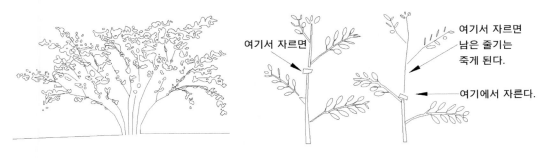

관목전정 : 끝가지치기는 꽃이 진 다음에
　　　　　곧바로 하고 해마다 속가지치기 한다.

여기서 자르면

여기서 자르면
남은 줄기는
죽게 된다.

여기에서 자른다.

그루터기는 남기지 않는다.

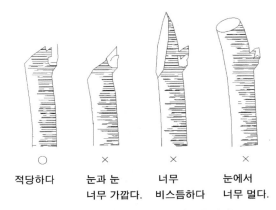

○　　　　×　　　　×　　　　×
적당하다　눈과 눈　너무　눈에서
　　　　　너무 가깝다.　비스듬하다　너무 멀다.

눈의 위치와 줄기 자르는 방향과 길이

위에는 잎이
무성하나
밑에는 잎이
없다

밑부분에도
햇빛을 충분히
받아서 좋은 성장을
한다.

부적당한 전정　　적당한 전정
　　　산울타리의 전정

많은 줄기를
자르고 가운데
줄기만 남긴다.

관목을 교목으로 만들기

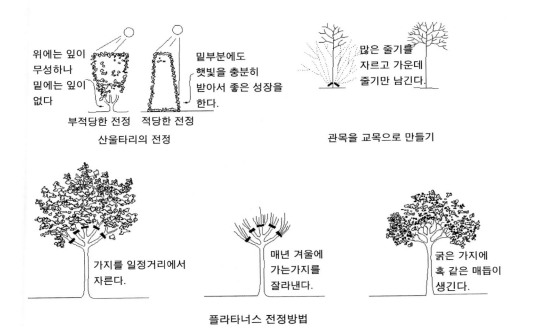

가지를 일정거리에서
자른다.

매년 겨울에
가는가지를
잘라낸다.

굵은 가지에
혹 같은 매듭이
생긴다.

플라타너스 전정방법

(5) 물주기(灌水, 관수, watering)

물집(water basin)을 식재 구덩이 주위에 둥글게 만들고 나서 충분한 관수를 한다. 관수는 완전히 활착하여 새 잎이 나오고 나서 생장할 때까지 계속적으로 해야 한다.

관수량의 정도는 토성, 나무의 크기, 강수량 등에 따라 다르다. 낙엽수는 식재한 후 늦가을, 겨울, 다음해 봄 새싹이 나올 때까지 계속해야 한다. 가을이나 겨울에 눈이나 비가 안 오면 가뭄을 타고 뿌리가 얕게 뻗어 있기 때문에 고사(枯死)할 우려가 있다.

상록수도 낙엽수와 같은 방법으로 관수해야 하고 더욱이 잎에 묻은 매연, 먼지 등을 제거해서 광합성작용을 돕도록 수관 전체에도 분무하여야 한다.

물은 식재 구덩이에 서서히 침투하여 들어가게 되므로 좁은 삽으로 쑤셔서 충분한 관수가 되었는지 확인할 필요가 있다.

과도한 관수는 땅속에 토양공기가 부족하게 되며 정상적인 뿌리 발육을 방해할 수 있고 또한 뿌리 부패균이 생겨서 뿌리가 썩을 수도 있다.

(6) 피복(被覆, mulching)

관수한 후에 물집에는 적어도 5~10cm 이상으로 두텁게 피복하여 관수한 물이 곧바로 증발하는 것을 막아야 한다. 피복재료(mulch)로는 볏짚, 밀짚, 보리짚, 솔잎, 부엽, 퇴비, 톱밥, 분쇄목(wood chip), 자갈 등이 있다.

피복

피복의 효과로는 토양의 습도를 유지하며, 건조를 예방하고, 잡초발생을 억제하며, 겨울철 토양온도 변화를 예방하며, 서릿발을 억제하고, 또한 유기물 피복재료는 수년이 지나서 썩으면 유기질 비료의 효과가 있다.

(7) 줄기 감싸기(tree wrapping)

이식한 나무는 뿌리에서 수분흡수가 어려워 체내의 수분 부족이 일어난다. 또한 이식을 한 후에 전정으로 인하여 수관부(樹冠部)가 줄어들고 줄기가 노출되어 뜨거운 햇볕에 타게 된다.

줄기 감싸기를 함으로써 줄기가 타는 것(日燒 ; 일소, 햇볕타기, sun scald)을 예

줄기 감싸기

방하며 수피의 건조를 막고 해충의 피해를 줄일 수 있다. 특히 수피가 얇은 목련, 단풍나무, 벚나무 등은 반드시 줄기 감싸기 작업을 해서 줄기를 보호하여야 한다.

줄기가 햇볕에 노출되어 타게 되면 수목의 체내 수분 부족으로 피층과 목질부 사이에 틈이 생기고 수피가 부풀어 올라 갈라지고 나중에는 벗겨져 떨어져나가 목질부가 그대로 드러난다. 여름철 고온 다습기에 부패균의 감염으로 목질부가 썩어 들어가게 된다. 이러한 현상을 일소(日燒, 햇볕타기, sun scald)라고 한다. 서향쪽을 향한 줄기에서 흔히 나타난다.

숲 속에서 자생하던 야생수집 수목이 특히 일소에 예민하다. 약한 광선에 있던 줄기가 강한 직사광선을 받아 환경이 달라지기 때문이다. 줄기 감싸기는 두 해 이상 가을까지는 해야 한다.

소나무 좀 벌레는 쇠약한 소나무나 벌채하여 쓰러진 소나무의 줄기에 구멍을 뚫고 들어가서 나무에 상처를 준다. 소나무는 이식하고 나서 새끼줄로 줄기 감싸기를 하고 난 후 그 틈새를 진흙으로 발라서 소나무 좀 벌레의 침입을 막아야 한다.

줄기 감싸기 재료로는 감싸기 종이(wrapping paper), 감싸기 띠(wrapping band), 새끼줄 등이 있다.

산토끼, 쥐 등 설치류는 겨울철에 새로 이식한 나무의 줄기 밑동의 체관부를 긁어 먹는 버릇이 있다. 이것을 예방하기 위하여 줄기에 1m 정도 높이로 철망을 감아야 한다. 서양에서는 흔한 일이다.

(8) 거름주기(fertilization)

식재시 화학비료는 사용하지 않고 식재 구덩이에 퇴비 등 유기질 비료를 흙과 섞어서 사용함으로써 거름 효과도 있고 아울러 토양의 물리적 성질도 개선된다. 식재 후 첫 여름에는 비료 용액의 시비가 가능하고, 다른 방법으로는 엽면시비(葉面施肥)가 있다.

엽면시비 방법은 식물 영양제나 질소비료 중에서 요소를 1000 : 1 정도로 물에 희석시켜 잎에 분무하여 영양분을 잎에 직접 공급하는 방법이다.

뿌리에서 수분흡수와 양분흡수가 만족스럽지 못하여 생장이 좋지 않을 경우에 실시한다.

(9) 증산억제제(anti-transpirants)

증산억제제(anti-transpirants, ant-desicant) 사용은 잎의 수분 손실을 억제하기 위하여 살포하는 방법이다.

약제를 물에 용해시켜 잎이나 줄기에 분무한다. 약제는 잎에서 수막(水膜, form a

film)을 형성하며 잎의 기공(氣孔)에서 공기의 교환은 허용하지만 물방울의 통과를 방해하기 때문에 정상적으로 호흡작용과 광합성작용은 하지만 증산작용은 못하게 되므로 잎에서 수분 손실을 줄여서 식물이 시드는 것을 막을 수 있다. 증산억제제를 사용한 식물은 처리하지 않은 것보다 활착이 훨씬 빠른 편이다.

증산억제제의 제품으로는 Wilt-Pruf, Cloud Cover, Greener 등이 현재 시판되고 있다.

공원, 가로수 등에는 답압을 막기 위해서 뿌리 보호덮개(tree grate)를 설치한다.

설치류의 피해로부터 줄기 보호를 위해 철망으로 둘러싼다.

▌ 이식이 어려운 수종

구　분		식　물　이　름
교목	상록침엽	가문비나무, 독일가문비, 백송, 전나무, 주목, 소나무, 섬잣나무, 금송, 삼나무, 히말라야시다
	낙엽침엽	낙엽송, 이깔나무
	상록활엽	녹나무, 후피향나무, 동백나무, 탱자나무, 생달나무, 후박나무, 굴거리나무, 가시나무류, 참식나무, 태산목, 비파나무, 월계수
	낙엽활엽	참나무류, 느티나무, 느릅나무, 자작나무, 멀구슬나무, 무환자나무, 호두나무, 너도밤나무, 감나무, 이팝나무, 층층나무, 목련, 튤립나무
관목	상록활엽	만병초, 차나무, 다정큼나무
	낙엽활엽	철쭉나무

구 분		식 물 이 름
교목	상록침엽	비자나무, 측백나무, 향나무, 가이즈까향나무, 노간주나무, 해송, 솔송나무, 편백나무, 화백나무
	낙엽침엽	낙우송, 메타세콰이어(수삼나무)
	상록활엽	감탕나무, 먼나무, 소귀나무, 아왜나무, 괭나무, 조록나무, 구실잣밤나무, 모밀잣밤나무
	낙엽활엽	은행나무, 버드나무류, 가죽나무, 오동나무, 벽오동, 단풍나무류, 팽나무, 플라타너스, 때죽나무, 쪽동백나무, 아그배나무, 산사나무, 매화나무, 물푸레나무, 주엽나무, 마가목, 가츠라나무, 칠엽수, 벚나무
관목	상록활엽	꽝꽝나무, 사철나무, 식나무, 팔손이나무, 백량금, 치자나무
	낙엽활엽	무궁화, 석류나무, 수수꽃다리, 쥐똥나무, 화살나무, 개나리, 진달래, 말발도리, 박태기, 불두화, 백당나무, 수국
덩굴식물	상록활엽	줄사철, 마삭줄, 인동덩굴, 송악
	낙엽활엽	등나무, 으름덩굴, 능소화
기 타		소철, 종려, 당종려, 관음죽, 워싱턴야자

2. 화초식재(花草植栽)

1) 한해살이 화초(일년생화초, annual flower)

한해살이 화초는 씨가 싹이 트고 자라서 꽃이 피고는 한살이를 12달 안에 마감하고 시들어 버린다. 한해살이 화초는 꽃의 빛깔이 화려하고 아름다운 꽃으로서, 특히 한여름에 많이 피어난다. 어떤 다른 종류의 꽃들도 무더운 한여름에 그토록 많은 꽃을 피우지는 못한다. 대부분의 한해살이 화초는 꽃밭에서 한해살이 화초들만 심거나 여러해살이 화초와 약간의 알뿌리 화초들과 섞어서 심기도 한다.

(1) 화초 파종

땅에 뿌린 작은 화초 씨에서 싹이 트고 지표면을 뚫고 나와 잎을 내어 자라고 마침내 꽃을 피우는 것을 보면 마치 기적을 목격하는 것과 같다.

화초 씨를 파종하는 데는 몇 가지 중요한 이점이 있다.
① 모종을 시장에서 사는 것보다 직접 파종하는 것이 훨씬 싸다.
② 다양한 종류의 화초를 고를 수 있다.

③ 씨 봉지에 재배에 필요한 지식이 자세히 설명되어 있다.

④ 파종하여 꽃이 필 때까지 6~10주가 걸린다고 하더라도 그 과정이 모두 즐겁다.

파종은 노지(露地)파종, 냉상(冷床, cold frame)파종, 온상(溫床, hot bed)파종 등이 있다. 노지파종은 노지에 파종상을 만들고 해가리개를 하고 습도를 유지시켜서 육묘하는 것이고, 냉상파종은 가온을 하지 않은 벽, 바닥, 유리창으로 만들어진 구조물 안에서 햇빛의 온도만으로 화초를 육묘하는 것이고, 온상파종은 가열된 구조물 안에서 높은 온도를 요구하는 화초를 육묘하는 것이다.

발아온도는 생육온도보다 약간 더 높다. 따라서 원산지가 열대성인 것은 온상에서, 아열대나 온대인 것은 냉상에서도 발아가 잘 되며, 노지육묘는 서리가 다 끝난 후에 파종함으로써 개화기가 온상이나 냉상에서 파종한 것보다는 늦어진다.

(2) 화초 이식

파종상에서 자란 모종은 화단에 옮겨 심게 되는데 이것을 이식(移植)이라고 한다. 이식 시기는 서리가 다 지나간 후이어야 한다. 심고 나서 시들지 않게 하려면 이식은 흐린 날이나 오후 저녁 무렵이 좋다. 흐린 날은 직사광선을 피할 수 있어서 좋고, 저녁 무렵은 곧 해가 지고 밤이 되므로 햇빛 때문에 시들 우려가 없다.

꽃밭에는 이식하기 12~24시간 전에 물을 뿌려 토양을 적신다. 토양은 뿌리 주변에 있는 흙이 덩어리가 생기지 않도록 젖어야 하며 너무 흠뻑 젖어도 안 좋다. 꽃밭에는 화초를 하나하나 심을 구덩이를 파야 한다. 구덩이 깊이와 너비는 화초 모종의 뿌리분(根盆)보다 두 배 정도는 넓어야 한다. 모종의 뿌리분을 구덩이에 넣고 고운 흙으로 빈 공간을 채우지만 줄기까지 채워서는 안 된다. 그리고 손으로 뿌리 주위를 꼭꼭 다져서 공기를 빼내고 토양과 뿌리분이 잘 접촉하도록 하여야 한다.

그 후에는 접시 모양의 물집을 만들게 되는데 이것을 물집(water basin)이라고 하며, 여기에 물을 주어 채운다. 마지막으로 2주 동안 물집이 말라지려 할 때마다 물을 주어야 한다. 물집에 짚, 퇴비, 솔잎 등으로 피복을 하면 더욱 효과적이다.

(3) 한해살이 화초의 선택

한해살이 화초는 그 종류가 매우 많다. 화초마다 크기, 잎, 꽃, 자생지, 적지, 이식, 식재거리, 병충해, 번식방법, 화단의 이용 등의 지식을 이해하는 것이 중요하다.

(4) 화초의 배치

경재화단(境栽花壇, flower border)에서는 원로(園路, garden path)에서 맨 앞쪽은 키

가 작은 화초, 중간은 중간 크기의 화초, 맨 끝 쪽인 담이나 울타리 쪽에는 키가 큰 화초를 심어서 꽃의 크기가 기울기가 되도록 심는다.

원형 화단에서는 맨 가운데에 제일 큰 키의 화초를 심고 가운데는 중간 크기의 화초를 심는다. 우산 모양의 화단이 형성될 것이다. 이것은 시각적인 효과는 물론이거니와 통풍, 채광에도 관련이 된다.

식재거리는 꽃의 생육에 중요한 요인이 된다. 화초는 흔히 밀식하게 되는데 이로 인해 가지가 덜 퍼지고, 뿌리에서 양분 쟁탈이 일어나며, 포기 사이의 통풍과 채광이 나빠져서 식물생육이 나빠지고 병해충이 생기기 쉽다.

적당한 식재거리는 화초가 자라는 포기보다는 여유공간이 있어야 한다. 물론 포기는 토양이 비옥하면 많이 퍼지고 척박지 토양에는 덜 퍼지지만 꽃밭의 토양은 비옥한 토양이어야 한다.

대략적인 화초의 식재거리는 다음과 같다.
- 화초 높이 15cm 이하로 자라는 것은 식재거리 15~20cm
- 화초 높이 15~30cm로 자라는 것은 식재거리 20~25cm
- 화초 높이 30cm 이상 자라는 것은 식재거리 30~40cm
- 코스모스, 해바라기, 티토니아 등은 식재거리 60~90cm

한해살이 화초와 두해살이 화초의 크기 구분은 다음과 같다.
- 왜생종은 높이 30cm 이하로 자라는 것.
- 중생종은 높이 30~90cm로 자라는 것.
- 고생종은 높이 90cm 이상으로 자라는 것.

(5) 화단의 테두리

화단의 테두리는 사진 액자에서 틀의 구실을 한다. 테두리는 벽돌, 돌, 목재, 철재 등의 토목재료가 있고, 회양목과 같은 식물재료가 있다. 토목재료들은 한 번 시공하면 내구성이 생긴다는 이점이 있고 식물재료는 시각적으로 화단의 틀이 되고 경관의 질을 향상시키며 멀칭재료를 가려주는 기능까지도 하지만 생물 자료이기 때문에 많은 보살핌이 요구된다.

테두리에 이용되는 식물을 테두리식물(edging plants)이라 하고, 이러한 식재를 테두리식재(edging planting)라고 한다. 채송화, 아제라텀, 스위트 아리섬, 백리향 등의 키가 작은 식물들이 테두리식재에 쓰인다.

(6) 초가을 서리 예방

가을에 일찍 서리가 내릴 수도 있다. 만약 일기예보에서 서리가 온다고 예보하면 천이나 플라스틱 필름으로 화초를 덮어서 서리에 맞지 않도록 예방해야 한다. 서리를 맞게 되면 화초는 금방 얼어서 죽게 될 것이다. 서리는 밤새 오는 것으로 첫서리가 온다고 매일 밤 서리가 내리는 것은 아니다. 이 방법 외에도 바비큐 화덕이나 목탄불, 모닥불 등으로 열을 내어 서리를 예방할 수도 있다.

1993년의 겨울은 미국에서 100년 만에 눈이 많이 내리고 몹시 추웠는데 플로리다 주 올랜도 인근에 있는 사이프러스 가든(Cypress Garden)에서는 곳곳에 커다란 난로를 원로에 놓고 불을 밤낮으로 피워 화초가 얼어 죽는 것을 예방하는 모습을 볼 수 있었다.

2) 여러해살이 화초(숙근 화초, perennual flower)

여러해살이 화초는 한 번 심어 놓으면 영구적으로 가기 때문에 일손이 덜 간다. 또한 1년 내내 공간을 차지하게 된다.

(1) 여러해살이 화초의 식재장소

① 지피식물

잔디가 자라지 못하거나 관리가 어려운 장소를 대신하여 심는다.

예 : 비비추, 은방울꽃, 꽃잔디, 세덤

② 테두리 식재

꽃밭의 가장자리, 원로(園路, garden path)의 가장자리, 경재화단의 앞쪽 등에 식재한다.

예 : 비비추, 석죽, 초롱꽃, 스위트 아리섬, 아제라텀

③ 암석정원

언덕에 노출되어 있는 자연형태의 바위동산을 만드는 것으로 바위 옆에 여러해살이 화초를 심는다.

④ 담벽정원

돌담에서 돌틈 사이에서 식물을 심는 것이다. 돌담 뒤쪽에는 유기질이 있는 양토를 넣는다.

⑤ 꽃밭

꽃밭에 여러해살이 화초의 한 종류만 심기도 하지만 보통 한해살이 화초와 알

뿌리 화초를 섞어서 심는다.

⑥ 경재화단

담 밑이나 울타리 앞에 키가 큰 여러해살이 화초를 심는다. 여기에는 일손이
덜 간다.

⑦ 그늘진 정원

그늘에 적응력이 있는 여러해살이 화초를 나무 밑이나 담장 밑, 응달진 곳, 북
사면 언덕 등에 심는다.

⑧ 야생풍경 정원

야생풍경을 창출하기 위하여 식재한다.

(2) 여러해살이 화초 선정시 고려사항

① 화초의 개화기를 연결한다.

봄부터 가을까지 개화시기가 각각 다른 여러해살이 화초들의 선택에 있어서
개화시기를 연결하는 것이 좋다. 공간이 제한되고 종류도 단순해야 하는 곳에
는 개화기간이 긴 화초를 선택해야 한다. 개화시기를 연결하기 위해서는 화초
의 개화기 목록을 만들어 이용하는 것이 좋다. 한 종류의 화초만 꽃이 필 경우
에는 한 가지 화초를 많이 심어 집단식재한다.

② 식물의 생장습성을 고려한다.

화초마다 키가 높게 자라는 것, 옆으로 가지를 많이 쳐서 포기가 넓어지는 것,
덩굴성인 것, 땅으로 기는 것 등 생장특성이 각기 다르다.

③ 재배하기 쉬운 화초를 선택한다.

이 문제는 지역 또는 장소에 따라 달라진다. 예를 들면 델피움, 프록스 등은 시
원한 여름에 쉽게 재배되지만 너무 무더운 지역에서는 재배가 어렵다. 또한 리
아트리스는 초보자가 재배하기에는 어려운 화초들이다.

(3) 여러해살이 화초의 꽃밭 꾸미기

꽃밭을 꾸미려면 식재를 위해 종이 위에 식재계획을 미리 세워야 한다.

꽃밭의 크기에 따라 3월부터 10월까지 달마다 꽃피는 시기가 다른 화초를 알맞게
선정해야 한다. 즉 꽃밭 앞쪽에는 키가 작은 화초를, 뒤쪽에는 키가 큰 화초를 식재
한다. 90cm 폭의 꽃밭에서는 크기가 다른 두 가지 종류의 화초만을 선정하고 매달마
다, 계절마다 꽃을 피우게 하기 위해서는 화초들을 섞어서 심어야 한다. 따라서 알뿌

리 화초, 여러해살이 화초들을 함께 심어야 한다.

작은 꽃밭에서는 한 두 종류의 화초만 심게 되지만 비교적 큰 꽃밭에는 10여 종의 화초가 필요하다. 화초의 종류, 포기수를 정하는 것은 화단의 크기에 따라 달라지는데 화단의 효과적인 크기는 폭이 150~180cm일 때에 가장 크게 나타난다.

여러해살이 화초의 크기 구분은 다음과 같다.
• 왜생종은 높이 30cm 이하로 자라는 것.
• 중생종은 높이 30~120cm로 자라는 것.
• 고생종은 높이 120cm 이상으로 자라는 것.

(4) 색채의 배합

꽃밭을 계획할 때 화초의 꽃빛깔에 따라 배치함으로써 개화했을 때 꽃밭의 꽃들이 어울리게 되는데 이것을 색채의 배합이라 한다. 이것은 전적으로 식재 설계가의 취향과 의도에 따라 다양하게 나타날 수 있다. 그래서 색채 배합을 위해서는 화초에 관한 지식에 있어야 한다. 또한 색채의 전이(轉移)라 하여 밝은 색에서 더욱 밝은 색으로, 엷은 색에서 진한 색으로 전이되어야 한다. 따라서 화초학은 과학과 기술을 실제 경험으로 접목시킨 유일한 학문이다.

(5) 화초의 조합

색채의 배합뿐만 아니라 2~3종의 각기 다른 화초들의 조합에 대해서도 관심을 가져야 한다. 여러해살이 화초끼리의 조합, 여러해살이 화초와 한해살이 화초의 조합 또는 알뿌리 화초들과의 조합을 비롯하여 꽃밭에 서 있는 상록수와의 조합 등이 있다. 이러한 조합의 꽃밭은 매력을 더욱 증가시키게 될 것이다.

(6) 겨울철 관리

추운 겨울이 되면 여러해살이 화초들의 지상부는 말라서 죽게 된다. 이러한 것들을 모두 걷어내어 태우거나 땅속에 묻는다. 땅속에 묻혀 있는 뿌리는 추운 겨울을 언 땅속에 묻혀서 월동을 한다. 땅 가까이에는 겨울 눈(冬芽)이 추위에 노출되어 있는데, 추위로부터 보호하기 위해 짚, 퇴비, 낙엽 등으로 일반적인 피복을 한다. 이렇듯 겨울눈은 피복 재료에 덮여서 추운 바람을 피할 수 있고, 건조에 견디며 살아남아 봄에 새싹을 내게 될 것이다.

3) 알뿌리 화초(bulb flower)

알뿌리 화초는 여러해살이 식물에 속하지만 땅속의 뿌리나 줄기에 영양분을 저장하는 다육조직이 발달한 점이 다르다.

(1) 알뿌리의 형태

① 비늘줄기(인경, 鱗莖 : bulb)

잎이 변형되어 살이 찐 것으로 단축된 줄기를 겹쳐서 싸고 구형(球形)을 이루며 가장 바깥쪽은 피막(皮膜)으로 덮여 있는 것을 유피인경(有皮鱗莖)이라 하며, 튤립, 수선화, 상사화, 꽃무릇, 히아신스, 구근 아이리스, 실라, 스노우 드롭 등이 있다. 살찐 잎이 짧은 줄기를 나선 모양으로 싸서 구형을 이루는 것을 무피인경(無皮鱗莖)이라 하며, 백합류가 여기에 속한다.

잎과 꽃이 나올 때 저장양분이 점차 소비되어 비늘잎은 얇은 막으로 된다. 새로운 알뿌리가 생길 때 모구(母球)가 전혀 손실되지 않고 새 것이 나오는 것으로는 튤립, 구근 아이리스 등이 있고, 일부분만 소비되고 다른 부분이 비대해져 영양분을 저장하는 것으로는 수선화, 히아신스, 백합 등이 있다. 비늘줄기는 모두 백합과 식물에 속한다.

② 구슬줄기(구경, 球莖 : corm)

줄기가 특별히 단축 비대하여 구형(球形) 또는 편구형(偏球形)을 이룬 것으로 여기에 영양분을 저장한다. 엽초 부분이 막 모양을 이루며 피막을 형성하는데 어떤 것은 그물 모양이 되는 것도 있다. 줄기와 잎이 자람에 따라 저장양분이 소비되면서 줄기의 기부가 점차 비대해지며 새 구슬 줄기가 모구에 접촉하여 형성되고 모구는 완전 소실된다.

예 : 글라디올러스, 크로커스, 프리지어, 익시아, 트리토니아 등의 붓꽃과 식물.

③ 덩이줄기(괴경, 塊莖 : tubers)

땅속줄기와 뿌리의 일부가 비대하여 양분을 저장하는 것으로서, 덩이줄기의 표면에는 잎이 변형된 피막이 있고 대부분 부정형을 이룬다. 눈(芽)은 한 곳에만 있는 것과 여러 곳에 흩어져 있는 것이 있다. 모구는 소실되지 않고 해마다 자라서 커지는데 대체로 모양이 둥근 종류는 모구가 커짐에 따라 자구를 만들고 해가 지날수록 눈의 수가 많아진다.

예 : 아네모네, 시클라멘, 라넌쿨러스, 칼라, 구근 베고니아, 칼라디움, 글록시니아 등 모두 쌍떡잎식물이다.

④ 덩이뿌리(괴근, 塊根 : tubers root)

뿌리에 양분을 저장하여 비대한 것으로 생장점은 덩이뿌리에 붙어 있는 줄기 밑부분에 자리 잡고 있다. 싹이 나오면 덩이뿌리에서 실뿌리가 나와서 수분흡 수를 하며 새로이 덩이뿌리를 만들어낸다.

예 : 다알리아.

⑤ 뿌리줄기(근경, 根莖 : rhizomes)

땅속줄기가 비대한 것으로 땅속에서 수평으로 뻗어나가며 건조에 견디는 것이 많고, 뿌리줄기의 끝부분이나 마디에 눈이 생겨 싹이 나오며 실뿌리도 여기서 나온다.

예 : 저맨 아이리스, 칸나, 꽃생강, 연꽃

(2) 식재시기

내한성 문제로 식재시기가 생긴다.

① 봄에 심는 알뿌리 화초(여름에 꽃피는 알뿌리 화초)

예 : 상사화, 튜베로스, 칼라, 칼라디움, 글라디올러스

② 가을에 심는 알뿌리 화초(봄에 꽃피는 알뿌리 화초)

예 : 무스커리, 크로커스, 수선화, 튤립, 히아신스, 실라

(3) 식재 깊이

식재 깊이는 지면에서부터 알뿌리의 머리까지 길이를 말하는데 대략적으로 큰 알 뿌리는 키의 세 배의 깊이로, 작은 알뿌리는 키의 네 배의 깊이로 심으면 된다. 알뿌 리 화초는 좀 깊게 심으면 영양번식을 억제하고 꽃이 건강하게 필 수 있다.

알뿌리 화초의 크기 구분은 다음과 같다.

• 왜생종은 높이 30cm 이하로 자라는 것.
• 중생종은 높이 30~90cm로 자라는 것.
• 고생종은 높이 90cm 이상으로 자라는 것.

(4) 알뿌리 화초의 식재장소

① 꽃밭 : 알뿌리 화초의 한 종류만 심을 수도 있고 한해살이 화초 또는 여러해살 이 화초들을 꽃밭에 함께 심을 수도 있다.

② 관목이 있는 경재화단 : 관목들 사이의 빈 공간에 심어서 화단에 아름다운 빛 깔을 더해준다.

③ 지피식물 : 알뿌리 화초를 지피식물로 이용한다.

④ 용기식재 : 용기에 알뿌리 화초를 모아 심는다.

⑤ 암석정원 : 알뿌리 화초는 암석정원에 잘 어울린다.

⑥ 자연풍경 식재 : 숲 속의 풀밭에 식재한다.

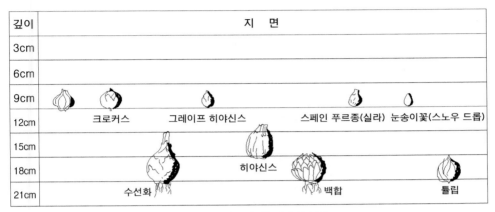

봄에 피는 알뿌리 화초(추식구근)

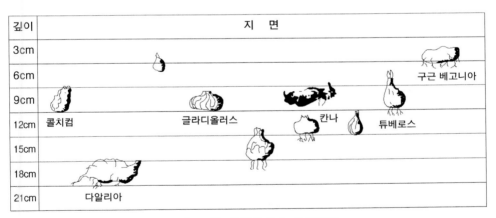

여름에 꽃피는 알뿌리 화초 (춘식구근)

알뿌리 화초의 식재 깊이

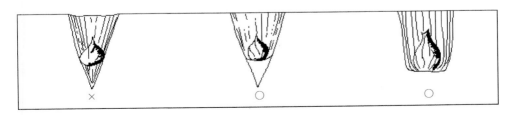

알뿌리 화초의 식재 구덩이 파기

3. 잔디식재

1) 잔디의 뜻과 구분

잔디는 우리나라에서 널리 자생하고 있는 여러해살이 초본식물의 볏-과 (gramineae) 잔디-속(zoysia)의 잔디(*zoysia japonica*)만을 가리킨다. 그러나 잔디-속의 잔디 이외에 식물로서도 잔디처럼 이용되는 포아풀-속(poa), 겨이삭-속(agrostis), 김의털-속(festuca) 등의 식물들도 넓은 의미로 함께 쓰인다. 잔디(*zoysia japonica*)를 들잔디(야지, 野芝 ; 노시바 <일본어>) 또는 한국잔디로 부르는 것은 잘못된 용어로 표준말이 아니다.

상록성인 것은 한지형(寒地形)으로, 낙엽지는 것, 즉 고엽성(枯葉性)인 것은 난지형(暖地形)으로 구분한다. 난지형 잔디는 여름에 무성하고 겨울에는 잎이 고사하며 휴면한다. 한지형 잔디는 상록성으로 겨울철에도 잎이 푸른 것이 특징이며 추운 계절에도 잘 성장하고 생육적온이 15~20°C이다.

2) 잔디의 기능

- 정원에서 잔디는 흙이 빗물에 씻겨 나가는 것을 막고 잡초 발생을 억제한다.(토양침식 방지기능)
- 정원에서 잔디는 여름철에 맨땅보다 습도를 높이고 기온 상승을 막는다.(미기후조절 기능)
- 정원에서 잔디는 녹색의 아름다움을 더하여 준다.(미학적 기능)
- 공원에서 잔디는 산소를 제공하며 공기를 맑게 한다.(환경조절 기능)
- 운동장에서 잔디는 지면의 바닥이 부드러워 선수의 부상을 방지한다.(체육시설 기능)
- 골프장에서 잔디는 페이웨이와 그린(green)에서 효과적이다.(체육시설 기능)
- 잔디밭은 녹색의 마루(green floor) 역할을 한다.(건축공간 기능)

3) 잔디의 종류

(1) 동양 잔디

우리나라에 자생하는 잔디(*zoysia japonica*)가 대표적인 것으로 겨울에는 잎이 말라죽어 난지형 잔디로 구분된다.

동양 잔디는 다음과 같은 특징이 있다.
- 번식은 지하경(地下莖, rhizome)에 의한 영양번식을 주로 한다.

- 여름에는 무성하지만 겨울에는 잎이 말라 죽어 푸른빛을 잃는다.
- 건조에 강하지만 습기에는 약한 편이다.
- 척박한 토양에서도 잘 자란다.

① 잔디(*Zoysia japonica*, Zoysiagrass, Korean lawngrass)

전국적으로 양지바른 산야에 분포하며, 여러해살이 초본식물로 높이 10~20cm
이고 길게 옆으로 뻗은 단단한 포복지의 마디에서 줄기와 뿌리를 내며, 잎은
포복지와 줄기의 기부에 총생하며, 길이 5~10cm, 너비 2~5mm로서 편평하거나
안으로 말리며 어릴 때는 앞뒤 양면에 털이 있고 밑 부분이 엽초(葉鞘, 잎 꼭
지가 칼집모양으로 되어 줄기를 싸고 있는 것)로 되며 엽초의 가장자리에 털이
있다.

꽃은 5~6월에 수상화서 모양의 원추화서로 피며 꽃줄기는 높이 15~20cm이고,
그 끝에 화수(花穗)는 길이 3~5cm로 곧게 선다. 화서축(花序軸)에는 마디가 없
고 짧은 가지 끝에 꽃이 1개씩 달리며 소수(小穗, 이삭)는 난형으로 길이 3mm,
너비 1.2~1.5mm이고 광택이 난다.

잔디는 생장력이 강하고 깎기를 덜 요구하는 장점이 있어서 육종이 많이 이루
어졌다. 재배변종으로는 'FC13521' (1930), 'Meyer' (1951), 'Emerald' (1995),
'Midwest' (1963), 'Murray'(1981), 'Belair' (1985), 'Eltoro' (1986), 'Cashmere'
(1988), 'Zenith' 등이 있다.

- 분포 : 우리나라 전역, 일본, 만주, 대만, 중국
- 특성 : 생장력이 강하며 답압에 견딘다.
- 용도 : 정원, 사방용, 무덤 사초용

② 금잔디(*Zoysia tenuifolia*, Korean velvetgrass)

중부 이남에 자생하는 여러해살이 초본식물로 높이 7~20cm로 자란다. 잎은
2~5cm이며, 안으로 말리고 가는 바늘모양으로 지름 1mm 이하이며, 근경은 짧
고 마디 사이가 1cm 내외로 밀생하고 많이 분지하면서 포복경을 형성한다. 엽
초 가장자리에 털이 있다.

꽃줄기는 높이 7~20cm이고 화수는 길이 1~3cm, 지름 2~4mm로서 연한 황색이
며 꽃줄기 끝에 달리고 소수는 곧추서거나 또는 들러붙는다.

- 분포 : 중부 이남의 해안가, 대만, 일본 이즈모섬 이남, 동남아시아, 솔로몬 제도
- 용도 : 정원, 공원
- 특성 : 내한성이 약하며 수원 이남에서만 월동이 가능하고 번식력은 더딘 편
이다.

③ 고려 잔디(*Zoysia matrella*, Manilla grass)

여러해살이 초본식물로 높이 5~15cm이고, 잎의 너비는 잔디보다 좀 작아서 1.5~3mm 정도이다. 잎이 가늘어서 치밀한 잔디밭을 형성할 수 있다.

- 분포 : 일본 규슈의 일부지역, 대만, 인도 등
- 용도 : 정원, 공원
- 특성 : 번식력이 극히 약하므로 축구장에서는 부적합하다.

④ 건희 잔디(*Zoysia japonica* 'Konhee', Konhee zoysiagrass)

잔디의 변종인 중지를 국내에서 최근 개발한 것으로 잎의 길이가 잔디보다 짧으며 진한 녹색으로 너비 2~3mm 정도로 가늘고 잎이 밀생한다.

- 용도 : 정원, 운동장, 사방용, 무덤 사초용
- 특성 : 잎이 밀생하므로 잡초 발생이 적고 녹색기간이 길다.

⑤ 제니스 잔디(*Zoysia japonica* 'Zenith', Zenith zoysiagrass)

잔디의 변종인 중지를 미국에서 육종 개량한 것으로 중지보다 잎의 길이가 짧고 너비가 좁으며 마디가 조밀하다. 밝은 녹색의 잎이 더 아름다우며 녹색기간도 10일 이상 더 길다.

- 용도 : 정원, 운동장
- 특성 : 잔디깎기를 덜해도 좋다.

⑥ '건우' 버뮤다그래스(*Cynodon dactylon*, Burmudagrass 'Konwoo')

버뮤다그래스를 우리나라에서 육종 개량한 것이다. 우리나라 환경에 적합하며 답압에 견디고 축구장에 적합하다.

- 용도 : 정원, 축구장, 운동장
- 특성 : 내한성이 강하고 회복속도가 빠르다. 자주 깎아야 하며 덧 파종이 가능하다.

(2) 서양 잔디

원산지가 유럽과 북아메리카이므로 서양 잔디로 구분한다. 사철 푸른 잎을 지니고 있어서 상록성 식물이다.

서양 잔디는 다음과 같은 특성이 있다.
- 종자번식에 의한 유성번식을 한다.
- 겨울철에도 푸른 잎을 지닌다.

- 건조에 약하다.
- 비료를 많이 요구한다.
- 그늘에서도 잘 자란다.

① 켄터키 블루그래스(*Poa prantensis*, Kentucky blugrass, 왕포아풀)

여러해살이 상록 초본식물로 높이 30~80cm에 이르고, 줄기는 총생하며 근경이 옆으로 뻗으면서 퍼진다. 잎은 선형으로 편평하거나 약간 오그라들며 길이 17~30cm, 너비 2~4mm이고 녹색이며 끝은 뾰족해지고 엽초(葉鞘)는 원통형이며 엽설(葉舌)은 길이 0.5~1.2mm이다.

꽃은 원추화서로 6~7월에 피고 화서는 길이 8~15cm로서 좁은 난형이며 곧게 서고 마디에서 2~6개의 가지가 반윤생하며 작은 돌기가 있고 소수는 난형이며 길이 3~6mm로서 3~5개의 꽃이 들어 있다.

- 분포 : 경남 지리산, 경기, 강원 이북에 나며, 북반구 온대에 분포한다.
- 용도 : 정원, 공원, 축구장
- 특성 : 온대에서 서늘하고 습기가 많은 곳에서 잘 자란다.

② 크리핑 벤트 그래스(*Agrostis palustris*, Cleeping bentgrass)

여러해살이 상록 초본식물이며 벼-과 겨이삭- 속이다. 벤트 그래스는 골프장의 그린에 식재하는데 사용된다. 잎의 너비가 2~3mm 정도로 매우 가늘고 치밀하며 고운 잔디이다. 잎이 부드럽고 낮게 깎더라도 우수한 밀도와 균일성을 유지하며 질감이 좋다.

- 용도 : 골프장의 그린
- 특성 : 여름철 더위에 약하고 병균에 약하며 답압에도 약한 편이다.

③ 퍼에니얼 라이그래스(*Lolium perene*, Perenninal rygrass)

여러해살이 상록 초본식물로 높이 50~60cm 정도로 자라며, 너비 2~5mm이고 수명은 3년 정도이며 생장이 빠르고 분열이 잘 되며 진한 녹색이고 잎은 부드럽다.

파종하면 발아가 쉽고 활착이 빠른 편이어서 켄터키 블루그래스와 혼파(混播)해도 좋다. 토양에 대한 적응력이 높으며 축구장, 골프장에 덧파종하는데 유용하다. 춘파, 추파 모두 가능하고 속성 녹지대 조성에도 효과적이다.

- 용도 : 골프장, 축구장 또는 덧 파종용
- 특성 : 답압에 매우 강하다. 내서성은 약한 편이다. 파종 후 조성이 빠르다.

④ 털 훼스큐(*Festuca arundinacea*, Tall fescue)

　　여러해살이 상록 초본식물로 벼-과 김의털-속이다. 높이 90~120cm 정도로 자라며 잎은 진한 녹색으로 너비가 넓고 엽초는 거칠다.

- 분포 : 유럽
- 용도 : 운동장, 경사지, 제방 둑의 지피식물
- 특성 : 내한성, 내습성이 강하고 그늘에도 견딘다. 내한성이 약하다.

⑤ 레드 훼스큐(*Festcuca rubra*, Red fescue)

　　여러해살이 상록 초본식물으로 훼스큐 중 가장 우수한 잔디로 생장이 빠르고 더위와 추위에 강하며 그늘에도 견딘다.

　　크리핑 레드 훼스큐(Creeping red fescue, *Festcuca rubra* var. genuinia)는 포복성으로 잎이 질기고 억세며 단단하여 공원, 운동장, 비행장에 적합하다.

　　츄잉 훼스큐(Chewings fescue, *Festucoca rubra* var. comutata)는 깎기, 답압, 가뭄에 강하고 그늘이나 척박지에서도 잘 자라며 공원, 운동장, 골프장에서 종자 번식으로 가능하다.

4) 잔디 식재

(1) 토양

　　잔디는 일반적으로 뿌리가 공기, 즉 산소를 좋아하는 식물이므로 뿌리 생장층의 깊이는 적어도 30cm 가량은 되어야 하며, 모래 함량이 많고 적당한 유기질이 있어야 양분 공급원이 된다.

　　잔디가 자연상태에서 가장 잘 자라는 곳은 개울이 활처럼 휘어져서 장마로 인해서 모래와 부엽이 적당히 쌓인 개울가 모래밭이다. 여기에는 모래가 많아서 다공성이며 노출되어서 햇빛이 잘 들고 배수가 좋기 때문이다. 반대로 잔디 생육에 부적합한 곳은 그늘지고 진흙 함량이 많은 곳으로 여기서는 햇빛 부족과 배수 불량이 원인이다.

　　정원이나 운동장에서 잔디밭을 조성하자면 토양산도는 pH 6.5~7.0의 중성 토양으로 지반을 조성하는 것이 좋다.

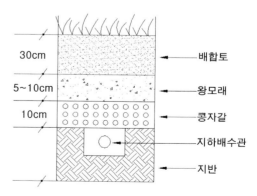

잔디구장 조성 단면도

(2) 식재 방법

떼(흙까지 아울러 뿌리째 떠낸 잔디) 심기에는 평떼심기, 줄떼심기, 두루마리(roll, 롤)떼 심기가 있고, 파종방법이 있다.

① 평떼 심기

시중에서 판매되는 것은 흔히 사방 30cm, 두께 5cm 정도가 기준이 된다. 벽돌 쌓기 방식처럼 잔디밭 전면에 뗏장을 심는 방법이다. 뗏장 사이의 이음매는 보통 3~5cm씩 띄워서 모래로 뗏장 사이를 채우고 바닥 흙과 뗏장을 밀착시켜서 심는다. 식재 후 관수를 하면 식재와 동시에 훌륭한 잔디밭이 조성된다.

② 줄떼 심기

사방 30cm의 뗏장을 크기대로 또는 반으로 갈라서 줄을 지어 식재한다. 뗏장 줄 사이는 5~10cm 정도로 띄우고 그 사이는 부드러운 흙을 뗏장 높이만큼 채워주고 이듬해가 되면 새 잔디로 메워진다. 줄떼 심기의 변형으로 어긋나기 줄떼 심기 방법도 있다.

③ 두루마리(roll, 롤)떼 심기

재배 잔디를 두루마리 모양으로 떠낸 것으로 규격이 우리나라에서는 가로 46×110cm(0.5m²)와 가로 65cm, 세로 154cm (1m²)의 두 종류가 판매된다. 잔디밭을 조성하고서 두루마리 떼를 펴서 심으면 즉석 잔디밭이 조성된다.

④ 파종

잔디 씨를 뿌려서 새로 나온 싹으로 잔디밭을 만드는 과정이다. 즉 실생번식이다. 잔디 씨는 씨 껍질(種皮, 종피)에 밀랍(蜜蠟, wax) 성분이 있어서 수분 흡수가 어려워 실생 번식이 잘 안 되었지만 약품처리를 함으로써 잔디 실생 번식이 쉽게 되었다. 직접 잔디밭에 파종하는 방법이 있고, 종자를 천에 일정한 간격으로 붙인 제품을 잔디밭에 덮어서 실생묘를 육성하는 방법이 있다.

서양 잔디의 종류들은 흔히 쉽게 파종하여 번식한다. 서양 잔디는 봄, 가을 두 번 파종하게 되는데, 추운 지역에서는 춘파를 하고 따뜻한 지역은 가을에 파종한다. 춘파는 4월 하순에서 6월 상순이 적기이고, 추파는 9월 중순에서 10월 상순까지가 적기이다. 이 시기는 발아 일수가 일주일 정도이고 발아율도 좋은 편이다. 퍼에니얼 라이그래스는 생육기간 동안에는 언제라도 덧파종이 가능하다.

(3) 식재시기

뗏장 식재는 봄철에서 초여름기간으로, 즉 3월 하순부터 5월 중순까지가 적기이다. 따뜻한 기후인 남쪽에서는 가을철 9~10월에 식재하여도 가능하다. 한 여름철이나 겨울이 아니면 언제라도 뗏장 식재는 가능하다.

두루마리 떼 운반

두루마리 떼 식재

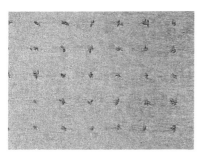

얇은 천에 일정한 간격으로 잔디씨를 붙여서(부직포) 식재지
에 펼쳐서 발아시켜 잔디밭을 조성한다.

잔디식재

4
식재구성의 원리

1. 식물의 시각적 성질

1) 형태(形態, form)

식물들은 각자 고유형태를 지니고 있다. 식물의 형태는 식물체의 줄기와 가지 등의 구조(structure)와 모양(shape)으로 이루어진다. 또한 식물마다 고유한 생장 습성이 있다.

식물의 2차원 모양은 수관(樹冠)의 길이와 너비로 이루어지며, 3차원의 모양은 수관의 길이, 너비, 두께에 의해서 이루어진다.

일반적으로 교목의 형태는 원형(圓形, round 또는 구형 : 球形, globular), 난형(卵形, oval 또는 타원형), 원주형(圓柱形, columnar), 원추형(圓錐形, conical), 능수형(綾垂形, weeping), 수평형(水平形, horizontal), 불규칙형(不規則形, irregular), 배상형(杯狀形, vase) 등으로 구분된다.

식물의 형태는 다음과 같은 의미를 지닌다.

원형의 형태는 수관선(樹冠線)이 부드러워서 시선(視線)의 이동이 쉽다. 집단으로 식재하면 위요(圍繞, enclosure)공간을 만들 수 있고 또한 녹음공간이 되기도 한다. 키가 크게 자라는 원추형이나 원주형의 형태는 공간에서 높이를 강조하게 된다.

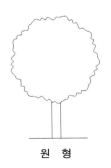
원 형

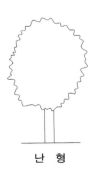
난 형

원주형

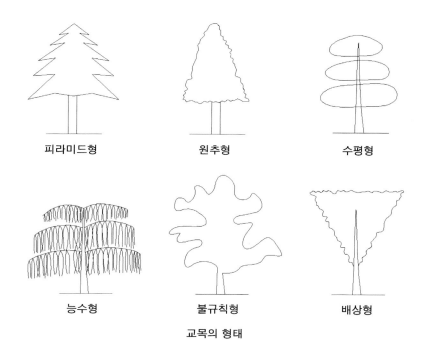

피라미드형	원추형	수평형
능수형	불규칙형	배상형

교목의 형태

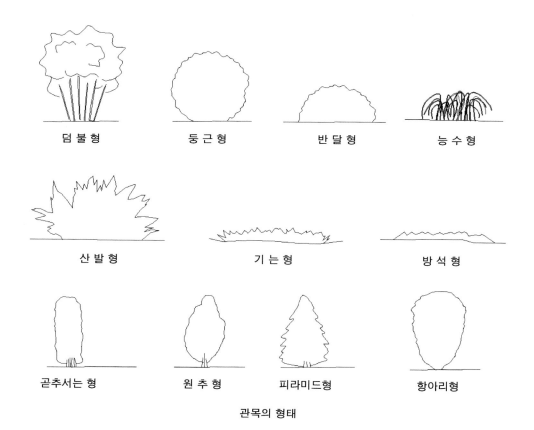

덤 불 형	둥 근 형	반 달 형	능 수 형
산 발 형	기 는 형		방 석 형
곧추서는 형	원 추 형	피라미드형	항아리형

관목의 형태

| 무더기형 | 수 상 형 | 방 석 형 | 퍼지는 형 | 양탄자형 |

지피식물과 초본의 형태

수평형태는 키가 큰 구조물 사이에서 공간의 넓이를 증가시키는 효과가 있다.

능수형은 부드러운 선(線)을 만들어내며 시선을 지면(地面)과 연결시킨다.

식물의 형태는 자생지의 지형과 관계가 있다. 평지에서는 수관의 형태가 수평형을 이루며, 구릉지역에서는 원형을 이루고 산악에서는 원추형이나 피라미드형이 대부분이다.

 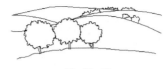 

| 평 지 | 구 릉 지 | 산 악 지 |

자연 지형과 수관 형태와의 관계

수관의 형태는 개별적으로 고유형태가 있지만 집단을 이루면 그 효과는 사뭇 달라지기도 한다. 원형형태를 집단 식재하면 녹음공간을 이루고 원추형이나 피라미드형태는 가리개를 이루며 방풍림도 이루고 위요공간도 만들어낸다.

탑모양과 쟁반모양

원기둥과 네모기둥 모양

네모뿔 모양

인공 수형

2) 선(線, line)

선은 점의 연속이다. 식재한 식물은 선으로 연결된다. 화단에서 테두리 식재(edging planting), 파테르 화단에서 문양, 가로수, 산울타리, 미로원 등은 모두 선으로 이어진 것이다.

원로(園路, garden path)에서 직선은 망설임 없이 이동할 수 있고, 교차하는 선은 멈추거나 망설이게 되어 시선의 변화를 주며, 휘어진 곡선은 이동을 천천히 하도록 한다.

선의 본질은 공간에서 한 점(點)에서 이동의 결과로 방향을 지시한다. 시각적 구성에서 선의 기본적 효과는 눈을 움직이고 시선을 가리킨다. 시선은 선이 모이는 곳에서 멈추는 경향이 있다. 선은 경관의 시각적 탐구에서 방향을 제시하는데도 이용된다.

식물의 줄기와 가지들의 다양한 선들은 식재구성에서 관심을 일으키는 식물 고유의 미학적 특질을 갖고 있다.

수직선(마닐라 야자나무)

대각선(유카)

능수선(히말라야시더)

능수선(히말라야시더)

능수선(히말라야시더)

능수선(교목의 결빙)

능수선(능수자작나무)

능수선(능수벚나무)

수평선(노폭섬 소나무)

(1) 상승선(上昇線, Ascending line)

상승선 또는 수직선은 양버들(*Populus nigra* var. *italica*), 노간주나무(*Juniperus rigida*), 열여수(*Prunus salicina* var. *columnalis*) 등 원주형 수형의 수관선에서 잘 나타난다.

특히 수직선은 코코야자나무(*Cocos nucifera*), 종려나무(*Trachycarpus fortunei*) 등 곧게 자라는 교목의 줄기에서 볼 수 있다. 관목인 흰말채나무(*Cornus alba*)와 초본식물인 붓꽃(*Iris nertschinskia*)의 줄기와 잎에서도 잘 나타난다.

상승선의 특성은 독단적이고 절대적이며 만약 공간이 충분하다면 장엄하거나 웅대할 수 있다. 상승선은 중력의 방향과 반대가 되기 때문에 눈에 띄게 된다.

(2) 능수선(Pendulous line)

능수선은 능수버들(*Salix pseudo-lasiogyne*), 능수벚나무(*Prunus leveilleana* var. *pendula*) 등의 교목에서 늘어지는 가지와 능수조팝나무(*Spiraea thunbergii*)의 관목의 줄기에서처럼 땅 쪽으로 길게 늘어져서 선을 이룬다. 능수선은 한가롭고 평화로운 장면을 연출한다.

등나무(*Wisteria floribunda*) 줄기에 늘어져 달리는 총상화서는 땅 쪽으로 능수선을 이루며, 아름답게 연출한다. 실내식물인 접란(*Chlorophytum cosmosum*)에서는 노란 줄기가 길게 나와 땅으로 늘어지면서 그 끝에는 어린 식물체가 매달린다.

능수선을 이루는 줄기나 가지는 시선을 지면으로 향하게 하고 무게의 감각을 주며 살아 있는 요소로서 대비 형세를 표현한다.

(3) 수평선(水平線, horizontal line)

수평선은 자귀나무(*Albizzia julibrissin*)와 층층나무(*Cornus controversa*)의 가지 퍼짐에서 볼 수 있고 상자처럼 전정한 쥐똥나무(*Ligustrum obtusifolium*)의 꼭대기나 지피식물이나 잔디밭의 끝자락에서도 나타난다.

수평선은 안전한 상태를 표현한다. 수평선의 특성은 소극적이고 덜 동적이며 잠재적 에너지를 내포한 듯하며 덜 노력하는 것을 표현한다. 시각적 안정성 때문에 강한 수평선을 갖는 식재는 좀더 활동적인 구성요소로 뒤받침할 수 있는 기초로서 수행할 수 있다.

강전정을 한 산울타리의 안전한 단순성은 무성한 식재를 위해 배경식재(背景植栽)이지만 기초식재(基礎植栽)로서 수행될 때 더욱 효과적이다.

(4) 대각선(對角線, diagonal line)

대각선은 교목이나 관목에서 가지가 뻗어 나가는데서 볼 수 있다. 유카(*Yucca gloriosa*)의 잎에서처럼 외떡잎식물의 선형(線形)의 잎은 강력한 대각선을 이룬다.

대각선은 활기 넘치고 생동감이 있다. 또한 강한 잠재 에너지를 표현한다. 대각선은 식재구성에서 가지와 잎들이 위로 향하므로 강한 성질을 갖고 있으므로 안정된 요소와 대비를 이루기 위해 이용할 때 더욱 효과적으로 보일 수 있다. 지나치게 많은 강한 대각선의 사용은 식재구성에서 산만한 원인이 될 수 있다.

3) 질감(texture)

식물의 질감은 보고 느낄 수 있는 식물 표면의 성질을 말하며, 질감은 시각적 특성과 촉감에 따라 판단된다.

줄기, 가지, 잎, 소지(小枝, twig), 겨울 눈(winter bud) 등이 식물의 질감을 결정한다.

(1) 식물의 질감

식물의 질감은 고운 질감(fine texture), 중간 질감(medium texture), 거친 질감(coarse texture) 등 세 가지로 구분된다.

고운 질감(fine texture)은 작고 촘촘한 잎이 된다. 자귀나무처럼 우상복엽이 한 예가 된다.

중간 질감(medium texture)은 잎이 크지도 작지도 않은 잎이 여기에 해당된다. 느티나무 잎, 단풍나무 잎이 예가 된다.

거친 질감(coarse texture)은 잎이 크고 잎가의 커다란 결각이 있는 잎으로 벽오동나무, 오동나무, 플라타너스 등의 잎이 예가 된다.

다음과 같은 사항이 질감을 구분하는 요인들이다.
- 잎이 치밀하게 달리는 것고운 질감과 엉성한 것거친 질감
- 눈과 소지(小枝)의 크기와 모양에 따라서 매끄럽고 작은 것고운 질감과 두텁고 큰 것거친 질감
- 잎의 형태가 우상복엽인 것고운 질감과 단엽인 것거친 질감
- 잎 몸의 가장자리가 매끄러운 것고운 질감과 톱니가 있는 것거친 질감
- 잎차례가 마주나기고운 질감와 어긋나기거친 질감
- 잎의 크기가 작은 잎고운 질감과 큰 잎거친 질감

이 밖에도 다음과 같은 사항이 질감을 구분하게 된다.
- 식물을 바라다보는 거리에 따라 먼 거리고운 질감와 가까운 거리거친 질감
- 계절에 따라서도 질감이 달라진다.잎은 고운 질감이나 낙엽 후에 줄기와 소지의 모양에 따라서
- 잎 표면의 빛 깔진한 녹색의 앞면과 뒷면의 흰색에 따라 다르다.
- 식물의 나이에 따라서도 질감이 다르다.어린식물은 고운 질감, 늙은 식물은 거친 질감

(2) 식재시에 질감에 대한 고려사항
- 질감은 가까운 곳에서부터 고운 질감 → 중간 질감 → 거친 질감의 차례대로 식재한다.질감의 전이
- 시각은 거친 질감에서부터 중간 질감, 고운 질감으로 이동한다.
- 좁은 공간에서는 고운 질감을 사용하고 거친 질감은 피한다.
- 동일한 질감을 너무 많이 사용하면 지루한 결과를 초래한다.

■ 질감의 예
- 고운 질감 : 자귀나무, 주엽나무, 황매화나무, 아카시아 나무, 조팝나무, 위성류, 낙우송, 메타세콰이어, 느릅나무, 향나무, 소나무
- 중간 질감 : 자작나무, 흰말채나무, 감나무, 개나리, 은행나무, 주엽나무, 쥐똥나무, 다릅나무, 팥배나무

• 거친 질감 : 칠엽수, 가죽나무, 오동나무, 플라타너스, 벽오동나무

고운질감   중간질감   거친질감

식물의 질감

4) 색채(色彩, colour)

색채는 반사된 빛의 파장으로 나타나는 시각적 성질이다. 여러 가지의 빛의 파장이 식물체에 닿으면 흡수되거나 반사되는데 녹색식물은 녹색을 가장 많이 반사시킨다.

식물에서 색채의 기능은 식물체에 매력적인 관심을 끌게 하고, 정서적 효과를 조성하며, 따뜻한 분위기를 만들고, 시원한 효과를 나타내며, 위엄이나 비형식적인 것을 증가시킨다.

색채는 심리적 효과가 있다. 난색(暖色, 따뜻한 색, warm color)은 흥분되거나 자극이 되거나 초점으로 다가가는 심리적 효과가 있다. 난색으로는 빨강, 주황, 노랑 등이 있다.

한색(寒色, 찬색, cool color)은 편안함을 느끼거나, 아늑함을 느끼고, 초점에서 멀어져가는 심리적 효과가 있다. 한색으로는 녹색, 파랑 등이 있다.

일정 공간에서 색채는 바라보는 거리, 직·간접적인 빛의 양, 그늘의 정도, 토양 등에 따라 달라진다.

색채 사용시 고려 사항은 다음과 같다.
• 인간은 밝은 빛과 선명한 색채에 쏠리는 심리적 경향이 있다.
• 차분한 빛이나 시원한 색채는 침울한 회상을 더욱 유발한다.
• 밝은 빛과 따뜻한 색채는 흥분시키는 경향이 있다. 따라서 조망자를 이동하도록 끌어 들인다.
• 식물의 색채와 그 주변 환경이 어울려야 한다.
• 색채의 변화는 밝은 색에서 진한 색채로 점진적인 단계를 두어야 한다.(색채의 전이)

색상환

2. 시각적 구성 원리

1) 조화(調和, harmoney)와 대비(對比, contrast)

조화는 상호관계의 성질이다. 조화는 비슷한 식물들의 형태, 비슷한 질감, 선의 비슷한 성질, 서로 밀접한 색채 등에서 볼 수 있다. 연관된 식물들의 미학적 성질이 밀접한 상호관계에서 훌륭한 조화가 이루어진다. 조화의 즐거움은 사물간의 유사성에서만 있는 것이 아니라 동질성과 차별성의 균형에서도 볼 수 있다. 동질성과 차별성의 경험이 인간의 정신에서 가장 중요한 것들이다.

대비는 다른 식물간의 형태, 다른 성질, 선의 방향, 질감, 색채 등에서 찾아 볼 수 있다. 대비는 이들의 비교되는 차이를 말한다. 대비는 충돌을 내포할 우려가 없으며, 큰 차별적 특성간에 상호보완이 될 것이다. 충돌은 대비가 과부담될 때 인식되고 질서와 미학적 목적이 있을 때에는 인식되지 않는다.

식재구성에서 조화와 대비의 올바른 균형이 이루도록 해야 한다. 두 수종(樹種)간의 대비는 더욱 확실해 보일 것이고 만약 조화가 이루어진다면 더욱 효과적일 것이다.

잎의 질감에서처럼 한 성질이 어느 다른 것, 예를 들면 잎의 색채에서 조화가 연계될 때 잘 이루어진다. 마찬가지로 꽃의 색채에서도 대비되는 형태와 질감과 연계되어서 이용된다면 더욱 만족하게 나타날 것이다.

지나친 대비가 있어서는 안 된다. 왜냐하면 상호 연관된 요소들이 적을 것이고 전체에서 그 양식을 인식할 수 없기 때문이다. 미학적 특성이 강한 식물들의 배합은 혼란을 나타낼 것이고, 전체에서 식물 개체의 성질과 구성을 이해하기가 어렵게 된다.

2) 균형(均衡, balance)

균형은 중심축(中心軸, centeral axis)의 양쪽 요소들이 모두 똑같이 배치되는 것을 말한다. 중심축을 가운데 두고 양쪽으로 동등하게 무게, 수, 양 등이 이루어질 때 균형이 이루어진다. 조경 구성에서 중심축을 인식함으로써 가능하게 되고, 축의 양쪽에 똑같은 식물을 배치함으로써 균형이 이루어진다. 이렇게 함으로써 정형식 또는 대칭 식재구성이 이루어진다.

다음과 같은 방법으로 균형을 보완할 수 있다.

- 식물의 크기는 다르지만 어울리는 형태로 균형을 창출할 수 있다.
  예) 한 그루의 교목 : 세 그루의 관목.
- 색채는 시각적 무게를 더해줌으로써 균형을 창출할 수 있다.
  예) 선명한 색채의 식물 : 색채가 무거운 식물을 더 많이 식재한다.
- 질감도 균형을 창출한다.
  예) 거친 질감의 수목 : 고운 질감의 수목을 더 많이 식재한다.

3) 강조(强調, accent)

강조는 경관에서 어떤 부분을 관심 깊게 집중시키는 것이다. 따라서 시각적 효과를 내며 조망자에게 강한 감정을 유발시킨다.

- 강조는 강력해야 한다. 그래야 변함없이 주의력을 사로잡는다.
- 강조는 조심스럽게 배치해야 한다. 너무 많은 강조는 혼돈을 일으킨다.
- 강조는 틀(frame)로서도 꾸며진다. 나무 사이의 열린 곳에서처럼 자연적으로 열

린 곳이나 창문의 틀을 통해서 바라보이도록 해야 한다.
- 강조는 질감으로 만들어진다. 거친 질감의 식물 중에서 고운 질감의 식물은 강조가 된다.
- 식물의 색채는 강조를 만든다. 자작나무의 줄기, 홍단풍, 만개한 꽃나무, 화초 등은 주변에 대해서 강조된다.
- 식물의 높이는 강조를 만든다. 동일한 수종의 높이에서 우뚝 솟은 나무는 강조된다.
- 군집식재는 강조된다.

4) 연속(連續, sequence)

연속은 조경에서 한 요소(要素)에서 다른 요소에 이르기까지의 연관이나 연결을 의미한다. 수관의 형태, 식물의 색채, 질감 등의 연속은 조망자의 시선을 이동시킨다. 연속은 차례대로 전이(轉移)되어야 한다.
- 질감은 고운 질감에서 → 중간 질감으로 → 거친 질감으로 차례대로 연속되어야 한다.
- 색채는 어두운 색에서 → 중간색으로 → 밝은 색으로 차례대로 연속되어야 한다.
- 높이도 작은 키에서 → 중간 키로 → 큰 키로 차례대로 연속되어야 한다.

5) 척도(尺度, scale)

척도는 상대적 크기를 가리키는 기준이 된다. 도면, 지도, 모델 등의 크기는 척도로서 나타낸다. 경관에서는 인간척도(人間尺度, human scale)가 표준이 된다. 경관에서 식물이나 숲은 인간과 관계의 척도가 된다.

척도 사용의 고려사항은 다음과 같다.
- 척도는 조망자의 지각과 관계된다.
- 척도는 교묘히 다루어져야 한다.

6) 다양성(多樣性, variety)

다양성은 구성에서 어떠한 설계 특성의 차별과 변화가 부족한 것이다. 다양성은 절대적으로 특별한 것이 없는 것이다. 바꾸어 말하면 다양성은 변화에 대한 인간의 욕구를 충족시키거나 관찰자의 주의를 끌 수 있도록 눈을 사로잡는 선, 형태, 질감, 색채 등이 다양하거나 대조되는 변화인 것이다.

다양성은 설계에서 활기와 묘미를 증가한다. 다양성은 반복의 한 부분으로서 비슷하거나 되풀이되는 것들이 동등하면서도 대비에 대하여 덜 비슷한 특성을 제공한다.

식재 설계에서 중요한 시각적 구성원리 중에 하나가 다양성이다. 즉 다양성이 부족하면 단조롭고 지루하게 되며, 너무 지나치면 혼잡하게 된다. 단조롭지도 혼잡하지도 않게 적절하게 균형을 이루면 경관구성이 유쾌한 다양성을 창출하게 될 것이다.

식재설계에서 형태(form)와 크기(size)의 다양성이 있는 향나무 한 수종만을 식재한다고 하더라도 향나무의 질감이 똑같기 때문에 단조롭게 될 것이다. 형태, 선, 질감, 색채 등의 다양성이 정돈되고 유쾌한 경관을 연출하는 데 필요하다.

7) 반복(反復, repetition)

같은 요소들이 되풀이되어 배치될 때 이것을 반복이라 한다. 반복(repetition)에는

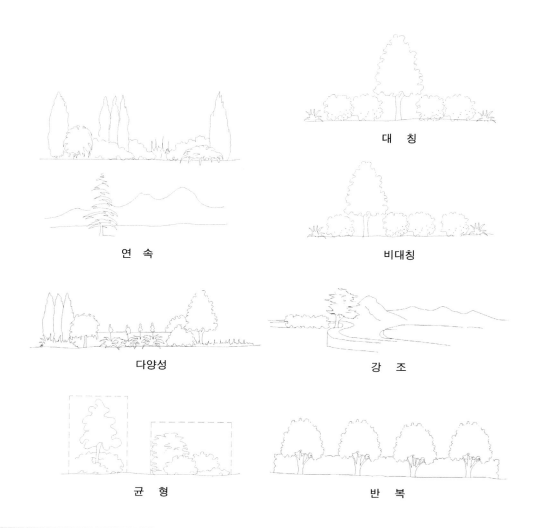

연 속

대 칭

비대칭

다양성

강 조

균 형

반 복

다양한 의미와 표현요소들이 있다. 반복은 경관에서 조망자의 질서 감각을 유발하고 과도한 다양성의 결과로 오는 혼잡을 줄일 수 있다. 식재 설계가는 산뜻한 설계를 설명하는데 질서(秩序, oder)란 말을 자주 쓰게 된다.

반복은 한 가지만의 수종(樹種)을 다량으로 배치하거나 개개의 식물들을 배치함으로써 이루어진다. 가로수 식재는 반복의 예가 된다.

5

조경식물의 미학적 이용

식물은 아름다워서 감각(感覺)에 작용한다. 감각은 눈, 귀, 코, 혀, 살갗 등을 통하여
받아들이는 느낌이다. 즉 시각(視覺), 청각(聽覺), 후각(嗅覺), 미각(味覺), 촉각(觸覺)
등의 오각(五覺)으로 오감(五感)인 것이다.

시인들은 식물의 아름답고 우아함을 시(詩)로 읊었고 작가들은 글로 표현하였으
며 화가들은 그림으로 표현하였다.

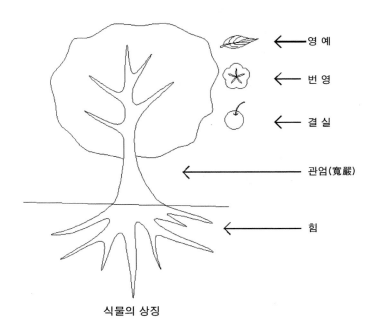

식물의 상징

1. 색채(色彩, color)

봄에 나오는 연녹색 식물들의 새싹은 새 생명을 나타내는 아름다운 빛깔을 나타낸다. 한 여름철에 진한 녹색, 가을철에 단풍잎은 아름답기 그지없다.

화려한 꽃빛깔, 아름다운 열매 빛깔, 줄기의 예쁜 빛깔 등은 시각을 자극한다.

1) 꽃이 아름다운 것

- 하양 : 목련, 백목련, 함박꽃나무, 옥매, 미선나무, 때죽나무, 아카시아나무, 산사나무, 팥배나무, 이팝나무, 쥐똥나무
- 노랑 : 황매화나무, 개나리, 산수유, 생강나무
- 분홍 : 진달래
- 빨강 : 박태기나무, 명자나무
- 보라 : 산수국, 오동나무, 등나무, 멀구슬나무, 수수꽃다리

2) 열매가 아름다운 것

- 빨강 : 앵두나무, 마가목, 팥배나무, 동백나무, 산수유, 대추나무, 남천촉, 화살나무, 찔레나무
- 노랑 : 탱자나무, 귤나무, 치자나무, 모과나무, 명자나무, 은행나무
- 까망 : 생강나무, 벚나무, 산초나무, 꽝꽝나무, 쥐똥나무, 엄나무
- 하양 : 흰말채나무

3) 단풍이 아름다운 것

- 빨강 : 붉나무, 단풍나무, 산딸나무, 감나무, 화살나무, 옻나무
- 노랑 : 은행나무, 미루나무, 낙우송, 때죽나무, 튤립나무
- 갈색 : 참나무류(상수리, 신갈나무, 떡갈나무, 갈참나무)

4) 줄기가 아름다운 것

- 하양 : 백송, 자작나무
- 갈색 : 백일홍나무, 철쭉나무
- 녹색 : 식나무, 벽오동, 황매화나무
- 빨강 : 소나무, 주목
- 얼룩무늬 : 모과나무, 노각나무, 플라타너스

모과나무의 줄기

■ 조경식물의 개화기

월	교목		관목		덩굴식물		기타
	상록활엽	낙엽활엽	상록	낙엽	상록	낙엽	
11							
12			팔손이나무				
1							
2	동백나무			풍년화, 납매			
3		목련, 백목련, 자목련, 산수유, 자두나무, 매화나무	백서향, 서향	생강나무, 팥꽃나무, 영춘화			
4	붓순나무	복숭아, 살구나무, 개살구, 채진목, 산벚나무, 아그배나무, 꽃아그배나무, 마가목, 오동나무, 산돌배	마취목	모란, 조팝나무, 가침박달, 산당화, 명자나무, 병아리꽃나무, 황매화, 옥매, 자두나무, 앵두나무, 박태기나무, 진달래	빈카	으름덩굴	꽃잔디
5	태산목 광나무 탱자나무 후박나무	일본목련, 튤립나무, 모과나무, 멀구슬나무, 산사나무, 때죽나무, 귀룽나무, 쪽동백, 함박꽃나무, 이팝나무	피라칸사	매자나무, 골담초, 고광나무, 찔레나무, 노란해당화, 보리수나무, 박쥐나무, 철쭉나무, 산철쭉, 수수꽃다리, 댕강나무, 딱총나무, 분꽃나무, 백당나무, 불두화, 병꽃나무	큰꽃으아리 크레마티스 등나무		유카, 실유카 은방울꽃
6	후피향나무	산딸나무, 피나무, 염주나무, 석류나무	남천, 치자나무	꽃개회나무, 노랑꽃나무, 백리향, 석류나무,	인동덩굴 서양인동		수련, 바위취
7		자귀나무, 모감주나무, 노각나무, 백일홍나무, 석류나무	협죽도	브들레아			비비추 맥문동
8		회화나무				칡, 능소화	연, 옥잠화
9							
10		비파나무	차나무, 목서				

2. 식물의 물그림자(반영 反影, shadow)

달밤에 창가에 비춰진 식물의 그림자, 호수의 수면 위에 비춰진 식물의 그림자, 상향 조명으로 비추어 벽면에 나타난 나무 그림자 등은 또 하나의 회화가 된다.

경주 안압지   경주 보문호   경주 영지(토함산 물 그림자)

수면 위에 나무 그림자

3. 장식(裝飾, decoration)

식물의 줄기와 가지를 인공적 형태로 꾸며서 가꾼 토피어리, 이스팰리어, 트레리스, 분재 등은 하나의 예술작품들이다.

이스팰리어

토피어리

4. 소리(sound)

소나무 가지 속을 스쳐 지나가는 솔바람 소리, 대나무 숲을 스치는 댓바람소리, 바람에 흔들리는 사시나무 잎 떨리는 소리, 늦가을에 억새 잎을 스치면서 내는 억새(으악새)소리, 낙엽이 떨어지는 소리, 가랑잎이 바람에 나부끼는 소리, 물방울 떨어지는 소리, 파도소리, 호숫가의 물결치는 소리, 여울에 흐르는 세찬 물소리 등은 하나의 음악이 된다.

댓바람소리

억새(으악새; 방언)소리

5. 향기 (香氣, ordor)

식물은 잎에서, 꽃에서, 그리고 열매에서 향기를 내어 코를 자극한다. 이른 봄에 피는 서향나무의 꽃향기, 초여름에 피는 아카시아나무, 멀구슬나무, 아그배나무, 산돌배나무, 분꽃나무, 쥐똥나무, 수수꽃다리 등의 꽃향기, 늦가을에 피는 계수나무와 은목서의 꽃향기 등은 향기롭기 그지없어서 사람을 기분 좋게 만든다. 또한 한밤중에만 꽃이 피는 야래향(夜來香, *Cestrum nocturnum*)의 향기

백합꽃향기

는 잠자는 사이에도 기분 좋은 향기를 내어 달콤하게 잠들게 한다.

6. 촉감(觸感, touch)

질감은 보는 것 외에 촉각으로도
나타낸다. 자귀나무, 아카시아나무
등의 우상복엽 잎들은 대체로 부드
러운 질감의 잎이다. 비단화백나무
의 잎은 침엽수이면서도 부드럽고
또한 꽃잎들은 모두가 부드러운 느
낌을 준다.

또한 위성류의 잎은 활엽수이면
서도 실화백처럼 변하여 늘어진 것
이 부드럽고 고운 질감을 느끼게
한다.

자귀나무   족제비싸리

7. 인식(認識, knowledge)

산 고개마루에 있는 성황당(城隍堂〔민〕서낭당)의 오래 묵은 나무, 기념으로 심은
기념수, 오랫동안 마을을 지켜온 정자나무, 마을 어귀에 오랜 세월을 지켜온 노거수
(老巨樹), 성문 앞에 서 있는 보리수(菩提樹, 독일어 Der Linden baum : 슈베르트 작곡
의 한 가곡으로 1827년에
지은 <겨울나그네> 중의
제5곡) 등은 머리 속에 항
상 들어 있는 인식 요소가
된다.

마을을 지켜온 400여 년 된 느티나무
(남양주 호평동 지새울)

8. 정서(情緒, emotion)

식물은 인간의 마음을 안식(安息)시킨다. 인간은 오랜 세월부터 식물과 더불어 생활해왔다. 식물에서 옷을 얻고, 식량을 얻고, 집을 짓고, 식물을 가꾸어왔기 때문에 끊을 수 없는 인연이 있을 뿐만 아니라 인간의 마음을 포근하게 한다.

미국 버지니아 공대 식물원

향나무 산사나무

모과나무 산딸나무

눈향나무(진백) 곰솔

분재

6
조경식물의 기능적 이용

  조경식물의 식재는 환경문제들을 식재를 통해서 해결하려는 것이다. 산업화와 더불어 급격한 인구증가는 많은 환경문제들이 발생하고 있다. 이러한 환경문제들을 조경에서는 조경식물을 식재함으로써 해결할 수 있다.

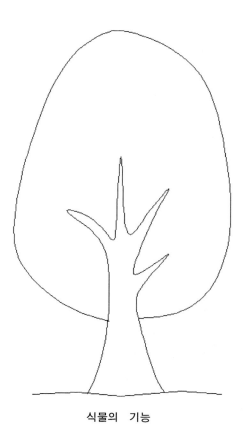

산소방출	기온조절
수원함양	녹　음
경　계	집　진
산울타리	가 리 개
바람조절	강　조
소음조절	놀이터
대기정화	열전달 차단
경　관	토양침식 조절
정서함량	초　대
야생동물에 먹이제공	나무의 챙(캐노피)
새들의 집	추　억

식물의 기능

1. 가리개(screening)

조경식물은 가리개(screen)의 기능을 한다. 가리개의 기능은 추한 경관, 보기에 불유쾌한 곳, 괴로움의 원인이 되는 곳, 주위환경과 조화되지 않는 곳 등을 감추는데 있다. 예를 들면, 고물 수집장, 쓰레기 집하장, 저장소, 산업시설, 변전소, 동력시설, 에어컨시설, 공동묘지, 공중화장실, 건설공사장 등이다.

두 줄로 심은 관목과 가리개 담장은 화장실 입구를 가려준다.

가리개 식재의 장점은 불유쾌한 경관을 식물로 가려줌으로써 자연스럽고 또한 식물의 형태, 질감, 색채 등의 다양성으로 경관의 증대 효과를 이룰 수 있다.

가리개 식물로는 소교목, 관목, 키가 큰 화초 등이 이용되며, 식물의 높이는 사람의 눈높이보다는 약간 더 높아야 효과적이다.

2. 사생활 보호(私生活保護, privacy control)

특별한 이용을 위해 주변으로부터 어느 일정한 장소를 격리시켜서 남의 눈을 피하게 하는 것이다. 예를 들면 일광욕을 하는 장소, 독서하는 곳, 휴식하는 곳, 명상하는 곳 등에서는 사생활 보호가 요구된다.

사생활 보호를 위해서는 식물의 높이가 사람의 눈높이 이상일 때에는 완전한 사생활 보호가 되며, 가슴높이일 때에는 앉았을 때의 사생활 보호가 되고, 허리 높이일 때에는 부분적인 사생활 보호가 된다.

보행자로부터 사생활이 보호된다.

3. 토양침식 조절(土壤侵蝕調節, soil erosion control)

토양침식은 지면의 표토(表土, top soil : 대략 21~24cm 정도)가 지표면(地表面)의 피복물(被服物)이 부족하여 바람, 물 등에 의해서 흙이 유출되는 상태를 말한다.

지표면에는 풀과 나무들이 자라서 지면을 덮고 있어야 정상적인 상태이지만 식물들이 자라지 못하여 토양이 노출될 경우에 폭우가 쏟아지면 토양침식이 일어난다.

맨땅인 경우에 비가 오게 되면 빗방울이 지면에 떨어지면서 충격을 주어 흙 알갱이가 분산되어 튀어나가면서 빗물과 섞여 이동하게 된다.

토양침식은 처음에는 흙 알갱이가 지면으로 물과 함께 서서히 이동하지만 이것이 모여서 도랑을 만들고 크게는 산사태까지도 발생된다.

토양침식의 정도는 지면 비탈의 정도(경사도), 토양의 성질, 식생(植生, vegetation)의 유형, 식물 뿌리의 성질 등에 따라서 달라진다.

또한 맨땅일 경우에 건조가 계속되고 바람이 계속적으로 세차게 불게 되면 흙 알갱이가 바람과 함께 이동하여 표토가 유실된다. 따라서 심하게 되면 사막이 된다.

식물은 토양침식을 조절하고 방지하는데 이용된다. 식물체의 캐노피(canopy, 나무의 챙, 즉 잎, 줄기, 가지 등)는 비의 충격을 막아주며, 식물의 뿌리는 토양을 안정시키고, 지표면의 식생과 낙엽 등은 물의 흡수율을 높이면서 토양침식을 조절하게 된다.

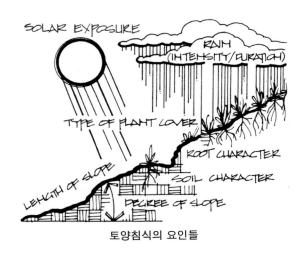

토양침식의 요인들

4. 소음 조절(騷音調節, noise control)

소음은 원하지 않는 소리이며 불필요한 소리를 말한다. 소음은 보이지 않는 공해일 뿐만 아니라 인간의 행복과 건강을 위협하는 원인이 된다.

소음의 단위는 dB(데시벨, decibel)로 표시하며, 아주 조용한 상태에서 예민한 사람의 귀로 들을 수 있는 가장 낮은 소리를 1dB이라 한다. 잎이 나부끼는 소리는 30dB,

도서관의 소리는 40dB, 지하철소리는 80dB, 제트엔진 소음은 130dB이 되며, 180dB 이상의 소음은 청각장애가 된다.

소음의 3요소는 소음원, 전달경로, 청취자이다. 소음원이 되는 것은 승용차, 트럭, 기차, 비행기, 선박 등의 수송수단과 수영장, 놀이터, 구기장 등 레크리에이션 장소 등이 있고 시장거리, 공장 등의 산업시설과 주거지역에서 잔디깎는 기계소리, 라디오, 텔레비전, 전축, 피아노, DDR 등의 기구들이 있다.

소음원에서 발생된 소리는 저절로 없어지게 되는데 이러한 현상을 자연감쇄라 하며 온도, 습도, 바람의 방향과 속도 등에 의해서 달라진다.

소리는 맑은 날 보다는 흐린 날에 더 잘 전달되고, 추운 날 보다는 더운 날에 더 잘 전달된다. 또한 낮보다는 밤에 더 잘 전달된다.

강제 소음감쇄는 소음원에서 발생된 소리를 청취자 사이에 장애물을 설치함으로써 해결된다.

소리는 물체에 부딪치면 반사되어 되돌아가거나 굴절된다. 식물은 소음을 조절하는 기능을 한다. 식물의 잎, 잔가지, 가지, 줄기 등은 소리를 흡수하여 소음을 줄이고 또한 굴절시켜서 빗나가게 한다.

소음원 가까이에 식물을 6~15m 정도의 폭으로 넓고 길게 집단 식재하면 소음을 식물이 흡수하고 굴절시켜서 청취자에게는 소음을 줄이는 효과가 있다.

소음조절 식재를 위해서 낙엽수보다는 연중 잎이 달려 있는 상록수가 더 효과적이다.

5..대기 정화(大氣淨化, air purification)

식물은 온도, 공기의 흐름, 습도 함량 등을 조절한다. 또한 가스, 분진(粉塵, 티끌, dust), 냄새 등 대기 중의 오염 물질들을 흡수하거나 제거하는 기능을 한다.

식물은 산소를 대기 중에 방출하여 맑은 공기를 만들어내며 또한 오염된 공기에 맑은 공기를 공급하여 희석(稀釋)시킨다.

식물의 잎이나 가지에 있는 털은 공중에 떠다니는 먼지 입자가 달라붙어서 모였다가(集塵, 집진) 비가 오게 되면 씻겨 내려가서 맑은 공기를 만든다.

식물은 증산작용으로 방출될 물방울이 대기 중의 오염물질과 엉켜서(凝集, 응집) 땅에 떨어짐으로써 공기를 맑게 하는 기능을 한다.

식물은 향기로운 냄새를 방출함으로써 대기 중의 오염된 냄새를 없애며(masking, 가면효과), 또한 냄새를 직접 흡수하기도 한다.

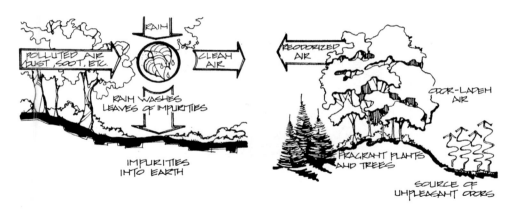

FILTRATION/AIR CLEANSING   REODORIZATION

오염된 공기가 숲을 통해서 맑은 공기가 된다.

6. 통행 조절(通行調節, traffic control)

식물은 물리적 장애물(physical barrier)이 되어 보행자의 통행을 제한하게 된다. 특히 가시가 있는 식물은 보행자를 접근도 못하게 만든다.

식물의 높이가 90cm 정도이면 뛰어넘지 못하며, 식물에 가시가 있으면 통행조절에 더욱 효과적이다. 또한 미학적 효과도 증진된다.

사람의 무릎높이는 50cm 내외 정도이고, 허리높이는 90cm 정도이며, 가슴높이는 120cm이며, 눈높이는 160cm 안팎이 된다.

눈높이의 식물은 통행조절은 물론이려니와 가리개 기능도 하게 되며, 허리높이는 물리적 장애물이 되어 통행을 못하게 한다.

무릎높이는 통행을 조절하지만 뛰어 넘을 수는 있다. 식물은 물리적 장애물이 되어 통행을 조절하고, 부지의 경계선을 만들 수 있으며, 펜스나 산울타리의 기능도 가능하다.

식물은 물리적 장애물의 기능을 하는 이외에 형태, 질감, 색채 등의 다양성을 제공한다.

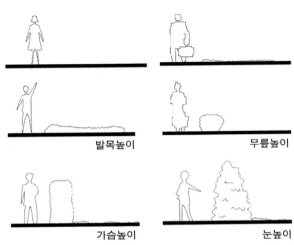

발목높이   무릎높이

가슴높이   눈높이

식물의 높이는 보행자의 통행을 조절한다.

7. 섬광 조절(閃光調節, glare control)

　섬광(閃光)은 순간적으로 번쩍이는 빛으로 1차 광원(光源)이 섬광을 만든다. 1차 섬광으로는 태양, 자동차의 전조등, 가로등, 탐조등 등의 불빛이다. 2차 섬광은 반사광 또는 반사된 섬광으로 자연반사체는 수면, 모래 바닥, 들판, 눈내린 벌판, 암석 등이 있고 인공 반사체로는 건물의 유리창, 유리벽, 금속판, 콘크리트 바닥, 기타 포장재 등이 있다.

　식물은 섬광이나 반사광을 차단시키거나 감소시킨다.

　1차 섬광의 조절은 광원(光源)과 관찰자 사이에 식물을 식재함으로써 해결된다.

　2차 섬광의 조절은 1차 섬광이 반사면에 닿기 전에 또는 반사면에 닿은 후에 2차 섬광이 생기는 관찰자에 도달하기 전에 식재함으로써 해결할 수 있다.

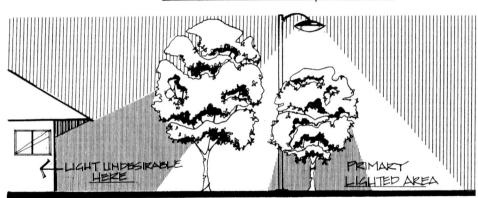

주택가의 야간 보안등(保安燈)의 불빛은 식물에 의해서 침실에 도달하는 것은 차단한다.

8. 방풍림(防風林, wind shelter)

　바람은 공기의 이동이다. 느린 바람은 쾌적하고 시원한 바람이 된다. 반대로 빠른 바람은 쾌적하지 못할 뿐 아니라 겨울에는 몹시 춥고 태풍이나 토네이도는 재산과 인명 피해가 막심하다.

　식물은 공기의 이동을 방해하거나 유도하고, 굴절시키며, 여과시키는 기능을 한다.

　마을 입구나 해안가 마을에서는 방풍림(防風林)을 흔히 볼 수 있고, 겨울의 찬바람을 막기 위해서 식재한 것이다.

　경남 남해군 삼동면 물건리의 천연기념물 제150호 물건 방조어부림(勿巾防潮魚

付林)은 바다와 마을 사이에 병풍처럼 놓여 있는 울창한 숲으로 바닷바람이나 해일 등 바닷물의 침범을 막아주는 방조림(防潮林)이자 태풍의 피해를 막아주는 방풍림(防風林)이고 물고기떼를 유도할 목적으로 400년 전 해안가에 조성된 대규모 인공 조림한 숲으로 길이 1.5km, 너비 30~40m, 높이 20~30m에 이른다.

이 숲은 팽나무, 푸조나무, 상수리나무, 느티나무, 참느릅나무, 말채나무, 이팝나무, 무환자나무 등 낙엽수와 상록수로는 후박나무와 그밖에 때죽나무, 소태나무, 구지뽕나무, 모감주나무, 백동백나무, 생강나무, 초피나무, 갈매나무, 윤노리나무, 쥐똥나무, 누리장나무, 붉나무, 보리수나무, 예덕나무, 두릅나무, 병꽃나무, 화살나무, 청미래덩굴, 댕댕이덩굴, 복분자 나무, 노박덩굴, 마삭줄, 송악 등 60여 종 1만 여 그루로 조성되어 있다.

특히 큰 나무는 중심부에 식재하고 작은 나무는 그 양쪽으로 거리까지 조절하여 식재한 경우로서 바람의 저항을 덜 받도록 식재·설계되었다. 따라서 2003년 초속 60m의 태풍 매미의 피해가 전혀 없었던 곳이다.

서남아시아(태국, 말레이시아, 미얀마, 스리랑카)의 지진해일(2004년 12월 26일 8시 리히터규모 8.9) 피해(이재민 약 500만 명)의 큰 원인은 해안가에 맹그로브 숲을 제거하고 리조트를 개발한 것이 문제였다. 맹그로브 숲은 어패류와 수생동물의 서식처가 되며, 산란장소여서 해안생태계의 중요기능을 할 뿐더러 파도 및 지진해일 완화 기능까지 한다.

방풍림 조성은 방풍림의 높이가 높을수록, 폭이 넓으면 넓을수록 효과가 크며, 바람의 투과를 줄일 수 있는 낙엽수보다는 상록수가 효과적이다.

해남 보길도 예송리 방풍림

경남 남해 물건리 방조어부림(防潮魚付林)

9. 강수 조절(降水調節, control of precipitation)

강수(降水)는 안개, 이슬, 눈, 진눈깨비, 싸라기눈, 비 등이 내리는 것을 통틀어 일컫는 기상 용어이다.

식물의 잎, 가지, 줄기, 수피 등은 강수를 보유하거나 여과한다. 또한 식물의 밑바닥 땅에 깔리는 낙엽이나 기타 피복물들은 빗물의 유수(流水)를 어느 정도 보유하거나 예방한다.

식물의 강수 조절의 기능은 다음과 같다.
- 강수의 차단기능을 한다.
  나무의 챙(캐노피)은 강수를 차단하여 기후변화를 조절하며 수분증발을 억제하여 토양의 수분 보유를 증대시킨다.
- 습도와 온도 조절을 한다.
  나무의 챙(캐노피)은 태양의 복사를 차단하거나 투과시키고, 바람의 흐름을 방해하고, 대기와 수분을 증산시키고, 토양에서 수분의 증발을 억제함으로써 미기후를 조절하게 된다.
  높은 습도와 낮은 증발은 온도를 안정시키고, 낮에는 식물 주변의 공기보다 낮은 온도를 유지하여 저온으로 서늘하게 하고, 밤에는 온도가 크게 떨어지는 것을 막아서 따뜻하게 한다.
- 식물은 안개, 이슬 등을 잎이나 가시에서 응축했다가 물방울이 되어 지면에 떨어지게 한다.
- 식물은 눈송이를 차단하고 눈송이를 뭉쳐서 덩어리가 되게 하였다가 지면에 떨어뜨린 다음에 녹으면 물이 된다. 또한 식물의 그늘은 눈을 늦게까지 녹지 않게 함으로써 수분을 조절한다.

10. 온도 조절(溫度調節, temperature control)

식물은 태양의 복사輻射, 태양으로부터 빛과 열이 이동할 때 생기는 에너지를 직접 차단한다.

덩굴식물의 그늘은 온도를 내려준다.

- 그늘
  나무의 그늘은 복사의 차단과 증산작용으로 인하여 온도가 낮아지며 지피식물은 노출되는 토양보다 온도가 10~14° 정도 낮아진다.
  겨울철에 낙엽수는 햇볕이 통과되어 따

뜻하고 여름철에는 그늘을 제공하므로 서늘하다.

덩굴식물이 있는 퍼골라 밑에는 복사의 차단과 증산작용으로 시원하며, 덩굴식물로 덮인 벽면은 열전도를 차단하여(絕緣, 절연) 실내온도가 낮아진다.

- ## 열의 전환

  식물은 낮에는 복사를 흡수하였다가 저녁에는 서서히 방출하므로 한낮에는 시원했다가 밤이 되면 나무의 챙(캐노피) 밑은 어느 정도는 따뜻하다.

- ## 공기의 이동

  공기의 이동은 대류에 의한 열손실과 신체에서 수분증발로 인하여 신체를 시원하게 만든다.

  식물로 인하여 바람막이가 되는 곳은 따뜻하게 된다. 가정에서 섶 울타리나 산울타리의 안쪽 뜰은 공기가 정체되어 따뜻하다.

  산골짜기에서 방풍림을 설치하면 찬 공기 주머니(cold air pocket)의 흐름을 막아서 따뜻하게 된다.

11. 식이식물(食餌植物, edible plants)

식물은 야생동물들에게 연중 먹이를 제공함으로써 식이식물(食餌植物, edible plants)의 기능을 한다.

농촌에서 겨울철 늦게까지 감나무에 열매가 달려 있는 것을 볼 수 있다. 이는 눈이 내리는 한겨울에 까치의 식량으로 남겨둔 것으로서 선조들의 지혜인 것이다.

여름철에 층층나무 열매는 꾀꼬리의 식량이 되고, 겨울철에는 팥배나무 열매와 찔레나무 열매들은 겨울 철새나 텃새들의 겨울 내내 식량을 제공한다.

소나무 열매인 솔방울에 들어 있는 씨는 박새, 어치(산까치)들의 식량이 된다. 참나무류의 열매인 도토리는 산토끼, 다람쥐, 청솔모들의 식량이 된다.

정원이나 공원에 식이식물을 식재함으로써 야생동물의 식량을 제공하게 된다. 식물은 야생동물들에게 먹이 제공을 하는 식이식물 기능 이외에도 쉼터(shelter)나 대피소(refuge) 또는 안식처(protection)의 공간역할도 한다. 야생동물은 인간과 더불어 살아가야 할 공동체이다.

마가목 열매

감

박새와 식이식물의 열매

사철나무 열매

팥배

아그배

식이식물의 열매와 까치집

■ 식이식물

계절	야생동물 / 식이식물	까마귀	개똥지빠귀	곤줄박이	꾀꼬리	동박새	멋장이새	멧새	물까치	지빠귀	박새	어치	황여새	원앙이	딱새	직박구리	찌르레기	참새	까치	설치류	콩새
여름	매화나무					○	○									○					
	산벗나무	○		○		○	○		○	○	○	○			○	○	○		○		
	층층나무				○											○					
	회양목	○																			
	비파나무															○					
	보리장나무															○					
가을	가막살나무		○	○					○							○					
	개다래나무		○						○	○											
	개머루		○			○			○		○		○			○	○				
	광나무		○						○							○					
	노박덩굴		○	○		○							○			○					
	다래나무	○	○						○		○					○	○				
	때죽나무	○	○										○								
	마가목		○										○			○					○
	사철나무		○									○				○					
	산초나무														○						
	으름덩굴	○				○					○										
	작살나무		○	○		○	○		○												
	주목		○			○						○	○			○					
	쥐똥나무		○			○			○	○						○					
	참나무류		○						○			○		○							
	팽나무	○	○			○			○			○	○			○	○				
	화살나무	○	○			○							○			○					
	배나무																			○	
	황벽나무												○								
	호두나무																			○	
겨울	잣나무																			○	
	남천		○						○							○	○				
	소나무		○	○				○	○		○					○		○			
	식나무	○	○													○	○				
	아왜나무																				
	자금우	○	○																		
	피라칸사		○								○					○	○				
	감나무														○					○	
	고욤										○									○	
	찔레나무										○										
	팥배나무									○											
	청미레덩굴															○					

12. 비보수(裨補藪)

풍수지리(風水地理)에서 풍수(風水)는 장풍득수(藏風得水)의 줄임 말로서 직역하면 '모진 바람을 잠재우고 삶에 필요한 물을 얻는다.'는 뜻으로 이러한 곳을 명당(明堂)으로 여겼다.

풍수는 망자의 집인 묘지를 다루는 음택(陰宅)과 산사람의 집터를 다루는 양택(陽宅)으로 나누어지는데, 양택은 개인의 삶을 위한 주택, 마을, 도시 등을 선정하는 것까지도 포함된다.

비보(裨補)는 풍수지리로 보아서 배산임수(背山臨水), 좌청룡우백호 등의 산줄기가 마을을 감싸고 있어서 명당으로 보이지만 산줄기의 허리가 잘리거나 파여서 부족한 기(氣)를 보충하는 것으로 지형적 약점을 보완함으로써 인위적으로 완전한 것을 만들어 쾌적한 주거생활 공간에 기여하고자 하는 것이다.

비보방법으로는 조산(造山), 돌, 연못, 누각 등을 세우거나 나무를 식재(植栽)하여 숲을 만드는 방법들이 있다.

비보방법의 예를 들면 다음과 같다.

- 광화문의 해태상 : 풍수상으로 조산(朝山)에 해당되는 관악산이 지나치게 화기(火氣)가 강하기 때문에 이를 제압하기 위하여 세운 것이다.
- 흥인지문(興仁之門, 동대문) : 청룡에 해당하는 낙(駝)산이 백호인 인왕산에 비하여 지나치게 짧기 때문에 之(갈 지)를 넣어 대신 넉자로 길게 늘였다.
- 숭례문(崇禮文, 남대문) : 예(禮)는 오행(五行)상으로 불(火)에 해당되고 방위로 보면 남(南)에 해당된다. 숭(崇)은 불꽃이 타오르는 상형문자이므로 현판을 세로로 써서 세우고 불이 훨훨 타오르게 하여 관악산의 강한 화기(火氣)에 맞불을 놓고자 한 것이다.
- 남지(南池) : 숭례문 남쪽에 못을 만들어 물로서 화기를 막았다.
- 그밖에 석장승, 선돌, 돌탑, 남근석, 짐승 석조물 등을 세워서 비보로 사용하였다.

비보수(裨補藪)는 길지(吉地) 중에서 좀 부족한 곳에 한 그루의 나무 또는 여러 그루의 나무를 심어 숲을 만들거나 한 줄 또는 여러 줄로 줄지어 심어 숲을 조성한다.

마을을 좌청룡과 우백호가 산줄기로 감싸고 있는데 마을 앞쪽으로 물

비보수

줄기가 새어나가는 것을 막아주고 식재한 것을 '수구(水口)막이 숲'이라 하며, 마을을 감싸는 청룡이나 백호의 산자락 가운데에 골이 파여진 것을 막아 주기 위해 식재한 나무나 숲을 '골막이 숲'이라 한다.

수구막이 숲이나 골막이 숲은 모든 나쁜 기(氣, 살풍, 도둑, 전염병, 외적) 등의 액(厄)을 막는 구실을 한다. 모두 비보의 방법들이다.

비보

13. 놀이터

나무는 어린이들에게 놀이터 구실을 한다. 농촌이나 산촌에서 자라나는 어린이들에게 나무는 훌륭한 놀이터가 된다. 나무에 오르는 것은 재미있는 놀이일 뿐만 아니라 신체발달에도 좋은 운동이 된다.

나무에 오르는 것은 단순히 오르는 놀이도 되지만 높은 가지에 달린 과일을 따서 먹느라 손과 발을 이용하여 나무줄기를 타고 매달리며 딛고 오른다. 훌륭한 체력단련이기도 하다.

어린이 놀이터에서 놀이기구들만 설치할 것이 아니라 나무오르기 할 수 있는 수목도 식재하여야 할 것이다.

나무는 훌륭한 놀이터 구실을 한다.(미국 보스턴: 하버드대 아놀드 수목원)

미로공원(제주시 김녕)

7
조경식물의 환경 분석

식재 설계는 다양한 기술이 요구되는 설계개념을 내포하고 있다. 우선 식물이 생존할 수 있는 원예지식을 갖지 않으면 안 된다. 식물과 환경과의 상호관계에서는 지상부 생육에 관계되는 온도, 광선, 수분, 공기 등의 기후 요인과 땅 속의 뿌리 생육에 관계되는 토양, 통기성, 보수력, 유기물 함량 등이 중요한 토양요인과 종(種) 간의 경쟁, 이종(異種) 간의 경쟁, 식물 병원균, 유해곤충 등의 생물요인 등이 있다.

1. 기후 요인 (氣候要因, climatic factors)
1) 빛(light)

빛은 식물생육에 필수적이다. 녹색식물은 잎에서 햇빛 에너지를 받아들이고 대기 중에서 이산화탄소를 끌어들이며 땅 속의 뿌리에서 수분을 운반하여 광합성작용을 하여 당분을 만들어 식물체 내에 영양분을 공급한다. 이 과정에서 부산물인 산소가 방출된다.

광합성의 주요 생산품인 당분(糖分)은 모든 식물을 존속시키고 또한 모든 초식동물들을 생존하게 한다.

(1) 광도(光度, 빛의 세기, light intensity)

식물생장에서 광도(光度)와 광기(光期)는 가장 중요한 빛의 특성이다.

일정한 부지에서 광도는 오전, 오후 시간대에 따라서 봄, 여름, 가을, 겨울 등 계절에 따라 각기 다르고, 경사도에 따라서도 다르며, 햇빛이 대기를 통과하면서 구름, 열기, 매연, 분진 등에 따라서 영향을 받기도 한다. 적도에서 가까울수록 광도가 높으며 또 멀수록 광도는 낮아진다.

식생(植生, vegetation)에서 나무의 챙(canopy)은 광도의 영향을 미치게 되는데 상층목(上層木, overstory)은 직사광선을 받으며, 하층목(下層木, understory)은 간접광선, 즉 낮은 광도를 받는다. 음지식물(陰地植物, shade tolerant plants)은 광도가 낮은 곳에서도 잘 생장하며 빛을 효과적으로 이용하는 식물이다.

빛이 부족해도 잘 견뎌서 생육하는 성질을 내음성(耐陰性, shade tolerance)이라고 한다. 내음성의 차이로 인하여 층화(層化) 또는 일명 성층구조(成層構造, stratification)가 생긴다.

성층구조는 양수인 상층목 밑에 관목층이 자라고 키가 작은 초본층과 이끼층이 자라서 계단처럼 층을 이루는 것을 말한다.

음수(陰樹)는 일반적으로 그늘에 잘 견디는 수종으로 광선이 식물 생육상 어느 정도까지만 필요하여 약한 광선이라도 광합성에 필요한 빛을 이용할 수 있도록 잎이 작고 그 배열이 조밀한 것이 많다.

음수는 생육을 위해 입지(立地)를 선정하는 경향이 있다. 예를 들면 진달래는 동북향의 산비탈면에서 잘 자란다. 음수는 어릴 때 생장은 느린 편이지만 어느 시기가 지나면 잘 자란다. 음수는 햇빛이 잘 드는 양지에 식재하면 생육이 부진하거나 쇠약해지는 경우가 있고 건조에 약한 편이다.

양수(陽樹)는 식물 생육상 많은 빛을 필요로 하며 그늘에서는 견디지 못하며 가지와 잎이 엉성하고 밑가지들이 말라 죽어간다. 양수는 어릴 때 생장이 빠르며 토양, 건조 등에 적응력이 강한 편이다.

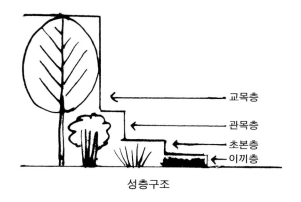

교목층
관목층
초본층
이끼층

성층구조

(2) 광기(光期, light duration)

광기는 하루 중에 햇빛이 비추는 시간의 길이이다. 광기는 식물체의 하루의 일조량(日照量)에 해당한다.

일정지역에서 광기는 하지(夏至, first day of summer, 6월 21일)일 때 가장 길고 동지(冬至, first day of winter, 12월 21일)일 때 가장 짧다.

광기는 어느 식물에서는 낙엽, 휴면, 내한성, 잎의 크기, 엽록소, 발아(發芽), 개화(開花), 결실(結實) 등에 영향을 미친다.

화초의 어떤 종류는 하루에 12시간 이상 햇빛을 받아야 꽃이 피는 장일성 식물이 있고, 12시간 이내에 햇빛을 받아야 꽃이 피는 단일성 식물이 있다. 봄에 피는 화초는 대부분 장일성 식물이고, 가을에 피는 화초는 단일성 식물들이다.

2) 온도(溫度, temperature)

기후에 관한 지식은 적합한 조경식물을 선정하는데 있어서 매우 중요한 열쇠가 된다.

일정 부지에서 저온과 고온의 범위는 조경식물을 선정하는데 제한 요인이다. 온도의 효과는 식물의 종류, 생장단계, 토성, 식물의 내한성 등 다양하다.

식물의 내한성(耐寒性, plant hardiness)은 어느 지역에서 예상되는 최저기온에서의 생장 가능성을 가리킨다.

내한성대 지도(P. 367참조)는 우리나라에서 가장 추운 1월의 최저 평균 기온을 근거로 하여 10개의 띠로 나눈 것이다. 숫자가 적을수록 내한성이 강한 지역을 표시한다.

식물의 내한성은 같은 지역일지라도 남사면, 숲이나 담장과 산울타리, 배수가 잘 되는 모래땅 등은 좋은 요인이 되고 북사면, 깊고 그늘진 계곡, 찬바람이 노출된 곳, 식토(埴土) 등은 안 좋은 요인이 된다.

지역의 기후 요인으로는 경사, 계곡, 호수, 바람, 고도 등이 조경식물 선정에 직접적인 영향을 미친다.

식재분포(植栽分布)는 천연분포와 달리 인공식재한 곳이므로 난대식물을 북위도 지역에 식재할 경우에 저온으로 인하여 생육 가능한 북한계선(北限界線)이 생기게 된다. 또한 북방식물은 여름의 고온으로 남한계선(南限界線)이 생긴다. 조경식물은 인공식재하게 되므로 국지기후와 월동작업으로 인하여 천연분포지역보다 식재분포 범위가 훨씬 더 넓다.

3) 습도(濕度, moisture conditions)

습도는 강우, 눈, 안개, 수면(水面) 등에 관계되는 환경요인이다. 연평균 강우량과 계절별 강우량은 식물생장에 있어서 매우 중요하다. 이용 가능한 습도는 생장 계절에 영향을 준다.

일정지역에서 생장 계절은 겨울의 종상일(終霜日, last frost of winter)과 초상일(初

霜日, first frost of autumn)에 의해서 결정된다. 온대지방에서는 비가 내리는 봄철과 여름철이 생장기간이 되고 겨울철에는 휴면기가 된다.

4) 바람(wind)

공기의 이동이 바람이다. 바람은 지구의 표면을 순환한다. 공기의 순환은 식물의 잎으로부터 증산작용을 증가시키고 식물의 증산작용은 증발작용을 증가시킨다. 약한 식물은 바람이 부는 지역에서 살아가기가 매우 힘들다.

지형(地形)이 공기의 이동에 영향을 미치는 것처럼 태양의 방향에 따라 기후에 영향을 미친다. 산마루에서 바람의 속도는 평지보다 20% 더 빠르고 산록은 좀 약한 편이다.

바람은 구조물과 식물에 의해서 크게 변화된다. 바람은 식물, 숲, 지형, 울타리, 펜스, 건물 등의 장애물에 의해 차단되거나 굴절되거나 약화된다.

식물의 배치에 따라 풍향이 달라진다. 식물은 토지 형태와 건축 구조물을 복합적으로 이용함으로써 바람의 방향을 바꿀 수 있다. 식물형태로는 방풍림, 산울타리 등이 있다.

• 환경 분석 : 기후

부지상에서 변화되는 바람, 습도, 햇빛에 대한 기록들을 조사하고 분석하여 도면에 기록하고 정확하게 조사한 것들로는 도면에 등고선, 주요 구조물, 식재 등이 포함된다.

나침반을 이용하여 정오에 태양의 방향을 알기 위해 북쪽방향을 표시하여야 한다. 태양의 이동은 하루에 움직임과 계절별로 움직임을 기록한다. 양지와 음지도 기록해야 한다. 부지상에서 나타나는 경사도와 특이한 지형도 표시한다.

경사도는 배수문제, 토양침식 가능성, 토양개선, 식물의 선택 등의 정보를 제공한다. 우세한 바람의 방향을 조사한다. 부지상에서 건조지와 습지는 물론이려니와 온도변화도 조사한다.

2. 토양 요인(土壤要因, soil factors)

토양을 구성하는 성분비에 따라서 분류한 것을 토성(土性, soil class)이라 한다. 흙알갱이의 굵기에 따라서 2mm 이상은 굵은모래(gravel), 거친 모래(coarse sand)는

2.0~0.2mm, 고운 모래(fine sand)는 0.2~0.02mm, 미사(silt)는 0.02~0.002mm, 점토(clay)는 0.002mm 이하로 나눈다(국제식).

또한 토성(土性)은 점토의 함량에 따라 사토(sand), 사양토(sand loam), 양토(loam), 식양토(clay loam), 식토(clay)로 구분한다.

■ 토성에 따른 점토와 모래의 함량 비율(%)　　　　　　　　　　　　　　〈일본농학회법〉

토 성	점 토 함 량 (%)	모 래 함 량 (%)
사토(砂土, sand soil)	12.5 이하	87.5 이상
사양토(砂壤土, sandy loam)	12.5~25.0	87.0~75.0
양토(壤土, loam)	25.0~37.5	75.0~62.5
식양토(埴壤土, clay loam)	37.5~50.0	62.5~50.0
식토(埴土, clay)	50.0 이상	50.0 이하

• 촉감에 의한 토성 검사(hand test)

촉감에 의한 토양 종류의 기초적인 검사는 손으로 수분이 있는 토양을 만짐으로서 할 수 있다.

- 사토(sand)는 손으로 만지면 딱딱하고 손가락으로 작업했을 때 습기가 있는 토양이 아니다.
- 사양토(sandy loam)는 손으로 만지면 딱딱하고 모래알이 거칠게 붙어 있으며 습기가 있다.
- 식양토(clay loam)는 손으로 만지면 끈적끈적하여 손으로 쉽게 형상을 만들 수 있고 손가락과 엄지로 비빔으로써 빠르게 광택이 난다.
- 식토(clay)는 손으로 만지면 끈적끈적하며 광택이 난다. 그리고 뻣뻣하지만 유동적인 벌레들이 충분히 들어갈 수 있을 정도로 형성력이 있다.

토양은 식물체를 고정시키고 양분과 물을 공급하여 줌으로써 생존을 위한 터전의 구실을 한다. 그러므로 식재 설계가는 토양의 물리적 구성과 화학적 구성을 이해해야 한다.

많은 종류의 바위들이 부서져서 토양의 기초 형태를 이룬다. 토양 입자의 크기, 빛깔, 단단하기 등은 모암(母岩, parent rock)과 관계되며 토양의 온도, 용해성, 침투성에 영향을 미친다. 열, 온도, 해빙, 돌풍, 물의 낙차와 휩쓸림 등의 모든 작용들에 의해서 토양이 만들어지고 물리적 구성을 한다. 화학적으로 토양은 유기물의 분해, 무기물의 함량 등에 따라 다양하다.

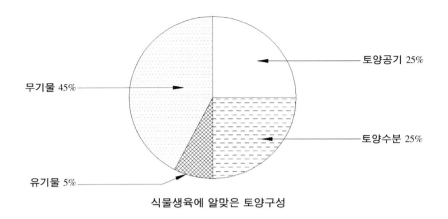

토양공기 25%

무기물 45%

토양수분 25%

유기물 5%

식물생육에 알맞은 토양구성

1) 물리적 구조(物理的 構造)

토양의 물리적 구조는 기후적 현상을 나타낸다.

(1) 토양 단면(soil profile)

토양은 시기적으로 보면 오랜 세월을 거치는 동안 뚜렷한 층으로 발달하였다. 이 층들은 기후, 유기물, 시간 등에 의해 생겨난 것으로 토양의 각 층들은 표토로부터 A, B, C, R층으로 구분한다.

A층은 표토(表土, top soil)라고 한다. A층은 식물의 뿌리가 왕성하게 활동하는 곳으로 유기물이 풍부하고 검은 색을 띤다. A층에는 부식질(腐植質)이 풍부하여 식물체가 영양분을 흡수하며, 박테리아, 진균, 곤충, 소동물 등이 활동한다. A층의 깊이는 대략 30~50cm 정도가 된다.

B층은 하층토(下層土, subsoil) 또는 부토(副土), 심토(心土)라고 한다. 뿌리에 산소를 공급하고 식물체를 지탱시키며 무기물을 공급한다.

C층은 모재(母材, parent material)라고 하는데, 생물의 활동은 거의 없고 간접적 영향만 준다.

R층은 기층(基層, bed rock) 또는 암반층이라 한다.

토양단면은 산림지역, 초원, 황무지 등에 따라 각기 다르며 식물의 뿌리 활동은 주로 A층과 B층에서 일어나며, 적어도 60cm는 되어야 수목생장에 도움이 된다.

조경에서 토목공사로 정지작업을 할 때 A층, 즉 표토는 제거하지 말고 경우에 따라서 표토를 모았다가 식물생육에 이용하여야 한다.

	← 식 생	토양층
	← 유기물	O
	← 유기표토	A
	← 심 토	B
	← 모 암	C
	← 암 반	R

토양 단면도

(2) 토양의 물리적 구조

토양의 물리적 구조는 토성(土性), 밀도(密度), 배수(排水), 보수력(保水力), 입단(粒團) 등이 있으며, 토성은 고유한 성질이다.

토성의 범위는 매우 고운 입자인 모래, 좀 거친 자갈, 점토 등이다. 모래는 일반적으로 배수가 잘 되지만 양분이 부족하고 수분 보유 능력이 없다. 이상적인 토양 구성은 모래와 점토의 중간 범위이다. 즉 사양토(砂壤土)인데 점토(clay), 미사(silt), 모래 등이 균형을 이룬 토양이다.

토양 입단(粒團)은 흙이 서로 붙어 있는 상태를 가리킨다. 안정된 입단을 이루는 토양 알갱이의 능력은 덩어리가 쉽게 부서지는 것이다. 안 좋은 토양은 손으로 부셔도 덩어리째로 갈라진다. 토양 입단과 구조를 개선하기 위해서는 유기물과 부식질을 첨가함으로써 가능하다. 지렁이가 토양에 많은 것은 유기물과 부식질이 풍부하다는 것을 증명한다.

토양밀도(soil density)는 토양에서 수분과 공기의 이용 가능성과 직접적인 관계가 있다. 토양에는 식물생장을 위해 필수적인 영양분을 함유하고 있는데 만일 적절한 습도와 공기가 부족하다면 식물생장에 지장을 받게 된다.

토양 공기는 토양 입자 사이 공극(空隙, air space)의 총량이다. 토양 수분과 토양 공기는 상대적인 관계에 있다. 잘 짜여진 토양은 토양 입자간에 공극이 풍부하기 때문에 충분한 토양 공기를 함유할 수 있다. 이 공극은 토양에서 수분을 뿌리에 전달하는 통로의 구실을 한다.

공극은 양분의 이용 가능성뿐만 아니라 토양 온도, 배수, 보수능력 등에 영향을 미치며 종자 발아와 뿌리의 생장과 발육에도 매우 중요하다. 토양에서 통기(通氣)가 좋으면 습하고 단단한 토양보다는 더 따뜻하다. 즉 좋은 배수는 토양 온도의 증가를 의미한다. 통기가 잘 되면 수위(水位)는 상대적으로 높아지고 식물의 뿌리는 토양 표면 가까이에 있어서 천근성으로 되는 경향이 있다. 반대로 수분이 적은 토양에서는 양분을 찾기 위해 뿌리가 심근성이 된다.

토양을 경운(耕耘)함으로써 토양 공기가 제공된다. 토목공사로 인하여 중장비가 부지를 답압(踏壓)하게 되면 공극이 줄어들어 토양 공기와 수분이 감소되어 식물생육에 지장을 준다.

토양 수분은 양분을 흡수하는데 적당한 양이 있어야 한다. 비, 눈, 안개, 이슬, 관개(灌漑)가 부족하면 양분의 흡수가 방해되며, 이와 반대로 과도한 수분은 토양 공기의 부족으로 식물생장에 지장을 준다.

토양 공기와 토양 수분의 두 환경요소의 균형은 식물분포에 영향을 미치기 때문에 식물의 발달에 직접적으로 관계된다. 건조한 모래땅에서는 선인장과 다육식물이 무성하게 자라며, 버드나무는 습한 곳에서 잘 자란다.

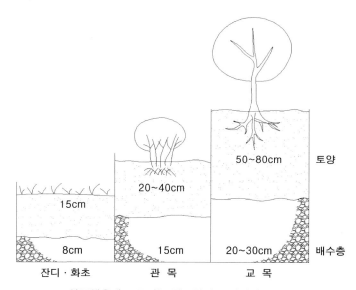

식물생육에 요구되는 최소한의 토양깊이

2) 화학적 구조(化學的 構造)

토양의 화학적 성질은 본래의 것이다. 토양이 본래 제자리에서 있었던 것인지 또는 다른 장소에서 옮겨온 것인지 알 필요가 있다. 프로젝트 부지에서 토양분석을 하는 것은 설계의 필수적인 사항이다. 토양의 화학적 구성이나 pH는 실험실에서 시험

할 수 있으며, 대규모의 프로젝트 부지에서는 3~5군데의 20~30cm 깊이에서 표본을 채취한다. 토양 산도(pH)의 측정은 알칼리와 산성으로 측정된다. pH값은 0에서 14의 범위이고, 7 이하의 수치는 산성이고 7 이상은 알칼리이며 7은 중성을 나타낸다. 식물이 생장하는 데는 pH4.5에서 7.5 사이이지만 토양이 pH6.7에서 5.7 사이에서 대부분의 식물들이 이상적으로 자란다.

산성 토양을 좋아하는 식물은 진달래, 철쭉나무, 만병초 등 진달래과의 식물과 동백나무 등이 있다. 토양 분석으로 양분의 함유 정도를 알 수 있으며, 무기물 함량이 다양하다. 식물생육에는 필수 원소와 미량원소가 요구된다.

■ 식물체 구성의 필수원소(16종)

구 분	다량원소	미량원소
토양	칼슘 마그네슘 질소 인산 칼륨 유황	붕소 염소 구리 요오드 철 망간 몰리브덴
물과 공기	탄소 수소 산소	

이 영양분들은 절묘한 균형을 이루면서 식물체에 존재한다. 어느 한 원소라도 너무 많거나 너무 부족하면 식물생장에 영향을 준다. 예를 들면 칼슘은 꽃과 열매의 빛깔에 영향을 준다. 칼슘이 부족하면 잎 가장자리가 노랗게 되고 생장에 지장을 주

pH 0
1
2　산
3
4
5　← 강산성
5.5
6　← 중산성　성
6.5　← 약산성
7　← 약알칼리
8　← 중알칼리
8.5
9　← 강알칼리　알
10
11　칼
12
13　리
14　성

토 양 산 도

pH미터기

어 과일생산이 감소된다.

인산 결핍증은 줄기가 연약해지고 꽃과 과일의 생장이 나빠진다. 철분이 지나치게 많거나 또는 부족하게 되면 잎맥이 노랗게 변하면서 떨어진다. 질소가 지나치게 많으면 영양생장은 좋아져서 진한 녹색이 되지만 꽃과 열매는 드물게 달린다.

• 환경분석 : 토양

프로젝트 부지에 토성(土性)을 조사하고 토양분석을 통해서 pH를 조사하여 도면에 표시한다.

식물생육에 적합한 토양은 토양구조가 좋고, 토성은 혼합된 양토와 사양토이며, 토양이 엉성하고 부서지기 쉬우며, 유기물 함량이 높고, 수분이 적당하면서 배수가 좋아야 하며, 산소함량이 높고, pH가 적당해야 한다.

모래와 유기물을 넣어서 토양구조와 토성을 개량하고 유기물 함량을 높이고 배수시설을 한다.

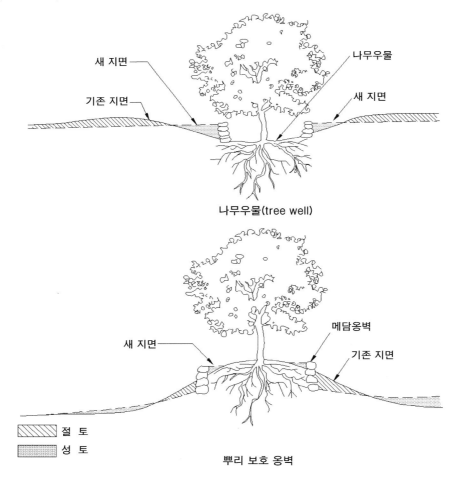

나무우물(tree well)

뿌리 보호 옹벽

프로젝트 부지에서 식물이 살아가기에 적합한 식물의 종류들을 선정한다.

기존의 식생(植生)을 통하여 식물의 재료를 선정할 수 있는 능력을 개발할 수 있고 식재설계 목적대로 성공할 수 있을 것이다.

건전한 식재설계 결정은 환경분석을 잘 함으로써 이룰 수 있다.

나무둘레에 지면이 정지작업으로 성토되거나 절토될 경우에 기존 나무의 뿌리가 깊이 묻히거나 보호하기 위하여 나무우물을 만들고 옹벽(메담)을 쌓는다.

■ 토성에 알맞은 수종

구 분		사 토	사양토	양 토	식양토
교목	상록침엽	향나무	소나무 곰솔, 향나무	측백나무 히말라야시다	독일가문비 비자나무 전나무 편백
	상록활엽			녹나무 태산목 동백나무	아왜나무 호랑가시나무
	낙엽활엽	아카시아나무 위성류 자귀나무	물푸레나무 산벚나무 아카시아나무 오동나무 회화나무 백일홍나무 모감주나무	목련 버드나무 이팝나무 칠엽수 감나무 단풍나무 마가목	느티나무 참나무 팽나무 살구나무
관목	상 록	돈나무 사철나무	사철나무 유도화 식나무 돈나무	팔손이나무	남천
	낙 엽	해당화 구기자나무 보리수나무		싸리나무 모란	명자나무 산당화
덩굴식물	상 록		줄사철, 송악		
	낙 엽		등나무 인동덩굴		
기 타		솜대	소철, 오죽	맹종죽	

■ 조경수목의 생육 토질

구분		척박지에서 잘 자라는 것	비옥한 곳에서 잘 자라는 것
교목	상록침엽	소나무, 해송, 노간주나무, 향나무, 비자나무, 전나무	삼나무, 금송, 주목, 측백나무
	상록활엽	굴거리나무, 동백나무, 녹나무, 태산목, 후박나무, 참식나무, 소귀나무, 졸가시나무	가시나무류, 담팔수, 태산목, 동백나무, 회양목, 월계수
	낙엽활엽	은행나무, 느릅나무, 버드나무류, 참나무류, 아카시아나무, 오리나무, 자작나무, 다름나무, 자귀나무	귀룽나무, 느티나무, 물푸레나무, 벽오동, 오동나무, 이팝나무, 칠엽수, 회화나무, 벚나무, 아그배나무, 백일홍나무
관목	상록활엽	목서, 호랑가시나무	후피향나무, 꽝꽝나무, 만병초
	낙엽활엽	보리수, 싸리나무, 조록싸리, 족제비싸리	산철쭉, 석류, 백당나무, 불두화, 모란, 부용, 장미
덩굴식물	낙 엽	칡, 등나무, 인동덩굴	
	상 록		마삭줄(덩굴), 줄사철, 빈카

8

조경식물의 필요조건

1. 건축적 필요조건

조경식물은 정원에서 건축적 특성의 구실을 할 수 있다. 이것은 조경가의 기술로 볼 때 건축가와 유사하다. 식재설계에서 조경가는 건축가들이 벽돌이나 돌 또는 나무로 집을 짓는 것처럼 녹색의 수벽(樹壁, green wall), 나무의 챙(canopy), 푸른색의 잔디 바닥(green floors), 그리고 아치(arch), 퍼골라(pergola) 등을 식물로 이용할 수 있다.

식재는 건축적 특성(벽, 천장, 바닥)을 갖고 있으므로 결과적으로는 정원이 옥외(屋外, out door)의 방(房, room)구실을 한다. 이 옥외 방(屋外房, out door room)에서는 책을 읽고, 오락을 즐기고, 걷기도 하고, 식사도 하고, 놀이터, 집합장소 등으로 쓰인다. 식물은 살아 있고 활동적인 천장, 담벽, 그리고 걸을 수 있는 바닥이 있는 옥외 방(屋外房, outdoor room) 또는 정원 방(garden room)의 구실을 하며, 생장하고 열매를 맺고 상록이거나 낙엽지거나 철따라 변화한다.

1) 정원의 바닥(floor)

정원 공간을 건축으로 생각한다면 지면(地面, ground plane)이나 잔디밭이 바닥(floor)에 해당된다.

정원의 바닥면은 설계에서 3가지 목적으로 기능을 한다. 즉 ① 조망 구성을 위한 전경(前景, foreground), ② 장식적인 표현, ③ 동선을 위한 원로(園路) 또는 축(軸)이 된다.

잔디밭

지면을 덮을 수 있는 재료들은 돌, 자갈, 목재, 잔디, 지피식물 등 다양하다. 바닥의 모양, 질감, 재료 등의 선택은 정원의 기능에 따라 결정된다. 오락 장소는 주택정원보다는 좀 다른 처리가 요구된다. 대학 캠퍼스 광장의 바닥은 통행이 매우 잦은 곳이므로 견고한 포장재료가 요구된다.

다음의 용어들은 정원의 바닥, 즉 지면(地面, ground plane)에 관한 용어들이다.

(1) 카펫 화단(carpet bedding)

키가 낮게 자라는 관엽 화초(觀葉花草)로 꾸민 화단으로서 키가 균일하고 표면이 균등하며 설계가 복잡한 것이 마치 카펫(양탄자)을 닮았다.

설계는 이미지를 살린 기하학적 형태(形態)와 문양(文樣)들이 다양하다. 카펫 화단은 옥외공간이나 정원에서 초점이 된다.

카펫화단

(2) 잔디밭(lawn)

잔디밭은 잔디로 덮인 지역(land area)을 말한다. 잔디밭은 다른 특질과 대비를 이루면서 녹색지면(綠色地面, green ground plane)을 창출해 낸다. 사각형, 직사각형, 원형 또는 불규칙적인 모양의 잔디밭은 원로, 강력한 기하도형적 배열, 양식(樣式)의 변화 등을 제공하고, 공간의 계층적(권위적) 장소를 지시한다. 또한 잔디밭은 농구장, 배구장, 잔디 테니스장 등을 위한 오락실의 형태가 된다.

(3) 초지(草地, meadow)

초지는 잔디밭과 달리 물결치는 들풀, 야생화, 야생의 초원처럼 광활한 풀밭이다. 초지는 시골 풍경과 정원 사이의 전이적인 바닥으로서의 기능을 하고 표본식물(標本植物, specimen plant)이 놓이거나 광활한 인상을 제공한다.

(4) 파아테르(parterre)

파아테르는 보통 건물에 딸리거나 또는 가까이에 있어서 편평한 지형에 식물, 화초 등을 식재하여 기하학적 도형으로 꾸민 화단이다. 파아테르는 지면을 강조하거나 특히 위에서 내려다 볼 때 조망이 그림처럼 보인다. 도형(圖形)을 이루는 산울타리는 잘 자라지 않고 전정에 강한 회양목이 흔히 이용된다.

파아테르(베르사유정원)

(5) 원로(園路, garden path)

원로는 공원이나 정원에서 보행자의 길이다. 직선이면서 넓은 원로는 정원에서 질서가 있고, 휘어진 원로는 신비스럽게 발견되고 응시하게 된다. 좁다란 원로는 방문자가 발걸음을 천천히 떼게 하며, 식재된 식물과는 좀더 가까이 다가가게 한다.

(6) 태피스 버트(tapis vert)

태피스 버트는 다른 말로 표현하면 녹색 천(green cloth)라고 하는데 마치 녹색 천을 펼쳐놓은 모양으로 잔디밭의 형태가 보통 직사각형이고 시각적인 축(軸)을 만들며 축선상(軸線上)에 건축물이 놓여 초점으로 만난다.

잔디밭 양쪽 가장자리에는 대교목을 줄지어 식재함으로써 식물재료와 잔디밭

태피스 버트

녹색의 부드러운 질감과 대비를 이루고 또한 건물과 자연경관과의 전이요소로서 기능을 한다.

(7) 단구(段丘, 테라스 terrace)

테라스는 정원의 경사진 부지를 극히 완만하게 계단모양으로 깎은 단구(段丘)로서 계단식 정원을 말한다. 주택이나 건축물의 기하학적 구조는 정원과 건축물과의 통일을 확립하고, 부지에 대한 건물의 연결을 위해 테라스를 이용함으로써 경관이 펼쳐진다.

2) 정원의 천장(天障, ceiling)

정원 방(庭園 房)의 천장은 흔히 하늘이다. 정원의 분위기는 상공(上空)을 바꿈으로써 변화시킬 수 있다. 즉 나무시렁(arbor)이나 덩굴식물을 얹은 퍼골라(pergola), 대피소(shelter) 등이 녹색의 천장으로 된다.

(1) 덩굴시렁(아버 ;arbor)

덩굴시렁은 격자(格子) 구조물이나 그 밖의 건축구조물 위에 덩굴식물을 올려 놓거나 교목의 줄기 및 관목으로 그늘진 숲속 형태로 만든 것이다. 덩굴시렁은 휴식장소로 제공함으로써 정원에서 천천히 걷게 하거나 입구를 알릴 수 있고 또는 한 장소에서 다른 장소로 이동하는 것을 지시할 수 있다.

(2) 퍼골라(pergola)

퍼골라는 덩굴식물이나 그밖에 그늘을 만들 수 있는 식물로 덮기 위한 구조물로서 기둥(post) 위에 일정한 거리에 보(beam)와 서까래(rafter)로 사람의 키보다 높게 얹은 구조물이다.

3) 정원 수벽(樹壁, garden wall)

정원 수벽은 조경설계에서 수직적 모양으로 구획지은 것이다. 수벽은 경계(境界)를 만들고, 선형(線形)을 이루며, 방향을 제시하고, 공간을 닫히게 하고, 정원에서 다른 지점과 연결시킨다.

수벽의 형태, 위치, 구조물 등은 설계 의지에 따라 결정된다. 수벽은 산울타리, 덩굴식물, 교목이나 관목의 이스팰리어 등으로 만들 수 있다. 수벽 외의 재료들로는 돌담, 토담, 벽돌담, 섶 울타리, 바자울 등이 있다.

(1) 이스팰리어(espalier)

이스팰리어(espalier)는 이탈리아어의 "어깨" 또는 "기울기"를 의미하는 spall에서 온 것으로 교목의 가지를 유인하고 전정하여 정형적 형태로 담벽이나 펜스 등 지탱 구조물에 붙여서 교목의 선(線)을 만든 것으로 햇빛을 충분히 받을 수 있고 또한 공간을 최대한 활용한 것이다.

이스팰리어의 용어는 과일 나무의 가지를 장식적인 모양으로 유인한데서 유래된 것으로 과일 나무의 가지를 유인하여 담벽에 붙이게 되면 무거운 열매가 달린 줄기가 담벽 격자 틀에 고정되어 가지가 휘어지거나 부러지는 것을 방지할 수 있고 또한 공간을 줄일 수 있는 실용적인 이유가 되며, 겨울철에는 우아한 격자 틀에 기하학적인 줄기 모양이 미학적으로 보인다.

배나무, 사과나무, 살구나무, 무화과나무, 산딸나무, 산사나무, 호랑가시나무, 피라칸사, 주목 등 다양한 식물들이 이스팰리어로 이용된다(82쪽 그림 참조).

(2) 산울타리(living hedge)

산울타리는 교목, 관목, 덩굴식물, 여러해살이 화초 등으로 만들 수 있다. 산울타리는 조각물을 위한 배경막(背景幕, backdrop)에서처럼 벽의 형태, 테두리(edge)를 만들거나 설계의 윤곽을 강조하는 형태가 될 수 있다. 산울타리의 분위기와 성격은 전체의 형태와 폭, 전정을 한 것과 하지 않은 것, 꽃이나 열매가 달리는 것, 상록과 낙엽 등에 따라서 달라진다.

상자처럼 전정한 회양목이나 쥐똥나무 산울타리의 효과는 거의 녹색 스티로폼(styrofoam) 같은 반면에 전정을 하지 않은 꽃피는 나무의 산울타리와는 매우 대조적이다.

무릎높이의 산울타리는 방향을 제시해 주고 전체를 쉽게 볼 수 있으며, 화단, 원로, 잔디밭의 틀을 만든다. 허리높이의 산울타리는 정원 요소들을 분리시키지만 관찰자가 내다볼 수 있다. 머리높이 이상의 산울타리는 사생활 보호가 된다.

한 그루의 식물은 경관에서 대상물이 되지만 같은 식물이 여러 그루가 넓은 간격으로 차지하고 있으면 경계(境界)가 되며 빤히 내다볼 수는 있으나 많은 식물들을 촘촘하게 식재하면 치밀한 산울타리가 된다.

(3) 팰러세이드(palisade, 수성 樹城)

팰러세이드(수성, 樹城)는 강전정한 교목이나 관목을 촘촘하게 식재하여 마치 녹색 성벽처럼 만든 것으로 옥외 건축적 특성이 된다. 향나무, 사이프러스 나무 등의 식물이 팰러세이드를 만드는 데 흔히 이용된다.

팰러세이드

2. 원예적 필요조건

조경식물 선정과 더불어 환경분석으로부터 얻은 정보를 연결하여야 한다. 원예적 필요조건은 내한성(耐寒性, cold hardiness) 등 다양하다. 즉 햇볕, 토양, 습도, 도시, 가로변, 공원, 주택정원, 쇼핑센터, 기업본부, 식물원 등 부지가 요구하는 것에 따라 조경식물의 종류가 달라진다. 예를 들면 식물의 높이, 꽃빛깔, 내한성 등 특정 위치에 따라서 조경식물이 선정되지만 토양의 습도와 광선은 충분한 곳인지 그렇지 않으면 건조하거나 반그늘인지도 알아야 한다.

식물을 올바른 장소에 식재해야 한다. 식재 부지의 특성과 미기후 조건도 조사하여야 한다. 바람의 방향과 강도, 음지와 양지의 정도 등도 식물생장의 결정적인 요인이 되며 식물이 그 토양에 적합한지도 고려되어야 한다.

1) 광선 조건

광선은 식물 생존에 필수적 조건이다. 모든 식물들은 국지기후의 광도(光度)에 따라서 최대 생장에 대한 광선 조건들이 선택된다.

다음은 광선에 관한 용어들이다.

(1) 완전 그늘(deep shade)

교목의 수관(樹冠) 밑이나 건축물에 의해 차양이 가능하다. 햇빛은 완전 차단되고 식물은 간접광선만을 받을 수 있다. 내음성 식물(耐陰性植物, shade-tolerant plant)은 낮은 광도에서도 광합성작용을 할 수 있으며, 내음성(耐陰性, shade tolerance)은 생리적 특성으로 잘 활착(活着 : well-establish)된다. 내음성 식물은 태양광선에 완전 노출되는 곳에서는 살아갈 수 없다. 내음성 식물로는 주목, 고사리, 비비추, 이끼 등이 있다.

(2) 반그늘(partial shade)

하루 중에서 일부분만 햇빛이 들거나 또는 그늘지는 곳이다. 만일 한낮에 태양광선을 받게 되면 음지식물은 태양열에 영향을 받게 된다. 따라서 기후조건과 조경식물이 잘 연결되어야 한다.

(3) 여과광선(filtered sun)

퍼골라(pergola), 라티스(lattice) 등의 틈새나 잎 사이로 광선이 통과될 때 나타나는 그늘과 광선의 혼합이다. 많은 양지식물들은 충분한 광선을 좋아하지만 어떤 음지식물은 강한 광선에도 견디는 것이 있다.

(4) 완전광선(full sun)

이른 아침이나 늦은 오후의 햇빛보다 더 강한 오전 9시와 오후 4시 사이에 적어도 매일 6시간 이상 내려 쬐는 곳이다. 대부분의 교목, 관목, 덩굴식물, 여러해살이 화초, 한해살이 화초들이 완전 광선을 요구한다. 완전 광선을 요구하는 식물들은 광선에 노출되는 잎의 표면적을 최소화하기 위하여 잎이 작거나 좁다.

(5) 그늘을 좋아하는 식물(shade-loving plants)

식물의 잎들이 대부분 큼지막하다. 회녹색(灰綠色)잎을 지닌 식물이나 다육식물(多肉植物, succulents)들은 그들의 빛깔, 밀랍, 피복, 연모(軟毛) 등에 의해서 강한 광선에 적응한다. 식물이 햇빛을 충분히 받지 못하여 나타나는 증상으로는 가지가 엉성하고, 꽃과 열매가 듬성듬성 달리며, 줄기는 가늘어진다. 지나치게 직사광선을 많이 받아서 나타나는 증상으로는 주접든 잎, 휘어진 잎 또는 잎이 타서 누렇게 된다.

식재설계에서는 태양광선의 영향을 고려하는 것이 중요하다. 계절별로 식물에 비치는 태양의 각도는 그늘처럼 극적 효과를 만들어 낸다. 하루 동안에 하늘을 가로지르는 태양의 이동에 따라 그늘도 움직인다. 식재설계에서 다양한 사물들이 나타나거나 그늘이 진 그림자들은 태양이 수평으로 낮게 져서 겨울에는 길어지고 여름에는 태양이 머리 위에 떠서 그늘이 작아진다. 긴 그늘은 아침과 저녁에 식재 구성에서 흥미를 더해준다.

미학적 효과로서 그늘의 기능적 이용은 매우 중요하다. 사람들은 기온이 서늘할 때인 겨울철에 태양광선을 이해한다. 여름철에 그늘은 강한 태양광선에 대하여 엄청난 것이다.

2) 토양과 습도조건

조경식물 선정에는 토양과 습도조건이 결정적인 요인이 된다. 토양의 상태는 곧바로 수분조건과 관계된다. 토양은 푸석한 것, 양토, 모래, 산성, 알칼리성, 비옥한 것, 척박한 것 등이 있다.

습도조건은 건조한 것, 배수가 잘 되는 것, 통기가 좋은 것, 습기 있는 것과 습기는 있으나 습하지 않은 토양 등이다. 조경식물은 수시로 또는 정기적으로 관수(watering)가 요구된다.

소나무는 건조한 토양에 잘 견디며 반대로 과습(過濕, too much water)하면 죽게 된다. 버드나무는 습한 토양에서 잘 자라고 건조한 토양에서는 생장하지 못한다. 식물들은 습도 요구조건이 각각 다르다. 수분을 많이 요구하는 식물을 모래땅에 식재하면 생존하기가 어렵다. 또한 배수가 잘 되는 토양을 요구하는 식물을 점토 부지에 식재하면 살아가기가 어렵다.

(1) 건조한 토양(dry soil conditions)에서 사는 식물

완전 건조와 관수 사이에서 뿌리생장이 왕성한 식물들이다. 건조한 환경에서 적응하고 활착하며 생존을 위해서 작은 양의 물이 필요하다.
예 : 선인장, 용설란

(2) 내건성(耐乾性, drought-tolerant) 식물

수분을 보존할 수 있기 때문에 생존이 가능하다. 건조기간에는 휴면을 하거나 잎의 크기를 줄이거나 또는 수분이용을 줄이기 위해서 잎의 빛깔이 회색으로 된다.
예 : 산토리나, 라벤더-허브식물

(3) 정기적으로 관수(regular watering)를 해야 하는 식물

일생동안 정기적 관수를 좋아하는 것들이다. 따라서 이 식물들은 물의 공급에 잘 반응한다.
예 : 라일락, 탱자나무

(4) 수시로 관수(frequent watering, but well-drained)를 해야 하는 식물

습기는 좋아하지만 토양은 급속히 배수되어야 한다. 근관(根冠, root crown) 주위에는 항상 습도가 유지되어야 한다.
예 : 서양 진달래, 로드덴드론

(5) 과습하지 않는 토양(moist not wet soil)을 좋아하는 식물

식물의 뿌리가 습한 것을 좋아하지만 물 속에서는 생존할 수 없다.
예 : 앵초, 시크라멘

(6) 습한 토양(moist soil)을 좋아하는 식물

개울가, 연못 가장자리의 얕은 물 등에서 잘 자라거나 습한 토양에 적합한 것들이다.
예 : 삼나무, 낙우송, 수삼나무(메타세콰이어)

내염성에 대한 정도

구 분		강 한 식 물	약 한 식 물
교 목	상록침엽	곰솔, 노간주나무, 리기다소나무, 주목, 향나무, 측백나무	가문비나무, 삼나무, 소나무, 낙엽송, 전나무, 히말라야시다
	상록활엽	감탕나무, 굴거리나무, 녹나무, 아왜나무, 후박나무, 회양목	
	낙엽활엽	가죽나무, 느티나무, 모감주나무, 벽오동, 자귀나무, 주엽나무, 참나무류, 칠엽수, 팽나무	단풍나무, 벚나무, 목련, 피나무
관 목	상 록	식나무	
	낙 엽	때죽나무, 무궁화, 보리수	개나리

대기오염에 대한 반응

구 분		강 한 수 종	약 한 수 종
교 목	상록침엽	향나무, 편백나무	가문비나무, 소나무, 잣나무, 전나무, 측백나무, 히말라야시다
	상록활엽	녹나무, 후피향나무, 회양목, 물푸레나무, 미루나무, 아왜나무, 태산목	
	낙엽활엽	은행나무, 가죽나무, 산사나무, 자작나무, 층층나무, 팥배나무, 피나무, 플라타너스	감나무, 느티나무, 단풍나무, 매화나무, 목련, 튤립나무, 벚나무, 자귀나무
관 목	상 록	호랑가시나무, 피라칸사	
	낙 엽	개나리, 쥐똥나무	명자나무, 박태기나무, 진달래, 화살나무

뿌리 생육형

구 분		심근성 수종	천근성 수종
교 목	상록침엽	소나무, 해송, 비자나무, 전나무, 주목	가문비나무, 독일가문비, 솔송나무, 편백나무, 낙엽송
	상록활엽	후박나무	
	낙엽활엽	은행나무, 참나무류, 느티나무, 목련, 튤립나무, 벽오동, 칠엽수, 팽나무, 호두나무, 회화나무, 고로쇠나무, 모과나무, 벚나무류	미루나무류, 자작나무, 매화나무, 사시나무, 황철나무

■ 음 수

구 분		식 물 이 름
교 목	상록침엽	주목, 가문비나무, 미국측백나무, 비자나무, 솔송나무, 전나무, 금송
	상록활엽	동백나무, 회양목, 굴거리나무, 녹나무, 담팔수, 참식나무, 후박나무, 생달나무
	낙엽활엽	서나무
관 목	상록활엽	사철나무, 식나무, 팔손이나무, 붓순나무, 백량금, 자금우
	낙엽활엽	국수나무, 골담초
덩굴식물	상 록	줄사철나무, 송악, 멀꿀, 모람

※ 극음수 : 주목, 금송, 개비자나무, 굴거리나무, 백량금, 식나무, 자금우, 호랑가시나무, 회양목

■ 양 수

구 분		식 물 이 름
교 목	상록침엽	향나무, 소나무, 해송, 노간주나무, 낙우송, 삼나무, 편백나무
	상록활엽	태산목, 가시나무류, 조록나무
	낙엽활엽	느티나무, 이팝나무, 자작나무, 주엽나무, 감나무, 산수유, 위성류, 채진목, 층층나무, 산딸나무, 백일홍나무, 자귀나무, 가죽나무, 참나무류, 귀룽나무, 멀구슬나무, 오동나무
관 목	상록활엽	남천, 협죽도(유도화)
	낙엽활엽	싸리나무, 개나리, 박태기, 해당화, 목형
덩굴식물	낙 엽	능소화, 등나무, 칡

※ 극양수 : 소나무, 낙엽송, 자작나무, 버드나무류

■ 중용수

구 분		식 물 이 름
교 목	상록침엽	잣나무, 화백
	상록활엽	감탕나무, 먼나무, 아왜나무, 후피향나무, 광나무
	낙엽활엽	느릅나무, 피나무, 단풍나무, 벚나무, 팽나무, 회화나무, 칠엽수, 때죽나무, 모감주나무, 산딸나무, 쪽동백, 마가목, 함박꽃나무
관 목	상록활엽	목서, 돈나무, 비파나무, 꽝꽝나무, 만병초, 차나무, 치자나무
	낙엽활엽	개나리, 무화과, 생강나무, 국수나무, 딱총나무, 말발도리류, 백당나무, 불두화, 오가피나무, 화살나무, 작살나무, 매자나무
덩굴식물	상 록	마삭줄
	낙 엽	당쟁이덩굴
기 타		종려, 당종려, 관음죽, 종려죽, 파초

■ 습지에 견디는 수종

구 분		식 물 이 름
교 목	상록침엽	솔송나무, 삼나무
	낙엽침엽	낙우송, 수삼나무(메타세쾨이아)
	상록활엽	태산목, 아왜나무, 동백나무, 감탕나무, 먼나무, 후피향나무, 광나무
	낙엽활엽	들메나무, 물푸레나무, 오리나무류, 버드나무류, 주엽나무, 위성류, 층층나무, 귀룽나무
관 목	상록활엽	식나무, 호랑가시나무, 백량금, 돈나무, 붓순나무, 사철나무
	낙엽활엽	철쭉류, 꼬리조팝나무, 백당나무, 불두화, 보리수, 무궁화
덩굴식물	낙 엽	등나무
기 타		파초

■ 건조에 견디는 식물

구 분		식 물 이 름
교 목	상록침엽	소나무, 전나무, 노간주나무, 향나무류, 독일가문비나무
	낙엽활엽	가죽나무, 자작나무, 백일홍나무, 자귀나무
관 목	상록활엽	꽝꽝나무, 돈나무, 호랑가시나무, 피라칸사
	낙엽활엽	보리수, 명자나무, 박태기나무, 해당화, 쉬땅나무, 매자나무

9

조경식물의 특성

조경식물은 목본식물(木本植物)인 수목(樹木)과 초본식물(草本植物)인 화초(花草)로 나누어지며, 그 밖에 야생화(野生花)와 허브(herb)식물 등이 포함된다.

1. 조경 수목 (造景 樹木)

1) 교목(喬木, tree)

교목은 식재설계 중에서 가장 크고 높게 자라는 요소이며, 오랫동안 자란다. 교목은 줄기가 하나이고 적어도 4m 이상 높이로 자라서 한 장소에서 수세기 동안 성장할 수도 있다. 따라서 적합한 토양에 식재하고 충분하게 성장할 수 있는 공간을 확보하는 것도 중요하다.

교목은 생장률(生長率)과 마찬가지로 최대 높이와 수관폭에 관한 정보가 도면에 필요하다. 사람들은 흔히 교목이나 산울타리의 크기에 흡족하지 못한 것을 참지 못한다. 즉 의뢰인(clients)들은 즉석 효과(instant effect)를 내기 위해서 속성수(速成樹)를 요구하는 경향이 있다. 일반적으로 속성수들은 생명이 짧은 것들이 많고 침해하는 근계(根系)를 갖는 것들이 많다.

식물이 요구하는 햇빛이나 그늘, 토양, 습도의 함량 등에 관한 원예지식을 알아야 한다. 또한 잎의 빛깔과 모양, 줄기의 특성, 열매와 꽃의 빛깔, 개화기 등도 알아야 한다. 부지에서 생존할 수 있는 내한성(耐寒性, cold hardiness)에 관해서도 중요한 사항이 된다.

소규모 정원에서는 소교목 식재가 적합하다. 예를 들면 박태기나무, 매화나무, 백일홍나무, 단풍나무 등이 어울린다.

대교목은 부지의 틀(frame)을 갖추고, 전경(前景, foreground)을 만들며, 주택이나 건물 가까이에 녹음을 만들거나, 가로(街路), 근린지역, 공원 등 대규모 부지에 적용된다.

이러한 상황에서는 진귀한 잎, 꽃, 열매, 그림 같은 가지, 수피, 잎차례가 있는 교목들이 요구된다. 큰 규모의 조경 식재에 어울리는 대교목으로는 회화나무, 오동나무, 플라타너스, 피나무, 느릅나무, 벽오동 등이 있다.

교목은 높이에 따라 대교목(large tree, 16m 이상), 중교목(medium tree, 8~16m), 소교목(small tree, 4~8m) 등으로 구분된다.

2) 관목(灌木, shrub)

관목은 녹색 수벽(樹壁), 표본식물, 가리개 식물 등으로 흔히 이용된다. 관목은 교목과 연결하여 정원의 틀을 만들기도 하며, 관목은 높이, 수관폭, 원예적 특성 등에 따라 달리 이용된다. 관목은 수벽이나 틀을 만들고, 색채와 질감을 내주며, 조각물의 배경막이 되며, 정원방(庭園房)이나 화초경재화단(flower border, 境栽花壇)에 이용된다.

녹색 건축물로서 산울타리의 높이와 길이는 정원에서 건축물의 한계를 넓히고 주택이나 건물과 연결시킬 수 있다. 키 큰 산울타리는 정원방이나 위요(圍繞)를 만들 수 있다. 중간 높이의 산울타리는 시선을 차단하지 않고서도 경계선을 만들 수 있다.

관목은 여러해살이 화초의 경재화단처럼 경재화단에서 이용할 수도 있고 관리도 경제적이다. 관목 경재화단은 연중 볼거리를 제공하며, 야생동물에게는 열매가 유혹적이고 절화(切花)로 제공된다. 또한 대교목 아래에 식재한 관목은 하층식재(下層植栽, understory planting)의 형태를 이루며, 또한 정원에서 강조식물(强調, accent plant)이 된다.

관목은 높이에 따라 대관목(large shrub, 4~8m), 중관목(medium shrub, 2~4m), 소관목(small shrub, 1~2m), 왜소관목(dwarf shrub, 0.5~1m) 등으로 구분된다.

3) 덩굴식물(vine)

덩굴식물은 흔히 수평적 공간에 이용되지만 수직적 효과를 낼 수도 있다. 정원이 소규모라면 벽면은 중요한 요소가 된다. 덩굴식물은 건축물을 위해서 가능하며 정원의 색채, 질감, 형태의 이점 등이 있다.

덩굴식물은 기둥에 올리거나 트렐리스(trellis), 장식 펜스, 철망틀(wireframe) 등에 얹어서 이용한다. 덩굴식물은 제한된 공간, 캐노피(canopy), 가리개, 산울타리 등으로도 이용된다. 인동 덩굴을 펜스나 트렐리스 구조물에 얹으면 녹색 담벽을 만들며, 꽃의 향기는 정원 안을 가득 채운다. 등나무는 퍼골라에 얹으면 그늘을 제공할 뿐만 아니라 주렁주렁 보랏빛 꽃을 매달아 피운다.

덩굴식물은 줄기의 성질에 따라 감아 오르기(twining, 등나무), 덩굴손(tendrils, 청미레덩굴), 얽어매기(wearing, 노박덩굴, 칡, 으름덩굴), 기어오르기(leaning, 송악, 마삭줄), 부착근(clining, 담쟁이, 능소화) 등이 있다.

4) 지피식물(地被植物, ground cover plants)

지피(地被)란 용어는 지면을 줄기와 가지로 덮는 것을 말하며, 지피식물은 상록이고 높이가 50cm 이하로 자라면서 잎들이 치밀하며 빨리 지면을 덮으면서 자란다. 지면에 햇빛을 차단하고 잡초 씨가 싹트는 것을 예방한다. 지피식물을 다량으로 식재하면 대규모의 공간이 될 수 있고 또한 바닥면을 만들 수 있다.

잔디는 지피식물의 범위 안에 포함시킬 수 있다. 잔디는 깎아주고, 물을 주고, 비료를 주며, 살균제를 살포해야 하는 것을 염두에 두어야 한다. 그러므로 잔디는 고도의 관리기술과 관리비용이 들어가고, 한편으로는 지하수를 오염시키게 된다.

잔디밭에 관수하려면 이른 아침이나 늦은 오후에 바람이 적게 부는 날이어야 증발작용으로 인한 물의 손실을 줄일 수 있다. 주택이나 건물 가까이에 딸린 잔디밭은 미학적 효과를 최대한으로 하고 관리비용을 최저로 해야 한다.

건조한 지역에서는 잔디 대신에 지피식물이나 여러해살이식물로 대체하는 것이 좋다.

▌ **수목의 크기**(Curtis system)

구 분		높 이(m)	인간척도
교 목	대교목	16 이상	머리 위
	중교목	16~8	머리 위
	소교목	8~4	머리 위
관 목	대관목	8~4	머리 위
	중관목	4~2	머리 위
	소관목	2~1	머리높이 이내
	왜소관목	1~0.5	허리 높이 이내
지피식물		0.5 이하	무릎높이
덩굴식물		0.3 이하	발목높이

2. 조경 화초(造景花草)

1) 한해살이 화초(일년생 화초, annuals flower)

한해살이 화초는 씨앗이 싹이 터서 자란 다음 꽃이 피고 씨를 맺어서 그 한살이가 일년 안에 이루어진다.

한해살이 화초는 꽃이 일찍 피고 또한 지피식물이나 여러해살이 화초들과 함께 식재한 지역에서 공간을 채우는데 효과적이다. 특히 이른 봄에 꽃이 피고 난 후에 알뿌리 화초의 여분 공간이나 테두리 식재를 하는 데도 유용하다. 한해살이 화초는 화단뿐만 아니라 용기식재와 바구니 걸이에서 효과적일 뿐만 아니라 연중 화려한 색채를 유지하기 위한 식재로서도 훌륭하다.

한해살이 화초의 개화기간은 한 달 내지 다섯 달까지 가는 것도 있어서 가장 개화기간이 긴 여러해살이 화초보다 더 길다.

한해살이 화초는 세 가지 양식이 있다. 즉 ① 따뜻한 계절, ② 추운계절, ③ 서리에 견디는 것 등이다.

(1) 따뜻한 계절 한해살이 화초(봄 파종 한해살이 화초)

내한성이 약해서 0°C 이하에서는 얼어 죽으므로 서리가 다 지나간 다음 늦은 봄에 (종상일, 終霜日) 따뜻한 토양에 심는 것이 일반적이다. 흔히 춘파 한해살이 화초라고 하는데 채송화, 백일초, 코스모스, 맨드라미, 봉선화, 페추니아, 마리골드 등이 있다.

(2) 추운 계절 한해살이 화초(가을 파종 한해살이 화초)

두 가지가 있다. 하나는 서리에 견디는 것이고, 다른 하나는 서리로 인해서 죽게 되는 것이다.

추운 계절 한해살이 화초는 해안의 기후와 고위도 지역의 정원에 적합하다. 예를 들면 금어초, 스키잔더스 등이 있다.

서리에 견디는 것으로 팬지, 스톡, 락스퍼 등은 따뜻한 지역에서 가을에 식재하면 이른 봄에 꽃이 핀다. 이러한 것은 추파 한해살이 화초라 한다.

2) 두해살이 화초(이년생 화초, biennials flower)

두해살이 화초는 보통 식물의 한살이(life cycle)가 두해 이내인 식물이다. 예를 들면 접시꽃, 시네나리아, 스위트 윌리암, 디지털이스 등이다.

첫해에는 씨가 싹이 터서 잎이 있는 채로 겨울을 넘긴 다음 첫 계절에 꽃이 피고 두해 째에 가서는 말라죽는다. 매년 꽃이 진 다음에 씨를 뿌려서 저절로 번식시킨다. 그래서 흔히 여러해살이 화초처럼 보일 수도 있다.

3) 여러해살이 화초(숙근 화초, perennials flower)

여러해살이 화초는 많은 햇수를 살 수 있는 식물이다. 짧게 사는 여러해살이 화초는 3~4년 정도로 살지만 매년 포기나누기하여 연장할 수 있다. 그밖에 여러해살이 화초는 심은 사람보다 더 오랫동안 살 수 있다.

여러해살이 화초는 부드럽고 줄기가 목질(木質)이 아니다. 여러해살이 화초는 집단효과를 내기 위해서 경재화단(境栽花壇, flower border), 산울타리, 화단(花壇, flower bed) 등에 이용하며 교목이나 관목 또는 지피식물의 층화(層化)에 한 부분으로도 이용된다.

여러해살이 경재화단을 창안하는 것은 식재설계에 있어서 엄청난 도전 중의 하나가 된다. 과정은 낙엽과 상록, 형태, 색채, 질감, 개화기, 모의 식재(simultaneity) 등 복잡하다. 한, 둘 또는 셋 정도의 색채를 이용하되 그 이상의 색채 사용은 안 된다.

햇빛과 그늘, 꽃과 잎 등을 염두에 두어야 한다. 어떤 기간을 강조할 것인지, 가능한 연장기간은 언제로 할 것인지는 기후에 따라 달라진다.

4) 알뿌리 화초(구근 화초, bulb flower)

알뿌리 화초는 여러해살이 화초에 속하는데 땅속의 뿌리나 땅속줄기에 영양분을 저장하여 다육조직이 발달한 식물이다. 알뿌리(구근, 球根) 화초는 알뿌리가 항상 땅속에 있고 눈(牙, bud)이 변형되어 커진 것이다.

알뿌리는 형태에 따라 비늘줄기(인경, bulb)인 튤립, 수선화, 상사화, 꽃무릇, 히아신스, 구근아이리스, 백합 등이 있고, 구슬줄기(구경, corm)로는 글라디올러스, 크로커스, 프리지어, 익시아 등이 있으며, 덩이줄기(괴경, tubers)로는 아네모네, 시클라멘, 라넌큘러스, 칼라, 구근베고니아, 칼라디움, 글록시니아 등이 있고, 덩이뿌리(괴근, tubers root)로는 달리아가 있으며 뿌리줄기(근경, rhizomes)로는 칸나, 꽃생강, 저맨 아이리스 등이 있다.

알뿌리 화초는 생장, 개화, 휴면 등의 생장단계를 해마다 거듭하며 알뿌리의 종류, 기후, 식재 시기 등에 따라 달라진다.

• 계절적 효과

조경식물은 계절별로 특성을 갖고 있다. 상록인가, 낙엽인가, 또한 잎의 색채가 진한 녹색인가, 회녹색인가, 밝은 녹색인가, 그리고 꽃과 열매의 빛깔과 꽃피고 열매가 맺는 시기 등 식물의 특성이 색채에 관한 것도 조경식물의 개화기의 효과를 결정하게 된다.

식재설계가는 식물이 가장 주목을 끌 때 개화기의 꽃과 가을의 단풍잎을 강조하기 위해서 식재 도면을 창안하는 경향이 있다.

계절별 색채를 염두에 두고, 연중 관심거리를 살려야 할 것이다.

▌ 조경화초의 크기

화초의 크기	한해살이 화초	여러해살이 화초	알뿌리 화초
왜생종	30cm 이하	30cm 이하	30cm 이하
중생종	30~90cm	30~120cm	30~90cm
고생종	90cm 이상	120cm 이상	90cm 이상

10
조경식재 기법

조경식재는 환경문제들을 기능적으로 해결하고 미학적으로 흥미를 제공하기 위한 것으로서 다음과 같은 식재기법들이 있다.

1. 가로수 식재 (street tree planting)

• 가로수의 기능

① 가로수는 도시의 얼굴이다. 가로수는 도시의 특징과 특성을 나타내며 도시의 상징이 된다. 따라서 역사성이 있고 대표적인 향토 수종이어야 한다.

② 녹음을 제공한다. 가로수의 넓은 수관은 태양의 직사광선을 차단하여 그늘을 제공하며 아울러 증산작용으로 수관 밑은 서늘하다.

③ 대기정화를 한다. 공중에 날아다니는 먼지는 가로수의 잎에 묻었다가 비가 오면 씻겨 내려가서 대기를 맑게 한다.

④ 길의 방향을 안내한다. 가로수의 줄기와 수관은 길의 방향을 제시하며 보행자나 운전자를 안내한다.

⑤ 온대지방의 가로수는 낙엽교목이어야 한다. 낙엽수는 여름에는 햇빛을 차단하고 겨울에는 햇빛을 통과시킨다. 상록수의 가로수는 겨울에 그늘을 만들고 눈이 녹지 않는다.

• 가로수의 조건

① 수관 폭이 넓어야 직사광선을 많이 차단한다.

② 이식이 잘 되는 수종이어야 한다.

③ 심근성 수종이 태풍이나 강풍에 견딘다.

④ 수형과 단풍이 아름다운 것이어야 한다.

⑤ 대기 오염에 견디는 수종이어야 한다.

⑥ 건조와 통기에 견디는 수종이어야 한다.

⑦ 병충해에 견디는 수종이어야 한다.

⑧ 향토 수종이면 더욱 좋다.

⑨ 재목이 질기고 장수하는 수종이 좋다.

• 가로수의 식재거리

식재거리는 수관 폭이 겹치지 않아야 한다. 일반적으로 대교목은 8~12m 이상, 중교목은 6m 이상이 적당하며 수종, 토양의 성질, 비옥도 등에 따라서 달라진다.

• 가로수의 지하고

가로수의 지하고, 즉 줄기에서 맨 밑가지는 보행자의 키높이는 물론이거니와 버스나 트럭 높이보다 더 높아야 한다. 보통 지하고의 높이는 차도에서는 4m 이상이 되어야 하며 지하고는 나무마다 균일해야 한다.

• 가로수의 관수

여름철 가뭄에 대비하여 수직 파이프 설치를 하여 직접 관수하거나 수평으로 관수 파이프를 매설하여 점적관수 시설을 하면 더욱 좋다.

• 대표적인 가로수

식 물 이 름	학 명	식 물 이 름	학 명
은행나무	*Ginkgo biloba*	다름나무	*Maackia amurensis*
느릅나무	*Ulmus davidiana* var. *japonica*	회화나무	*Sopora japonica*
팽나무	*Celtis sinensis*	피나무	*Tilia amurensis*
느티나무	*Zelkova serrata*	가죽나무	*Ailanthus altissima*
목련	*Magnolia kobus*	마로니에	*Aesculus hippocastanum*
튤립나무	*Liriodendron tulipifera*	칠엽수	*Aesculus turbinata*
보안목(비목나무)	*Lindera erythrocapa*	감나무	*Diospyros kaki*
플라타너스	*Platanus oridentalis*	이팝나무	*Chionanthus retusa*
아메리카 플라타너스	*Platanus occidentalis*	낙우송	*Taxodium alsticum*
왕벚나무	*Prunus yedoensis*	수삼나무	*Metasequoia glyptostroboides*

2. 가리개 식재 (screen planting)

가리개식재의 기능은 보기에 추한 경관이나 불쾌한 곳, 괴로움의 원인이 되는 곳, 주위환경과 조화되지 않는 곳 등에 식물을 식재하여 보이지 않도록 감추려고 하는 것이다.

가리개의 대상이 되는 곳들로는 고물수집장, 쓰레기집하장, 건설공사현장, 저장소, 주차장, 산업시설, 변전소, 동력시설, 에어컨시설, 공동묘지, 공중 화장실 등이 해당된다. 가리개식재의 이점은 구조물을 설치하는 것보다는 자연스러운 점이 있고 아울러 식물의 형태, 질감, 색채의 다양성 등이 있어서 자연친화적인 점이 있다.

가리개식재는 살아 있는 담장의 효과를 내기 위하여 잎이 무성한 식물로 식재한다. 가리개로서 이상적인 식물은 키가 눈높이보다 높아야 하며 상대적으로 수관폭이 좁으면서 지면 가까이의 잎들이 무성해야 한다. 또한 가리개 식물은 치밀한 잎을 지녀서 내다볼 수 없어야 한다.

가리개식재는 인간의 이동을 방해하거나 시선을 차단하거나, 소음을 줄이는 데도 이용된다. 가리개식재는 또한 화초나 조각물의 배경(背景)이 될 수도 있다.

3. 강조 식재(強調植栽, accent planting)

특별하게 관심을 끌 수 있는 뚜렷한 형태, 색채, 질감 등에 의해서 그 주위와 대비를 이루는 식물을 강조식물(強調植物, accent plant)이라고 하며, 강조식물을 식재하는 것이 강조식재(強調植栽)이다.

중요한 장소에서 고도의 시각적으로 식재와 관련시켜서 강조할 수 있는 것을 강조식재(強調植栽)라고 하며, 입구(entrance), 계단(stair-way), 자리(seat), 물 등과 같은 요소에 끌릴 수 있도록 이용할 수도 있다.

때때로 강조식재는 공간 내에서 초점이 될 수도 있고, 강조식재는 어떤 장소에서 멈춰진 시선을 옮기는 데 조심스럽게 식물을 배치함으로써 효과적일 수 있다. 강조식재는 갑작스러운 시선을 끌 수 있는 모양의 변화나 강한 대비에 의해서도 이루어진다.

강조식재는 수관이 둥근 수형인 식물 가운데서 피라미드 수형은 강조식재가 되며, 푸른 잎만 있는 식물 가운데 붉은 잎을 지닌 식물은 강조식재가 되며, 거친 질감의 식물 가운데 고운 질감의 식물 식재는 강조식재가 된다. 강조식재는 형태, 색채, 질감 등에 의해서 시선이 가장 먼저 집중되는 식물의 식재인 것이다.

잔디밭에서 대교목과 화초들은 강조되어 시선을 끌게 된다

4. 경재 식재(境栽植栽, border planting)

경재식재는 건물의 벽, 담장, 울타리, 펜스 등의 구조물과 원로(園路, garden path) 사이의 공간에 식물을 식재하는 것을 경재식재(境栽植栽, border planting)라 한다.

원로에서부터 차례대로 키가 낮은 식물에서 차차 키가 큰 식물을 구조물 가까이에 식재하여 시선이 앞쪽 낮은 데에서부터 차차 구조물이 있는 뒤에까지 높이가 올라가도록 식물을 배치하게 된다.

경재식재와 바자울

화초(花草)를 주로 식재하는 화초경재화단(flower border)과 관목을 주로 식재하는 관목경재화단(shrub border)이 있으며 담장, 펜스, 벽 등의 구조물 쪽으로는 키가 좀더 큰 화초나 관목을 배치하게 된다.

5. 군집 식재(群集植栽, mass planting)

같은 종류 식물을 다량으로 한꺼번에 한 장소에 식재하는 것을 군집식재(群集植栽)라 하며 줄여서 군식(群植)이라 한다. 집단식재(集團植栽)는 더욱 많은 식물을 대량으로 식재한 표현이다. 여러 그루의 식물로 구성되면 개별적 식물의 중요성은 떨어진다. 군집식재는 개별 식물들이 전체로 표현되고 개별 식물의 효과가 증대되거나 상호보완될 수도 있다. 군집식재의 특성은 개별의 식물보다는 더욱 강력하고 시각적 잠재성이 있다.

군집식재는 여러 그루의 식물로 구성되기 때문에 가지가 맞닿거나 겹쳐서 배치될 수도 있다. 군집식재는 주변 식물들과는 강한 개성과 대비를 창출해낼 수 있다. 또한 군집식재는 전체 경관에서 관계를 이루도록 배치해야 할 것이다.

군집식재에서 같은 종류만을 식재하는 것과는 달리 특히 화초, 야생화, 허브식물들을 무더기로 여러 종류를 식재하는 것을 혼합식재(混合植栽, mixture planting)라 한다.

임업에서는 한 가지의 수종만으로 조림한 것을 단순림(單純林)이라 하며 여러 수종으로 조림한 것은 혼효림(混淆林)이라 한다.

| 주목 | 자작나무 | 실유카 |

군집식재

6. 기초 식재(基礎植栽, foundation planting)

건축물의 기초 부분 가까운 지면에 식물을 식재하는 것을 기초식재(基礎植栽)라 한다. 기초식재에 이용되는 식물은 창문 아래쪽 틀 높이보다 낮아야 하며 키가 작은 관목, 소교목, 화초들이 이용된다. 소교목은 창문과 창문 사이의 벽면에 위치해야 하며, 기초식재에 이용되는 식물이 창문을 가려서는 안 된다.

기초식재는 가정의 주택, 공공건물 등 모든 건물들의 기초 부분에 기초식재가 요구된다.

서양주택정원에서 기초식재

미국, 버지니아 공대 중앙도서관   캄보디아, 앙코르와트 호텔

기초식재

7. 모서리 식재(corner planting)

모서리식재는 건축물의 뾰족한 모서리나 건축물의 꺾이는 구석진 부분에 식재하는 것을 모서리식재(corner planting)라 한다. 또한 정원의 구석진 곳에 식재하는 것도 모서리식재이다.

모서리식재는 건물의 날카로운 수직선이나 각이 진 곳을 식물로 식재하여 완화시킴으로써 자연친화적 조망을 만드는 데 목적이 있다.

정원의 구석진 부분에는 큰 교목이나 관목을 식재하게 된다. 이러한 식재도 역시 모서리식재이다.

버지니아 공대 기숙사   UC버클리대 자연과학관

모서리식재

8. 모여 식재(associated planting)

화초, 관목, 교목 등의 식물을 3주, 5주, 7주, 9주 등 여러 그루를 한 곳(식재 구덩이)에 모아 심는 것을 모여식재(associated planting)라 한다. 표본식재는 잘생긴 식물을 잘 보이는 곳에 단 한 그루만 식재하는 것과는 달리 모여심기는 같은 수종을 한 식재 구덩이에 모여 심는 것으로, 한 그루의 식물만의 개성을 나타내는 것보다는 여러 그루를 심어서 전체의 개성을 강력하게 나타내는 것이다.

모여심기는 특히 줄기가 아름다운 자작나무, 소나무 등의 교목이나 회양목과 같은 소교목에서 이루어진다.

야자나무

회양목

소나무

편백나무

모여식재

9. 문자 및 문양 식재(letter and figure planting)

식물재료를 이용하여 학교, 회사, 도시의 이름 등을 문자(文字)로 표현하거나 또는 어떠한 문양(文樣)을 만들어 식재하거나 또는 식물재료로 꽃시계를 만들기도 한다.

문자 및 문양식재

식물재료는 키가 낮게 자라는 상록식물들로 예를 들면 꽝꽝나무(*llex crenata*), 회양목(*Buxus microphylla* var. *koreana*)이나 낙엽관목으로 붉은 잎을 지닌 홍매자 등이 이용된다.

앞의 그림(P.142)에서 야외독도박물관과 오륜의 문자와 문양은 회양목이고, VT문자는 미국의 버지니아 공대(Virginia Tech ; Virginia Polytechnic Institute and State University)의 머리글자이며, 홍매자(*Berberis thunbergii* var. *atropurpurea*)로 식재한 것이다.

10. 배경 식재(背景植栽, background planting)

교목을 건물의 지붕선 위쪽으로 보이도록 후정(后庭)에 식재하여 건축물의 경관을 꾸미고자 하는 식재를 배경식재(背景植栽)라 한다.

배경식재는 건축물보다 높게 자라는 대교목이 이용되며, 경관조성뿐만 아니라 방풍림 역할도 하며, 가리개 기능과 녹음과 습도조절 작용을 한다. 이러한 기능은 특정 장소에서 요구되기 때문에 배경식재의 최대효과를 위해 교목의 위치를 잡지 않으면 안 된다.

식재설계가는 배경식재의 기능이 건물 앞쪽의 전경(前景, foreground)과 절적한 균형을 이루도록 고려해야 한다. 배경식재는 또한 후정(后庭, back yard)이나 전정(前庭, front yard)의 다른 식물과도 균형을 이루

배경식재와 꽃밭

배경식재와 마리아상

어야 하며 시각적 균형을 제공하는 외에 다른 목적이 있어서는 안 된다. 여기서 균형은 대칭을 의미하는 것이 아니다.

또 다른 배경식재는 조각물의 뒤편에 식재함으로써 조각물에 대한 시각적 효과가 증대된다. 동상(銅像), 흉상(胸像), 기념물 등의 뒤편에 흔히 배경식재를 하게 된다.

11. 산울타리 식재(hedge planting)

같은 수종의 식물로만 줄지어 식재하는 것을 산울타리식재라 한다. 굵고 죽은 나무줄기만으로 만든 울타리는 바자울이라 하며, 가지와 잎 모두를 지닌 것으로 만든 울타리는 섶 울타리이다.

산울타리는 살아 있는 나무를 촘촘하게 줄지어 심어서 바람을 막거나, 가리거나, 통행을 못하도록 식물을 식재하는 것이다. 산울타리 식물은 자연형 그대로 두는 것과 강전정을 하여 상자처럼 각을 만들어서 전정하는 방법이 있다.

무릎높이의 산울타리는 뛰어 넘을 수 있지만 허리높이의 산울타리는 넘을 수가 없다. 눈높이의 식재는 사생활보호와 가리개 식재의 역할까지도 가능하다.

산울타리 식물(hedge plant)의 특성은 생육이 왕성하고, 맹아력이 강하며, 전정에 잘 견디며, 밑가지가 고사(枯死)하지 않아야 한다. 또한 지엽(枝葉)이 밀생하고 병충해에 강해야 한다.

산울타리 식재

산울타리는 관목, 교목 모두 이용되며 또한 낙엽수, 상록수 모두가 이용된다.

낙엽관목으로는 쥐똥나무, 개나리, 찔레나무 등이 있고, 상록관목으로는 사철나무, 치자나무 등이 있으며, 상록침엽교목으로는 향나무, 가이즈까향나무, 노간주나무, 측백나무 등이 있다.

미로원(maze garden)은 산울타리의 한 방법으로 식재한 것이며 훌륭한 놀이터가 된다. 우리나라에는 제주시 김녕미로원이 유일한 것이다.

■ 산울타리에 적합한 수종

구 분		식 물 이 름
교 목	상록침엽	노간주나무, 측백나무, 서양측백나무, 스트로브잣나무, 향나무, 주목, 편백나무, 화백나무
	상록활엽	가시나무류, 감탕나무, 구실잣밤나무, 회양목, 아왜나무, 조록나무, 탱자나무, 후피향나무
관 목	상록활엽	돈나무, 목서, 꽝꽝나무, 사철나무, 차나무, 호랑가시나무
	낙엽활엽	무궁화, 개나리, 쥐똥나무, 명자나무

12. 선형 식재(線形植栽, linear planting)

같은 수형(樹形)의 수종(樹種)을 일정한 식재거리로 곡선 또는 직선으로 식재하는 것을 선형식재(線形植栽)라 한다. 가로수(街路樹, street tree)가 대표적인 선형식재이다.

선형식재는 같은 수종이어야 하며, 수형도 모두 똑같아야 하고, 규격도 같아야 한다. 선형식재는 시선을 유도하며 길을 안내하는 역할을 한다.

서울시립대 캠퍼스   미국 디즈니월드(올랜도, 플로리다주)

선형 식재

13. 앞면 식재(face planting)

키가 큰 상록수의 앞쪽이나 산울타리 앞쪽의 뿌리목 부분 지면에 키가 작은 화초나 관엽식물을 식재하는 것을 앞면식재(face planting)라 한다. 상록수 밑 부분이나 상록수 산울타리의 밑 부분 지면에 화초의 아름다운 꽃이나 관엽식물의 예쁜 잎들은 단순한 색조에 다양한 색채가 도입됨으로써 훨씬 아름다운 경관을 연출하게 된다.

앞면 식재

14. 완충 식재(緩衝植栽, buffer planting)

급격한 충격이나 충돌을 중간에서 완화시키는 것을 완충이라 한다. 조경에서는 용도지역이 다른 두 지역간에 충돌을 예방하기 위하여 숲을 조성하게 되는데, 이러한 식재를 완충식재(緩衝植栽, buffer planting)라 한다.

도시계획에서는 이러한 곳을 완충녹지(緩衝綠地, buffer green space)라고 한다.

주거지역에 인접한 공업지역에는 가스, 분진 등의 대기오염과 소음, 진동, 악취 등의 공해가 발생하므로 주거지역 주민들에게 피해를 받기 쉬우므로 이를 완화시킬 목적으로 주거지역과 공업자역 사이의 공간에 식재하는 것이 완충식재이다.

완충식재

15. 위요 식재(圍繞植栽, enclosure planting)

위요식재는 식물로서 주위를 둘러 감싸서 식재하는 것이다. 위요공간 내에서는 포근하고 편안한 느낌을 준다. 위요식재는 2가지가 있다.

관목으로 둘러싸인 공간 내에서 초점은 조각물로 집중된다.

덩굴식물로 둘러싸이고 위에는 덮힌 위요공간으로 밖에 조망은 트이고 미풍이 불어온다.

하나는 눈높이(pix) 아래의 식물 크기로 둘러싸서 식재하는 것이다. 위요식재 건너편의 조망은 방해받지 않지만 공간을 분할하게 된다. 공간의 확대를 줄이거나 건너편의 경관을 제한하는 것에 대한 인간척도를 증가시키는 효과가 있다.

다른 하나는 눈높이 이상의 식물 키로 전체를 둘러싸서 식재하는 것이다. 위요경관 내에서 시선(視線)을 집중시킬 수 있고 눈높이를 초과하는 조망을 제한하게 된다.

위요식재 내에서는 열린 경관의 차단에 대한 보상으로 충분한 시각적 흥미가 있어야 한다.

16. 유도 식재(誘導植栽, inducement planting)

보행자나 차량의 진로를 안내하고 지시하기 위하여 식물을 식재하는 것을 유도식재(誘導植栽)라 한다.

식물은 좌회전으로 시선을 돌리게 한다.

식물은 시선을 사당쪽으로 유도한다.
(경주 양동마을의 손동만가의 사당)

유도식재

정원이나 공원에서 보행자를 위해 원로(園路)를 따라 양쪽에 키가 작은 식물을 식재하거나 또는 숲 속의 도로에서 후미진 곳에 일정한 간격으로 자작나무를 식재하게 되면 줄기가 하얀 빛이어서 낮에도 쉽게 볼 수 있고 특히 야간에는 흰 줄기의 빛이 반사되어 휘어진 길을 안내하게 된다.

산책로에서도 숲길은 훌륭한 유도식재가 된다.

17. 입구 식재(入口植栽, entrance planting)

일반 가정의 주택에서 현관 양쪽에 배치한 식물 용기(容器, container), 사무실의 건물이나 공동주택의 현관, 공원의 출입구 등에 양쪽으로 나무를 식재하는 것을 입구식재(入口植栽)라 한다.

여기에 이용되는 식물은 양쪽 모두 같은 수종으로 수형이 같고 크기가 같아야 한다. 건물의 현관이나 공원의 입구를 지시 또는 안내하는 역할을 하게 된다.

사각기둥형으로 전정한 상록수(미국 버지니아 공대)

자연형의 상록수(버지니아 공대)

현관에 무궁화나무를 식재하였다(미국 버지니아주)

입구식재

18. 중앙분리대 식재(中央分離臺植栽, median planting)

자동차 도로 또는 고속도로에서 상행선과 하행선 사이에 있는 중앙분리대에 식물을 식재하는 것을 중앙분리대식재(中央分離臺植栽)라 한다.

중앙분리대에 식재하는 목적은 야간에 상대방 차선에서 다가오는 전조등(前照燈, head light)의 섬광을 식물로 식재하여 가리려는 것이다.

갑작스러운 섬광은 운전자의 시선을 잠깐 마비시켜 캄캄해져 운전을 잠시 못할 수도 있어 사고를 사전에 예방하기 위하여 중앙분리대에 식물을 식재하여 섬광을 차단함으로써 운전자의 시선을 보호할 수 있고, 안전운전을 도모하게 된다.

중앙분리대식재(동국대 경주캠퍼스)

19. 테두리 식재(edge planting)

화단(花壇, flower bed)이나 경재화단(境栽花壇, flower boarder), 식재상(植栽床, planting bed) 등에서 가장자리에 키가 낮은 식물재료, 즉 채송화, 스위트 앨리섬 등의 화초나 회양목, 백정화 등 키가 낮게 자라며 전정에 강한 상록관목식물들로 테를 둘러서 식재하는 식물을 테두리 식물(edging plants)이라 하며 이러한 식재를 테두리식재(edge planting)라 한다.

테두리 식물은 일반적으로 키가 낮게 자라고 가지와 잎이 치밀하게 자라는 식물들이 이용된다.

회양목

화초

테두리식재

20. 통합 식재(統合植栽, integration planting)

조경식물들은 경관(景觀)에서 인도, 차량 진입로, 건물, 파티오 등 그 밖의 구조물들과의 통합, 즉 잘 어울리는 기능을 할 수 있다. 이 구조물들은 색채, 질감, 형태 등이 조화(調和)를 잘 이루지 못하기 때문에 파괴적 요소가 될 수 있으나 조경식물들은 이들 다양한 요소들의 영향을 줄일 수 있다. 모든 구조물들이 식물에 의해서 전체 주위를 둘러싸야 하는지 완전히 가려야 하는지를 제시하지 못한다.

조경식물은 경관요소로서 구조물의 요소들과 통합(統合)되고, 우세한 선을 방해하거나 유순(柔順)하게 전략적으로 배치될 수 있다. 조경식물은 경관과 부지에 대해서 건물들이 통합(統合)을 이루는데 이용되어야 한다.

조경식물은 건축물과 경관의 질감, 선 등 모두 통합되어 잘 어울려야 한다.

통합 식재

21. 틀짜기 식재(enframement planting)

건축물, 구조물, 시설물, 조각품, 특정 식물 등을 숲 사이에 펼쳐진 틈 사이로, 즉 조망의 시야가 제한된 틀을 통해서 바라다보면 조망은 증대된다. 이와는 반대로 펼쳐진 조망은 초점으로서의 조망이 시각적으로 뚜렷하지 못하고 강조되지도 못한다.

초점이 될 수 있는 건물에 식재를 기술적으로 틀(frame)로 짜서 자리를 잡는다면 극적인 효과를 낼 수 있다. 적절한 틀짜기 식재에서 교목(trees)의 적당한 비율로 봐서 건물보다 높지는 않더라도 건물높이 만큼은 되어야 한다. 건물 옆에 서 있는 교목들이 키가 너무 크면 건물은 작아 보일 것이다. 만일 적절한 비율이 되었다면 틀짜기에서 건물은 아담한 경관을 이루게 된다.

틀짜기 식재를 위해서 교목(숲)의 배치는 건물을 바라다보는 우세한 조망의 각도에 따라 달라진다. 보행자나 차량 운전자가 건물 앞을 지나갈 때 정면으로 조망하는 것이 우세한 경관이 되므로 숲은 건물 좌우로 배치하게 된다. 이 건물의 방문자는 양쪽 숲 사이에 시선을 건물 쪽으로 옮겨서 도달하게 될 것이다.

미국 워싱턴DC에 자리 잡은 백악관은 건물 좌우의 숲 사이로 바라다 보임으로써 건물이 초점으로 자리를 잡아 시각적 효과를 내고 있다.

미국의 캐피털(국회의사당; 워싱턴 DC)　　　　　미국의 화이트 하우스

식물은 틀을 구성한다

22. 바위틈 식재(crevice planting)

바위 옹벽의 돌 틈 사이, 즉 바로쌓기나 들여쌓기 방식의 경우에서 돌과 돌 사이의 빈 틈 사이에 심는 식물을 바위틈 식물(crevice plant)이라 한다. 여기에 이용되는 식물은 고산식물(高山植物)이거나 건조에 강하고 늦게 자라는 관목이나 초본식물들이다. 흔히 산철쭉, 회양목, 바위취 등이 이용된다. 또한 포장 보도에서 디딤돌(stepping stones) 사이에 산토리나(santolina), 백리향(tyme), 로마 캐모마일(rome camomile) 등의

바위틈 식재

허브식물이 식재된다. 디딤돌 사이에 허브식물을 식재하면 발걸음이 스칠 때 허브식물에서 향기가 발산하여 기분좋게 걸을 수 있다. 이러한 바위틈이나 디딤돌 사이에 식재하는 것을 바위틈 식재(crevice planting)라 한다.

23. 표본 식재(標本植栽, specimen planting)

표본식물(specimen plant)은 특별히 아름다운 한 그루의 수종이 그 형태, 크기, 질감 등을 모두 잘 나타내어 어느 방향에서 보더라도 좋은 모양으로 보이는 식물이며 표본식물을 식재하는 것을 표본식재(標本植栽)라 한다.

표본식물은 분명하고 뚜렷한 요소로서 이용되는 것을 보장할 수 있는 특성을 지녀야 한다. 형태, 색채, 질감 등에 있어서도 모두 특출해야 한다.

표본식물은 독특한 특성이 있어야 하기 때문에 어느 곳에 놓이더라도 즐거움을 줄 수 있다. 표본식물은 다른 경관요소들로부터 멀리 떨어져 있는 한 그루의 식물로서 이용될 수 있고 또는 관목 경재화단(shrub border)에 배치될 수 있다. 만일 경재식재(境栽植栽)에서 표본식물이 어떤 다른 식물들과 차별화된다면 색채, 질감, 잎, 모양, 크기 등의 특성이 뚜렷해야 한다.

가장 단순한 식재기법의 하나는 단 한 그루만의 표본식물(標本植物, Specimen plant)을 식재하는 것이다.

표본식물은 축선상(軸線上)의 끝에서 종점특질(終点特質, terminal feature)로 이용되기도 하며 건물, 잔디밭, 파티오(patio) 등과 관련되는 곳에서 강조로서도 이용된다. 이 경우에는 시선을 끌 수 있기 때문에 표본식물은 강조(强調)되는 곳에 놓이게 된다.

표본식재(버지니아 공대)

24. 하층 식재(下層植栽, understory planting)

하층식재는 상층목(上層木, overstory)의 수관 밑쪽에 식재하는 식물을 하층목(下層木, understory)이라 하며, 이러한 식재를 하층식재(下層植栽)라 한다. 일반적으로 자연상태에서 숲은 층화(層化, stratification) 또는 일명 성층구조(成層構造, stratification, p.106 그림 참조)를 이룬다. 높은 곳을 차지하는 상층목은 양수이면서 높게 자라는 교목이고 그 밑에 자라는 하층목은 음수이기 때문에 상층목 밑에서 약한 광선을 잘 이용하며 자라는 키가 작은 관목이 된다.

소나무 밑에는 진달래가 잘 자라고 있다. 소나무는 양수이고 상층목이며 진달래는 음수이고 하층목이 된다. 소나무의 수관 밑에 진달래나무, 조릿대 등 음수를 식재하는 것이 대표적인 하층식재이다.

하층식재(소나무는 상층목이고 그 밑에 조리대는 하층식재이다)

11
연못과 수생식물

조경에서 수경관(水景觀) 요소들로는 연못, 분수, 폭포, 계류 등이 있다. 폭포와 분수, 계류 등은 동적 요소(動的要素)이며, 연못은 정적 요소(靜的要素)가 된다. 또한 연못이나 폭포, 계류 등은 자연에 순응하는 동양적인 것인 반면에 분수는 자연에 역행하는 서양적인 것이다. 물은 위에서 아래로 흐르기 때문에 이것이 순리요 자연의 법칙인 것이다. 그러나 분수는 아래에서 위로 솟구치기 때문에 순리에 역행한다.

우리나라를 비롯하여 동양에서는 예로부터 정원에 연못이 유행하였다. 경주에 안압지, 부여에 궁남지 등을 보아도 알 수 있다. 조선시대에는 중국 송나라 주돈이의 애련설에 영향을 받아 궁궐이나 사대부의 집 정원에 못을 파고 연꽃을 식재하는 것이 유행이었다.

오늘날에도 가정의 정원에서나 공원에 못을 만들고 연꽃이나 수생식물을 즐겨 식재한다.

연못은 정원에서 하나의 장식적 요소가 된다. 연못에는 물이 담겨 있어 정원 내에 습도를 유지할 뿐 아니라 물에서 자라는 연꽃, 수련, 부레옥잠, 물상추 등 수생식물(水生植物)들의 꽃과 잎들은 매우 매력적이다.

1. 연못

1) 지상 연못(地上, raised ponds)

지상 연못은 포장된 정원이나 공원에서 땅을 파지 않고 지상에 돌이나 벽돌 등으로 쌓아 담을 두르고 물을 가둔 것으로서 단단한 땅을 파지 않아도 되며 연못 가장자리에서 수생식물들을 즐겁게 바라볼 수 있다.

시선을 물 가까이로 옮길 수 있고 시각적 즐거움과 물이나 수생식물을 만져볼 수도 있는 매력적인 연못이 된다. 특히 작은 정원에서 지상 연못은 빛을 끌어들이거나 반사시키며 그늘진 장소에서는 시원함을 더해준다. 물에 비친 그림자는 작은 정원에서 높은 담이나 펜스로 둘러싸인 지상 연못의 최대 장점이 된다.

2) 생태 연못(生態, wildlife pond)

연못에서 물의 더할 나위없는 매력 중의 하나가 정원에 다양한 야생동물들을 불러 모을 수 있는 것이다. 도시정원에서 연못은 새, 양서류, 곤충들이 찾아와서 먹이를 찾거나 쉴 수 있는 장소가 된다. 생태 연못은 수생식물이 무성해야만 야생동물들에게 매력적으로 보인다.

생태 연못에서 가장 중요한 것은 연못 바닥에 토양층을 만드는 것이다. 이 토양층은 수생식물이 뿌리를 박을 수 있을 뿐만 아니라 곤충들의 애벌레들이 그 자신을 보호할 수 있는 이상적인 환경이 된다.

연못의 가장자리는 양서동물들이 쉽게 접근할 수 있도록 처리되어야 한다. 연못 가운데는 작은 섬들을 두어서 습한 토양에 골풀이나 사초과 식물들이 자라게 두고 또한 개구리가 안전하도록 하며, 자라, 남생이, 두꺼비들이 햇볕을 쬐일 수 있도록 하여야 한다. 물가에도 곤충들의 먹이 제공을 위하여 습지식물들이 무성하여야 한다.

3) 습지원(濕地園, bog garden)

습지원은 기하학적으로 모양을 갖추고 그 주변을 포장한 것이 아니라 자연형태로 가꾸어진다. 습지원은 거친 경관을 무성한 초록으로 도입할 수 있는 최선의 방법이 된다. 습지에서 잘 자라는 식물의 선택은 물가 식물보다도 훨씬 더 다양하다.

습지원은 늘 물기가 있어서 원로에는 디딤돌, 철도 침목, 통나무 디딤돌, 널다리, 섶다리 등으로 만들어진다.

4) 용기원(容器園, container garden)

수생식물이 자랄 수 있는 용기(container), 즉 돌확돌로 만든 절구, 돌을 오목하게 판 물건, 항아리, 자배기운두가 과히 높지 않고 아가리가 넓게 벌어져 둥글넓적한 질그릇, 고무 자배기 등에 물을 부어 넣고서 수생식물을 화분에 심어 여기에 담가서 재배한다.

2. 수생식물의 식재

1) 수생식물의 식재용기

수생식물의 식재용기(植栽容器)는 플라스틱 바구니로 옆면에 구멍이 나있어서 용기 안으로 수분 통과가 쉽고 뿌리가 호흡하기에도 좋다.

용기의 형태는 원형, 사각형, 높은 것, 낮은 것 등 용도에 따라서 선택된다.

식물의 뿌리가 용기 밖으로 나오게 되면 용기를 좀 더 큰 것으로 바꾸어 주거나 포기나누기할 때가 된 것을 알리는 것이다.

2) 식재 배양기

수생식물의 생육을 위하여 식재용기에 들어 갈 배양기(培養基)로서 적당한 토양은 유기물의 함량이 너무 많지 않은 밭 흙이 적당하다. 산성 토양이거나 알칼리성 토양은 피해야 하며, 분해가 빠르거나 모래흙인 경우에는 양분이 너무 적고, 밭 흙을 사용하는 경우에는 돌이나 엉성한 유기물들을 제거해야 한다.

3) 식재 시기

수생식물의 식재 시기는 휴면기에는 건드리지 말고 생장기간에만 식재해야 하고, 따뜻한 물속에서는 쉽게 활착이 된다.

가장 이상적인 식재 시기는 햇빛이 오랫동안 비춰서 물이 따뜻해지고 햇빛이 충분한 늦은 봄이 좋다.

만일 가을이 좀 남았다고 해서 식재한다면, 물이 약간은 따뜻하다고 할지라도 점차적으로 차가워지고, 뿌리는 겨울이 오기 전에 활착하는데 그러면 시간이 부족하게 될 것이다.

4) 수생식물 식재

연못이 천연 연못이어서 땅바닥의 흙이 최소 15cm 이상이 된다면 흙에 곧바로 심어도 된다. 이러한 경우에 수생식물은 빠르게 퍼져나가서 이상적인 식재가 된다.

인공 연못에서는 용기에 수생식물을 식재한 다음에 용기채로 연못바닥에 앉혀야 한다.

5) 식재 깊이

(1) 물가 식물

물가 식물의 식재방법은 3가지가 있다. 즉 연못바닥에 곧바로 심는 것, 식재용기에 심는 것, 고정식재상(固定植栽床, permanent planting bed)에 심는 것 등이다.

물가 식물은 얕은 물에서 잘 자라는데 식물의 뿌리 목(root collar)이 물에 잠기는 것이 중요하다.

연못바닥에 곧바로 심는 것은 식물의 땅속줄기가 쉽게 뻗어나갈 수 있다.

고정식재상은 인공연못을 조성할 때 물가에 만든 붙박이 시설물이다.

(2) 깊은 물 식물

수련이나 연꽃의 식재방법은 자연 못에서는 연못의 흙바닥에 곧바로 식재하게 되지만 인공연못에서는 식재용기에 심은 후에 물속에 용기를 넣는 방법이다. 이 식물의 뿌리는 땅속줄기(地下莖, rhizome)로 번식하는 것으로서 땅속줄기는 땅속에서 줄기가 수평으로 뻗어나가고 여기서 잎자루와 잎이 나오고 또한 긴 꽃자루가 수면 위로 올라와서 꽃이 핀다. 수련의 잎과 꽃은 수면 위에 뜨지만 연잎과 연꽃은 수면 위로 높게 올라온다.

땅속줄기는 용기에 식재한 후 얕은 물에 넣고 완전히 활착된 다음에 새 잎이 올라오면 깊은 물 속 연못 바닥에 식재용기를 내려놓는다.

(3) 습지식물

습지를 좋아하는 식물은 자연 못이나 물가 가까운 곳의 토양에 식재한다. 계류(溪流)에는 습지를 좋아하는 식물들이 잘 자라는 곳이고, 토양의 침수가 되지 않는 것이 좋다. 또한 접근을 위해서는 디딤돌(stepping stones), 철도침목, 나무판자 등을 깔아서 원로를 만들고, 이때 토양이 다져지기 쉬우므로 수시로 경운을 하여 토양을 부드럽게 해 주어야 한다.

3. 수생식물(水生植物, aquatic plants)의 종류

1) 물가 식물(marginals)

물가 식물은 식물의 뿌리와 줄기의 밑동이 모두 물에 잠기는 식물을 가리킨다. 깊은 물에서는 견디지 못하고 얕은 물에서 잘 자라며 계절적으로 여러해살이 식물이라 하더라도 여름철에만 물가에서 자라며, 겨울철에 지상부는 죽어도 뿌리는 얕은 물에서 찬바람과 서리에 견디며 생존한다.

물가 식물의 생육을 위해서 수면의 깊이는 20cm 정도가 되어야 한다.

• 부들(*Typha orientalis*, cat's tail)

여러해살이 식물이며, 전국 못가의 얕은 물에서 잘 자란다. 줄기는 높이 100~150cm이고, 잎의 길이는 80~130cm, 너비 5~8mm이다. 꽃은 7월에 피며 암꽃의 이삭과 수꽃의 이삭이 붙어 있으므로 빈틈이 없다. 수꽃의 이삭은 윗부분에 달리며 길이는 3~9cm이고, 암꽃의 이삭은 길이가 6~10cm이며, 암수 이삭은 서로 붙어서 달린다. 애기부들(*T.angustata*)은 수꽃이 위쪽에 달리고 6~20cm 아래에 암꽃이 달린다.

• 파피루스(*Cyperus papyrus*, egyptian paper plant)

여러해살이 식물이며 줄기는 60~90cm로 자란다. 햇빛이 들거나 반그늘에서도 잘 자란다. 꽃은 여름에 피지만 보잘 것 없다. 번식은 생장기간에 포기나누기한다. 줄기는 튼튼하고 그 끝에 가는 잎이 산형으로 나온다.

• 시페루스(*Cyperus alternifolius*, umbrella plant)

여러해살이 식물이며 높이 1.5m 포기 45cm로 자란다. 줄기 끝에서 나오는 잎은 차바퀴모양이며 사방으로 퍼진다. 직사광선이나 밝은 빛이 요구되며 화분에 심어서 물에 담긴 용기에 넣어둔다.

• 속새(*Equisetum hyemale*, horse tail)

여러해살이 상록식물이며 높이는 30~60cm로 자란다. 땅속줄기는 옆으로 뻗으며, 줄기는 무더기로 나오는 것처럼 갈라져서 자라지만 가지는 없으며, 짙은 녹색이고 마디와 마디 사이에 10~18개의 모가 나있고 규산염이 축적되어 단단하다. 옛날에는 목가구를 다듬는 데 쓰였다. 제주도와 강원도 이북의 숲속 습지에 난다.

• 솔잎사초(*Carex biwensis*)

여러해살이 식물이며 전국 산기슭의 물가나 응달진 습지에서 자란다. 줄기는 높이 15~30cm이고, 여러 개가 뭉쳐서 나며 세모 진다. 잎은 줄기보다 짧고 너비는

1~2mm로 실같이 갈라진다. 꽃은 5월에 줄기 끝에 달린다.

2) 부유식물(浮遊植物, free-floating plants)

이 식물은 수면 위에 떠서 살면서 햇빛을 차단하여 말(algae) 식물의 번식을 막을 뿐만 아니라 뿌리에서 무기염류를 흡수하며 물고기의 서식처 역할도 한다.

- ### 부레옥잠(*Eichornia crassipes*, water hyacinth)

여러해살이 식물이며 햇빛이 충분히 들어야 한다. 꽃은 여름철에 보랏빛으로 예쁘게 핀다. 번식은 여름철에 포복경을 내어서 어린식물체가 떨어져 나간다. 열대식물이어서 겨울에는 실내에 들여 놓아야 한다.

- ### 물상추(조개풀, *Pistia stratiotes*, water lettus, Shall plant)

여러해살이 식물이며 햇빛이 충분하여야 한다. 꽃은 여름에 피는데 보잘 것 없다. 번식은 여름철 생장기간에 어미그루에서 새끼그루가 떨어져 나간다. 잎은 물에 떠있고 뿌리는 수염뿌리이며, 물속에 잠겨 있다. 열대식물이어서 겨울철에는 실내에 들여 놓아야 한다.

3) 깊은물 식물(deep-water plants)

물가 식물과는 달리 수심이 깊은 연못에서 잘 자라는 것으로 수면에서 잎이나 꽃을 매력적으로 장식하며 잎자루가 길게 자라고 뿌리는 지하에 땅속줄기에서 나와 생장한다.

- ### 수련(水蓮, *Nymphaea*, water lily)

식재 깊이는 수심이 최소한 25cm 이상이 되어야 하며, 포기는 옆으로 퍼지며 꽃은 여름철 내내 낮에만 핀다. 잎은 진한 녹색으로 둥글며 물에 뜬다. 꽃은 19°C 이상만 되면 계속해서 핀다. 여러해살이 식물이며 번식은 봄에 분구한다.

재배변종
Nymphaea 'Aviator Spring' 노랑빛 꽃이다.
Nymphaea 'Blue Beauty' 보랏빛 꽃이다.

Nymphaea 'Panama Pacific' 분홍빛 꽃이다.

Nymphaea 'Red Flare' 빨강빛 꽃이다.

Nymphaea 'Gladstoneana' 꽃잎이 흰색이다.

Nymphaea 'Sir Galahad' 꽃잎이 흰색이고 납작하게 펴진다.

• 연꽃(*Nelumbo nucifera*, sacred lotus, east indian lotus)

식재 깊이는 수심 50~80cm가 적당하며, 식물의 높이는 180~240cm이다. 햇빛이 충분히 들어야 하며 꽃은 한 여름에 핀다. 실생 번식은 봄에 15℃에서 발아한다. 여러해살이 식물이며 번식은 봄에 분구한다. 자생지는 인도와 중국의 남부 아열대지역이다.

재배변종

Nelumbo nucifera 'Alba Grandiflora' 흰꽃이다.

Nelumbo nucifera 'Momo Botan' 분홍이고 겹꽃이다.

Nelumbo nucifera 'Baby Doll' 흰색이고 겹꽃이다.

Nelumbo nucifera 'Mrs Perry D. Slocum' 주황색이고 겹꽃이다.

• 순채(*Brasenia schreberi*)

여러해살이 부엽식물이며, 근경(뿌리줄기)은 굵고 옆으로 뻗으며 줄기는 가늘고 길다. 잎은 어긋나며 타원형으로 길이 6~10cm, 너비 4~6cm이고 뒷면은 자주색이다. 어린잎과 줄기는 점액물로 덮여 있으며, 잎자루가 길게 자라 잎이 물 위에 뜬다. 꽃은 7~8월에 1송이씩 줄기 끝에서 홍자색으로 피며, 지름은 2cm이고 물 위로 내민다. 중부 이남의 연못에 나며 세계적으로 우리나라에만 1종이 있는 희귀종이다.

• 어리연꽃(*Nymphoides indica*)

여러해살이 식물이며, 수염뿌리가 진흙 속으로 뻗으며 잎은 둥글고 길이 7~20cm이고, 꽃은 7~8월에 수면으로 긴 꽃자루에 1.5cm 정도의 흰색 꽃이 피고, 아침에 피었다가 오후에는 진다. 중부 이남의 연못이나 도랑에 난다.

• 노랑 어리연(*Nymphoides peltata*)

여러해살이 식물이며, 근경은 옆으로 뻗으며 잎은 물 위에 뜨며, 난형 또는 원형으로 길게 5~10cm이고 잎가에는 톱니가 있고 뒷면은 자주빛이다. 꽃은 6~8월에 수면 위로 3~4cm 크기의 진노랑 꽃이 긴 꽃자루 끝에서 피고, 아침에 피었다가 오후에는 지는 하루살이 꽃이다. 전국 각지의 늪, 연못, 도랑에 난다.

- 개연꽃(*Nuphar japonicum*)

여러해살이 식물이며, 근경은 굵고 옆으로 뻗는다. 잎은 근경에서 나오며 수중엽은 길고 좁으며 가장자리는 파상이며, 물 위 잎은 장타원형으로 길이 20~30cm, 너비 7~12cm이며 앞쪽은 광택이 있고 뒤쪽은 자갈색이다. 꽃은 8~9월에 수면 위로 4~5cm 크기의 진노랑 꽃이 긴 꽃자루 끝에서 핀다. 중부 이남의 개울, 연못, 늪에서 난다.

- 왜개연꽃(*Nuphar pumilium*)

여러해살이 식물이며, 근경은 굵고 옆으로 뻗으며 그 끝에서 잎이 나온다. 잎은 물 위에 뜨며 난형 또는 타원형으로 길이 6~8cm, 너비 6~9cm이다. 꽃은 7~8월에 수면 위로 긴 꽃자루 끝에 2cm 크기의 노랑꽃이 핀다. 전라남도, 함경남도의 연못이나 늪에 난다.

- 가시연꽃(*Euryale ferox*)

한해살이 식물이며, 근경은 짧고 수염뿌리가 많이 나온다. 잎은 다 자라면 둥글게 되고 약간 퍼지며 지름이 20~120cm이고, 표면은 주름지고 윤채가 있고 뒷면은 흑자색이다. 온 몸에 가시가 있다. 꽃은 자주색으로 7~8월에 4cm 크기로 피며 밤에는 닫힌다. 중부 이남의 연못이나 늪에 난다.

- 아마존 수련(*Victoria amazonica*, amazon waterlily, royal water lily)

잎은 둥글고 물에 뜨는 데 너비가 1.8m에 이르고 잎 뒷면은 적자색이며 잎 가장자리는 수직으로 젖혀져서 테를 이룬다. 꽃은 여름에 흰색으로 핀다. 자생지는 남미의 아마존강이다.

4) 습지식물(濕地植物, moisture-loving plants)

물가 식물들은 일시적으로 건조해져도 생존해갈 수 있지만 습지식물은 수분이 부족하면 생존할 수 없으므로 토양에 습기가 항상 있어야만 살아남을 수 있다.

다음과 같은 습지식물들이 있다.

- 붓꽃(*Iris nertchcinskia*)
- 노랑 꽃창포(*Iris pseudo acorus*)
- 꽃창포(*Iris ensata* var. *spontanea*)
- 창포(*Acorus calamus* var. *angustatus, sweet flag*)
- 물매화(*Parnassia palustris*)
- 앵초(*Primula sieboldii*)
- 동의나물(*Caltha palustris*)
- 부처꽃(*Lythrum anceps*)
- 촛대승마(*Cimicifuga simplex*)
- 노루오줌(*Astilbe chinensis* var. *davidii*)
- 물망초(*Myosotis sylvatica*)

5) 물속 식물(submerged plants)

물밑 흙바닥에 뿌리를 박고 줄기는 물속에 잠겨 살면서 호흡작용과 동화작용을 하는 식물로서 대표적인 것이 붕어마름—과의 붕어마름이다. 광합성으로 물속에서 산소를 방출하고 물고기들의 배설물을 뿌리가 흡수하여 물을 맑게 하는 기능을 한다.

- **붕어마름**(*Ceratophyllum demersum*, hornwort)

여러해살이 식물이며 못이나 늪의 물속에서 자란다. 뿌리는 발달하지 않고 줄기는 가늘며 길이 20~80cm이다. 잎은 실처럼 가늘며 5~12개가 돌려나며 2~4회 갈라지고 길이 1.5~2.5cm이다. 꽃은 6~8월에 연분홍색으로 피는데 단성화이다.

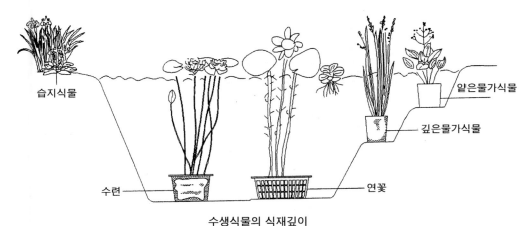

습지식물
수련
얕은물가식물
깊은물가식물
연꽃

수생식물의 식재깊이

속새   솔잎사초   시페루스

물가 식물

부레옥잠   물상추

부유식물

순채

노랑어리연꽃

연꽃

수련

깊은물 식물

12

조경식재와 조명

조경부지에서는 식재(植栽)가 끝난 다음에 마지막으로 조명(照明, lighting)을 하게 된다. 건축물, 교량, 조각물 등 그 밖의 시설물에 대한 조명은 흔한 것이지만 조경식물의 조명은 크리스마스 때나 동절기(冬節期)에 가로수와 정원수에 작은 전구(電球)들을 나무줄기와 가지에 매다는 것이 고작이었다.

주택의 정원에서도 야간에 옥외(屋外, outdoor)의 정원수에 조명을 하여 정원을 장식하는 것도 장관을 이룬다. 도시 주택정원이나 전원 주택정원 모두에서 조명이 요구된다. 낮의 정원도 아름답지만 야간에 극적인 조명을 함으로써 또 다른 경관을 연출할 수 있다. 정원에서 교목과 관목, 파티오, 분수, 원로, 조각물, 연못 등에 조명을 하게 되면 새로운 차원이 된다.

1. 조명의 종류

1) 실루엣 조명(sillouette lighting)

실루엣 조명은 위쪽에서 조명 빛이 나와서 아래쪽에 후광(后光)이 생기게 되는 것과 아래쪽에서 조명 빛이 나와서 식물에 실루엣을 만드는 방법이 있다. 광원(光源, light source)은 시설물 뒤편의 담장, 펜스, 관목 숲을 향하고 전면에서는 매우 약한 밝기로 비친다.

2) 에칭 조명(etched lighting)

에칭 조명은 교목 수피의 질감, 돌담벽, 건축구조물 등에 강한 효과를 내도록 하는 것이다. 10~20cm 간격으로 있는 광원은 대상물의 표면을 나란히 향하게 된다.

3) 등고선 조명(等高線照明, contour lighting)

등고선 조명은 조명 대상물에서 심도와 삼차원적 특성을 만들어내기 위하여 사용하는 것이다. 조명은 여러 곳에서 많은 조명을 설치하고 여러 방향에서 대상물을 향한다.

4) 색채 조명(colored lighting)

색채 조명의 목적은 식물의 색채를 강조하는 것이 된다. 즉 대상물의 색채와 동일한 색광(色光, color light)에 의해 목적을 이룰 수 있다. 경우에 따라서는 조명이 보이기 위한 대상물이 될 수도 있다. 즉 잎과 가지보다는 조명과 그림자로 공간을 채워서 식물을 대체하기 위하여 색채 조명이 이용된다.

2. 조명기구의 설치 장소

옥외 조명에서 등기구(燈機具)의 설치는 가능한 시야로부터 감추어져야 한다. 조명설치를 너무 많이 해도 안 되지만 올바른 장소에 설치하는 것이 중요하다.

원로(garden path)와 보행자 도로에는 안전을 위해서라도 조명을 해야 한다. 모든 것은 아니지만 어떠한 교목이나 관목은 밝은 초점의 조명을 받을 만한 것이 있다. 가지가 있는 교목이나 조각물에 초점 조명을 하려면 다른 곳보다는 더 밝게 해야 한다.

야경의 한 부분을 이루고 있는 기존의 220볼트 표준전압(標準電壓) 조명시스템은 더욱 다양하게 이용되고 있다. 이 시스템은 더 이상 전선(電線)을 견고한 관(管)속에 보호해야 할 필요가 없다. 새로운 화학적 피복을 한 전선은 땅속에 직접 매설할 수 있다. 편리한 조명은 저전압 시스템을 설치하는 것보다 더욱 많은 시간과 노력이 따른다.

전선 매립은 적어도 50cm 정도의 땅을 파고 묻어야 한다. 사각상자(outlet box)는 필수적이고, 관로 케이블(trench cable)은 일반적으로 접지(接地)를 해야 한다. 이러한 작업은 자격증이 있는 전공(電工)이 해야 한다.

저전압(低電壓) 조명시스템(12볼트 이하)은 매우 안전한 편이다. 만일 삽으로 땅을 파다가 전선이 끊어지더라도 스파크는 일어나지만 충격은 안 생긴다. 저전압 시스템의 비밀은 주택 가장자리에서 옥외로 쉽게 끌어내어 쓸 수 있기 때문이다. 저전압 조명은 부드럽고 정원을 드라마틱하게 만들 것이다. 또한 정원에서 계단, 원로, 화단 등을 따라서 장식적 효과를 낼 수도 있다.

3. 전구(電球)와 조명기구

옥외 조명을 위한 조명기구는 PAR(포물면형, 抛物面形 ; parabolic)램프이다. 이것은 물, 눈, 얼음 또는 급변하는 기온에 영향을 받지 않는다. 이것은 버섯모양의 밀폐된 기구로서, 다른 것들이 점조명(点照明)을 하는 데 비해 대부분의 PAR램프는 일광조명(溢光燈, flood lighting)을 한다. 이것들은 75, 100, 150W의 것이 있고 200, 300, 500W 등 고광도의 전구가 조경에서 이용될 수도 있다. 방수 소켓으로 램프를 설치해야 한다.

일반주택의 전구는 옥외에서도 사용할 수 있다. 벽부착(wall bracket)등기구와 원로 조명기구(path fixture)에 사용되는 15W 또는 25W의 전구는 기상으로부터 보호가 필요 없지만 높은 와트의 전구는 보호장치를 해야 한다. 조명이 선상(線狀)으로 요구되는 곳, 즉 화단이나 원로 등에서 15~40W의 형광등(fluosescent lamp)을 방수 소켓 속에서 이용할 수 있다.

옥외에서는 백색(cool white)이나 주광색(daylight)이 가장 좋다. 수중(水中) 조명기구는 PAR 램프 조명기구처럼 공모양의 기구로 하거나 분리된 상자에 장치한다. 빨강, 파랑, 초록 등의 강한 색채만 피한다면 축제 효과를 낼 수 있다. 분홍, 청백색, 노랑, 호박색 등이 가장 무난한 선택이다.

조명기구의 설계는 매우 다양하다. 어떤 것은 매우 장식적이어서 꽃, 잎, 바위, 개구리 모양들도 있고, 어떤 것은 이동식이 있는가 하면 어떤 것은 집의 기둥이나 처마 또는 교목의 줄기에 고정시키는 것도 있다.

4. 교목과 관목의 조명

많은 교목과 관목은 천연광(天然光)을 받는다. 식물의 우상복엽(羽狀複葉)이나 울퉁불퉁한 가지들은 다른 것보다 더 찬란해 보인다. 치밀한 잎을 지닌 식물들은 일반적으로 조명을 잘 받지 못한다. 낙엽교목이나 낙엽관목들을 적절하게 조명한다면 겨울철에는 항상 흥미롭다.

만일 교목이 우산형인 경우에는 잎에 상향조명을 하게 되면 느릅나무처럼 된다.

조명시설물은 지면이나 교목의 밑 부분에 설치할 수 있다. 만약 줄기가 굵고 가지가 많이 퍼진 큰 교목이라면 지면에서 조명을 하게 되면 광선이 잎 가장자리를 스치고 지나가게 된다.

능수버들 같은 능수형 교목이나 단풍나무의 어린 교목들은 잎에 직접 조명한다. 작은 잎을 지닌 교목은 이 방법으로 조명하는 것이 최선의 방법이다. 큰 나무의 특별한 질감을 강조하기 위하여 조명한 가지들은 에칭된다. 만일 교목이 담벽이나 펜스를 배경으로 하면 교목에 조명하는 것보다 실루엣으로 하는 후광(后光)이 이용된다. 치밀한 잎을 지닌 교목은 전체 형태의 바깥 가장자리를 목적으로 한 조명이 밝은 후광이 되어 아름답게 나타난다.

식물은 밤에 극적으로 될 수 있다. 즉 지면에서 후광조명이 될 수 있고 잎과 줄기는 은빛 광선으로 창(窓) 장식을 만들 수 있다. 한 그루의 식물은 일광조명(flood light)을 할 수 있으며, 같은 지역에서 다른 식물들도 차분한 빛으로 조명된다. 담장이나 펜스에서처럼 배경의 조명을 하게 되면 식물의 윤곽과 모양도 실루엣으로 하는 것이 가능하다. 전혀 다른 효과를 내기 위해서 광원(光源)의 위치를 바꾸기만 하면 그림자를 만들 수 있다.

5. 조명계획

조경에서 조명계획을 하자면 주택정원에서는 진입로(차량), 보도, 원로, 계단, 파티오, 정원 지역들을 분리시켜야 한다. 각 지역들은 각기 다른 종류의 조명처리가 요구된다. 비록 조경 조명에 대한 공식적인 접근은 아니더라도 모든 식물에 적용되는 일반적인 법칙이 있다.

정문이나 입구 또는 진입로(차량)에 대한 조명은 매력적이고 기능적이어야 한다. 손님을 현관까지 인도하려면 차분한 빛이어야 하며 밝은 빛은 불필요하다. 보도나 원로를 따라서는 낮은 조명시설물을 설치하여야 한다. 초점조명이나 일광조명은 피해야 한다. 만일 계단을 따라 현관으로 안내된다면 적절한 조명이 마련되어야 한다. 손님이 주택으로 걸어오면서 섬광에 눈이 부셔서 아무것도 안 보이게 조명시설을 설치해서는 안 된다. 이러한 것을 예방하기 위해 버섯형 조명이나 종형(鐘形) 조명 등의 시설물 종류들이 있다.

주택정원에서 파티오에는 밝은 조명이 요구된다. 파티오(patio월대, 月臺)에서는 대부분의 시간을 보내고, 가족들이 손님들과 함께 여기에 모이는 것을 좋아할 것이다.

상향조명 　　　　　　낮은 하향조명 　　　　　　높은 하향조명

초점조명 　　　　　　수중조명 　　　　　　반사조명

조경조명

대나무 상향조명 　　　　상향조명 　　　　　　하향조명

소전구 조명

식재와 조명

Part 2
식재 설계

도심의 숲속 휴식공간

1
조경식물의 기호 그리기

단원의 목표

- 조경식물의 기호를 이해한다.
- 조경식물의 기호를 그릴 수 있다.
- 조경식물의 기호를 산뜻하게 그릴 수 있다.

기호(記號, symbol)는 어떠한 뜻을 나타내기 위한 문자나 부호로 표현한다. 우리 인간은 기호 속에서 살아가고 있다고 해도 과언이 아니다.

자동차를 운전할 때에도 직진, 좌회전, 우회전, 되돌아가기(U-턴) 등은 모두 쉽게 기호로 나타낸다. 문장으로 쓰는 것보다 훨씬 보기도 쉽고 간단하다.

병원을 나타내는 적십자, 이발소를 표시하는 푸른색과 붉은색(핏줄과 근육)의 나선형 줄무늬는 생활 속의 기호이며, 여성(♀, 손거울)과 남성(♂, 창)을 의미하는 기호가 있고, 수학에서는 더하기(+), 빼기(−), 곱셈(×), 나눗셈(÷)의 기호가 있으며 아라비아 숫자는 각(角, angle)의 개수로 만든 기호 (1 2 3 4 5 6 7 8 9)이며 각이 없는 것은 ◯으로 표현한 것이다.

군사기호의 소대 · 중대 · 연대 · 여단 · 사단 등의 단위 부대 표시, 보병 · 포병 · 기갑 · 공병 · 통신 · 의무 등의 병과 표시, 공격 목표와 방어의 진지 표시 등 모두 간단한 기호로 나타낸다.

조경식물의 기호는 교목, 관목, 덩굴식물, 화초, 상록수와 낙엽수 등의 기호는 위에서 내려다본 그 식물의 질감과 가지의 패턴을 식물의 기호로 표현하고 있다.

1. 활엽수 윤곽선 기호

- 원형 템플릿으로 윤곽을 그린다.
- 가운뎃점은 수목의 위치 표시이다.

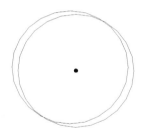

- 원형 템플릿으로 윤곽을 두 바퀴 그린다.
- 가운뎃점은 수목의 위치 표시이다.

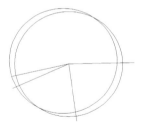

- 손으로 윤곽선을 두 바퀴 그린다.
- 중심점에서 윤곽선 방향으로 몇 개의 선으로 잇는다.

- 가운데에 점을 그린다.
- 점을 중심으로 8각형의 윤곽선을 그린다.

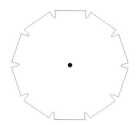

- 가운뎃점을 찍는다.
- 원형의 윤곽선을 그리고 선상에서 작은 반원형을 잘라낸다.

- 점을 찍는다.
- 부풀어 오르는 선으로 윤곽선을 그린다.

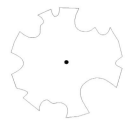

- 점을 찍는다.
- 과자 물어뜯은 모양을 낸다.

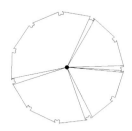

- 원형 윤곽선을 그리고 W자 모양으로 잘라낸다.
- 중심점에서 윤곽선으로 사방으로 몇 개의 선을 잇는다.

- 원형의 윤곽선을 굵게 안쪽은 가늘게 그리고 반원형으로 잘라낸다.
- 중심점에서 사방으로 몇 개의 선을 잇는다.

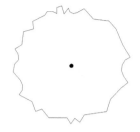

- 점을 찍는다.
- 윤곽선을 연필로 가볍게 그린다.
- 윤곽선을 가운데에 두고 고리를 그려 넣는다.

- 점을 찍는다.
- 윤곽선을 따라 불규칙하게 선을 이어간다.

- 점을 찍는다.
- 윤곽선을 그리고 몇 군데 고리 모양으로 잘라낸다.

- 위 그림에서 중심점을 향하여 바나나 모양을 그려 넣는다.

- 위 그림에서 윤곽선 안쪽에 삼각형, 사각형 등을 그려 넣는다.

- 고리 윤곽선 안에 중심점을 가운데에 두고 구불구불 그려 넣는다.

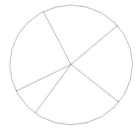
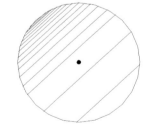

- 고리 윤곽선 안에 중심점에서 방사상으로 가지 모양을 몇 개 그린다.

- 맨손으로 윤곽선을 그린다.
- 방사상으로 가지를 몇 개 그린다.

- 중심점을 찍는다.
- 윤곽선을 굵게 그린다.
- 윤곽선 안에 빗금을 긋는다.

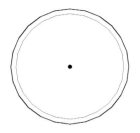

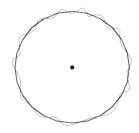

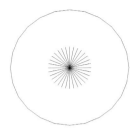

- 중심점을 찍는다.
- 바깥 외곽선을 굵게 그린다.
- 안쪽 외곽선은 가늘게 그린다.

- 중심점을 찍는다.
- 외곽선을 굵게 그린다.
- 가는 선으로 외곽선을 감아서 그린다.

- 중심점을 찍는다.
- 외곽선을 그린다.
- 중심점에서 방사선으로 줄을 그린다.

2. 활엽수 줄기 기호

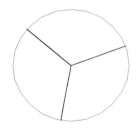

- 가볍게 윤곽선을 그린다.
- 1차 가지를 3~5개 그린다.

- 2차 가지를 윤곽선 방향으로 그린다.

- 1차 가지를 중심점에서 굵게 그리면서 차차 가늘게 그린다.

- 윤곽선을 가볍게 그린다.
- 중심점으로 U자 모양을 5~6개 그린다.

- 2차 가지를 그린다.

- 3차 가지를 그린다.

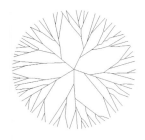  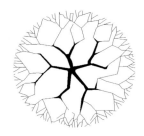

- 윤곽선을 연필로 가늘게 그린다.
- 중심점에서 사방으로 곧은 선으로 바깥쪽으로 뻗어 그린다.

- 윤곽선을 가늘게 그린다.
- 중심점에서 사방으로 구불구불한 선으로 바깥쪽으로 그린다.

- 윤곽선을 그린다.
- 모양을 중심점에서부터 굵게 그리고 차차 줄기가 갈라지면서 가늘게 그린다.

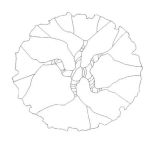 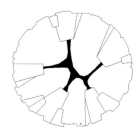 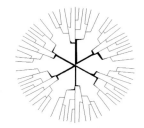

- 윤곽선은 부드러운 곡선으로 그린다.
- 굵은 가지를 꾸불꾸불하게 그리고 잔가지도 꾸불꾸불하게 그린다.

- 윤곽선은 군데군데 꺾어서 그린다.
- 가지모양은 포크(fork) 모양으로 그린다.

- 가지모양은 날 출(出)자 모양으로 그린다.

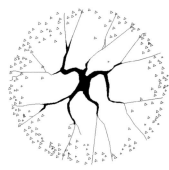 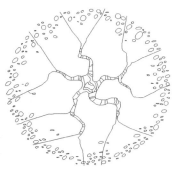

- 가지 끝 부분에 삼각형 표시를 해서 잎사귀를 만든다.

- 가지 끝부분에 동그라미 표시를 해서 잎사귀를 만든다.

3. 잎의 질감이 있는 교목기호

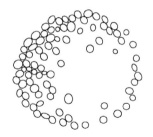

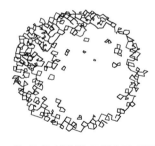

• 원 안에 동그라미를 그려 넣는다.

• 원 안에 사각형 모양으로 그려 넣는다.

• 원 안에 꽃 모양으로 그려 넣는다.

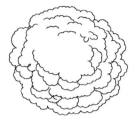

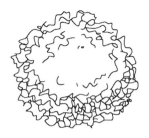

• 원 안에 별모양으로 그려 넣는다.

• 원 안에 U자 모양으로 그려 넣는다.

• 원 안에 굵고 가는 선으로 구불 구불하게 그려 넣는다.

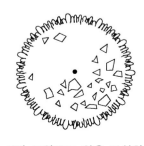

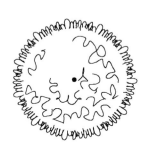

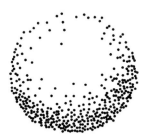

• U자 모양으로 원을 구성하고 그 안에 삼각형, 사각형을 그려 넣는다.

• U자 모양으로 원을 만들고 그 안에 구불구불하게 선을 그려 넣는다.

• 원 안에 굵은 점을 찍어 그린다.

4. 음영 기법

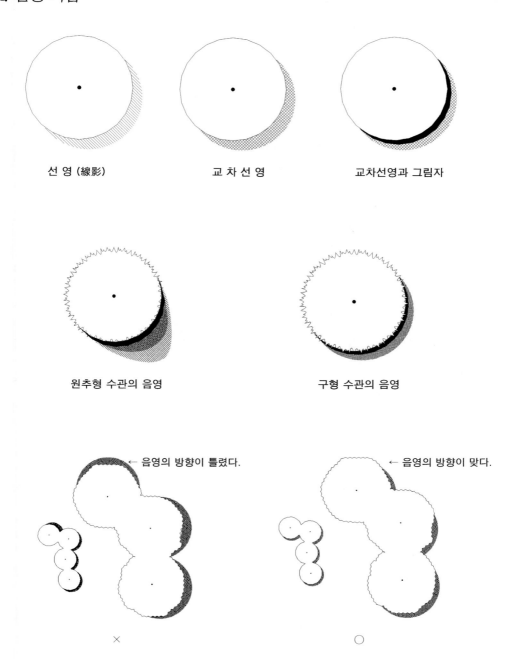

선 영 (線影)

교 차 선 영

교차선영과 그림자

원추형 수관의 음영

구형 수관의 음영

← 음영의 방향이 틀렸다.

← 음영의 방향이 맞다.

×

○

5. 방사형 기호 그리기

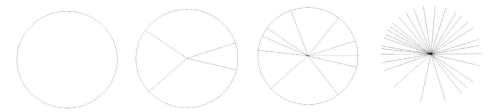

- 윤곽선을 가볍게 그린다.
- 몇 개의 선을 방사형으로 그린다.
- 계속적으로 방사선을 긋는다.
- 그림자 쪽으로 더 많은 선을 긋는다.

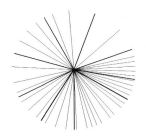 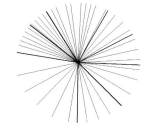 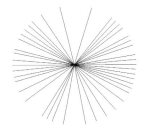

- 원형 템플릿으로 가볍게 그린다.
- 중심점에서 윤곽선 쪽으로 굵은 선과 가는 선을 긋는다.

- 원형 템플릿으로 가볍게 그린다.
- 중심점에서 맨손으로 윤곽선까지 굵은 선과 가는 선으로 긋는다.

- 원형을 그린다.
- 모든 선 굵기는 같게 맨손으로 긋는다.

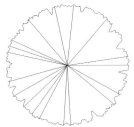 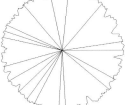 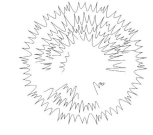

- 중심점에서 윤곽선 방향으로 선을 긋는다.
- 윤곽선은 W자 모양으로 긋는다.

- 중심점을 찍는다.
- 윤곽선은 U자 모양으로 얇게 또는 깊게 그린다.

- 중심점을 가운데 두고 윤곽선을 향해서 뾰족선으로 연결한다.

6. 침엽수 기호(윤곽선)

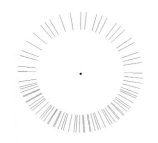
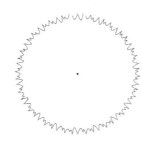
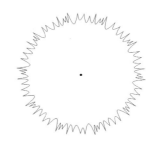

- 점을 찍는다.
- 윤곽선을 가늘게 그린다.
- 중심점 방향으로 윤곽선을 따라 일정선을 긋는다.

- 점을 찍는다.
- 윤곽선을 그린다.
- U자 모양을 윤곽선을 따라 그린다.

- 점을 찍는다.
- 윤곽선을 그린다.
- 윤곽선을 따라 뾰족뾰족 그린다.

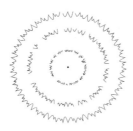
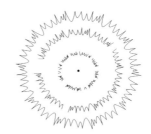

- 위 기호에서 안쪽으로 몇 개를 원형으로 따라 그린다.

7. 침엽수 기호(방사형)

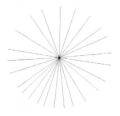
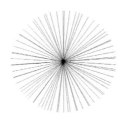

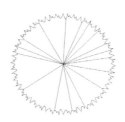

기본 방사형   꽉 찬 방사형   굵고 가는 방사형   윤곽선이 있는 방사형

8. 열대 식물 기호(파초, 야자, 소철 등)

9. 풀, 능수형 기호

10. 군집식재 기호

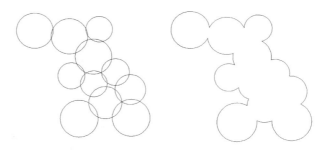

- 식물의 크기에 따라서 윤곽선
  의 크기에 비례하여 원형 템플
  릿으로 그린다.
- 식물 군집의 가장자리 선을 굵
  게 그린다.

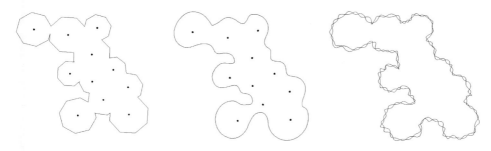

- 식물군집 윤곽선을 팔각형으로
  그리고 가운데에 줄기를 표시
  한다.
- 식물군집의 윤곽선을 둥글게 그
  리고 줄기 위치에 점을 찍는다.
- 식물군집의 윤곽선을 부드러운
  이중선으로 그린다.

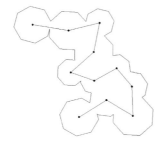
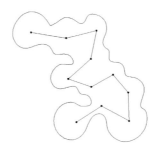

- 각 점들을 선으로 연결한다.

  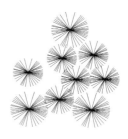

- 군집 윤곽선을 깊게 또는 얕게 뾰족하게 그린다.
- 군집 윤곽선을 뾰족하게 그린다.
- 가지모양을 사방으로 그린다.
- 침엽수의 잎처럼 중심점에서 사방으로 각각 그린다.

- 군집 윤곽선을 눈썹모양으로 그린다.
- 풀잎 모양으로 그린다..

11. 산울타리 기호

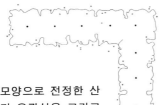 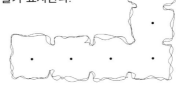

- 상자모양으로 전정한 산울타리 윤곽선을 그리고 줄기를 표시한다.
- 이중 윤곽선을 그린다
- 줄기 표시한다.

- 자연형 산울타리로 둥글게 윤곽선을 그린다.
- 잎의 질감을 낸다.
- 윤곽선을 구불구 불하게 그린다.
- 줄기 위치를 표시 한다.
- 잎이 큰 식물의 산울타리

12. 낙엽관목과 교목의 군집 기호

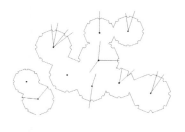

- 윤곽선을 가리비 조개모양으로
  각각 그린다.
- 가지를 그린다.

- 윤곽선을 팔각형으로 각각 그
  리고 줄기를 몇 개 그린다.

- 윤곽선을 이중으로 각각 그린다.
- 가지를 몇 개 그린다.

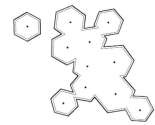

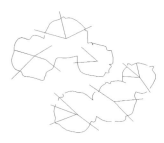

- 군집 윤곽선을 부풀려서 그린다.

- 군집 윤곽선을 6각형으로 그리
  고 안쪽은 가늘게 그린다.
- 줄기표시를 한다.

- 군집 윤곽선을 불규칙하게 그
  리고 몇 개의 뿔을 그린다.
- 가지모양을 그린다.

13. 침엽수의 군집 기호

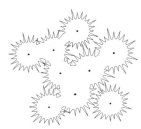

- 군집 윤곽선을 U자 모양으로
  그린다.

- 군집윤곽선을 다양한 U자 모양
  으로 그린다.
- 줄기 표시를 한다.

- 군집 윤곽선을 U자 모양으로 2
  중, 3중으로 그린다.

14. 지피식물 기호

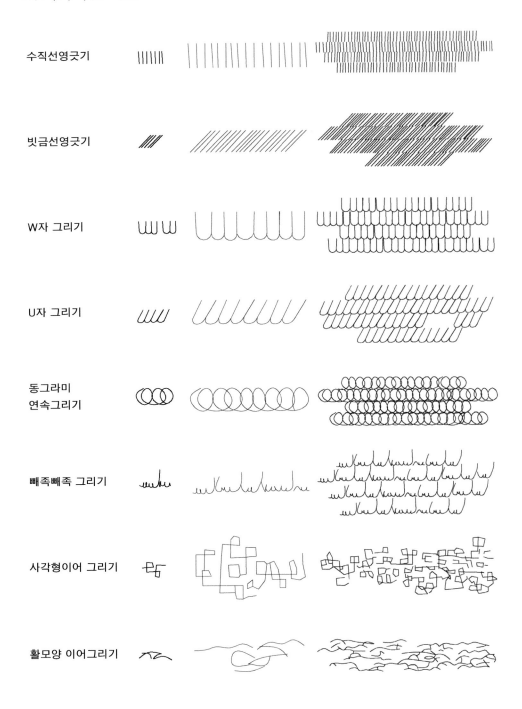

수직선영긋기

빗금선영긋기

W자 그리기

U자 그리기

동그라미
연속그리기

빼족빼족 그리기

사각형이어 그리기

활모양 이어그리기

15. 피복 재료 기호

선영(線影)긋기

교차선영긋기

바구니 엮기

헤쳐그리기

별표그리기

번갯불그리기

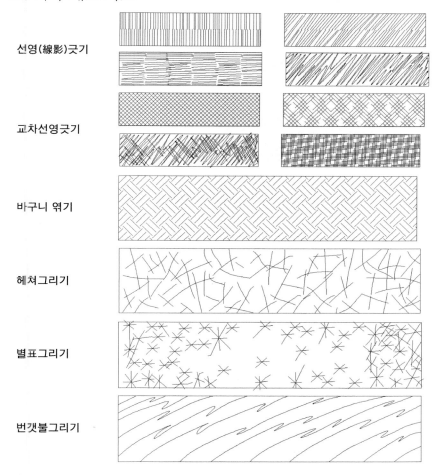

16. 잔디밭 기호

점채 그리기

점채와 문자

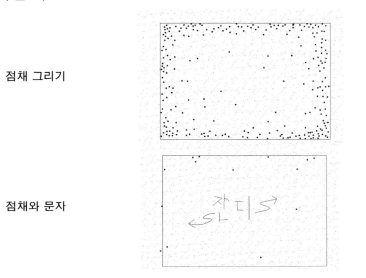

2
조경식물의 규격

단원의 목표

• 조경식물의 규격을 측정할 수 있다.
• 조경식물의 측정 도구를 이해한다.
• 조경식물의 측정 단위를 이해한다.

조경식물의 규격은 높이, 흉고직경, 근원직경, 수관폭, 줄기의 수 등으로 표시한다.

1. 조경식물의 높이 (Height, H)

조경식물은 높이와 줄기의 형태에 따라 교목, 관목, 덩굴식물 등으로 나누어진다.

교목은 줄기가 곧고 높게 자라므로 높이가 주요 요소가 된다. 살아 서 있는 경우의 큰나무는 수고측정기(樹高測定機)로 높이를 재야 하지만 조경현장에서는 식재하기 전에 누워 있으므로 줄자로 쉽게 측정할 수 있다. 관목에서도 높이가 요구되며 덩굴식물은 줄기의 길이를 높이로 제시한다.

높이의 기호는 H이고, 단위는 m이다.

2. 흉고직경(胸高直徑, Diameter of Brest Height, DBH, D)

교목의 줄기를 측정하는 방법으로 가슴높이, 즉 1.2m 높이에서 줄기의 반지름을 잰다. 측정도구는 윤척(輪尺)과 직경척(直徑尺) 두 가지가 있다.

윤척은 자(ruler), 이동각(移動脚), 고정각(固定脚) 등으로 구성되어 있어서 가슴높이에서 교목의 줄기에 윤척의 이동각(移動角)을 벌려서 넣고 움직여 자의 눈금을 읽는다.

직경척은 줄자와 마찬가지인데 단위가 한쪽 눈금은 cm이고, 다른 쪽은 π(3.14) 눈금으로 되어 있다. 교목의 가슴높이에서 직경척으로 감아서 둘레를 잰다. 원둘레를 π로 읽으면 교목의 직경이 나온다.

기호는 B이고, 단위는 cm이다.

3. 근원직경(根元直徑, Diameter of Root Collar, Caliper, R)

교목에서 화목류, 침엽수 등의 밑가지가 있는 나무는 흉고직경을 측정하기가 어려운 경우에 흔히 근원직경을 잰다. 근원직경이 10cm 이하인 것은 지상 15cm 높이에서 측정하고, 그 이상인 나무는 지상 30cm 높이에서 잰다.

기호는 R이고, 단위는 cm이다.

4. 수관폭(樹冠幅, Spread, Width, W)

녹음수, 관목 등에서는 수관폭이 요구된다. 영국에서는 width로 표현하고 미국에서는 spread로 쓴다.

기호는 W로 표시하고, 단위는 m이다.

5. 줄기 수(Cane, C)

관목의 측정단위는 높이, 수관폭 또는 줄기의 수 등이다. 줄기의 개수가 요구되는 경우에만 적용된다.

기호는 C이고, 단위는 숫자이다.

3

기존 식물을 기호로 그리기

단원의 목표

- 기존의 조경식물을 기호로 표현할 수 있다.
- 조경식물의 크기와 축척을 이해할 수 있다.
- 조경식물 간의 식재거리(space)를 알 수 있다.

이미 식재되어 있는 조경식물들을 교목, 관목, 지피식물, 화초 등의 식물 기호로 옮겨서 그려 본다.

특히 낙엽수, 침엽수, 상록수의 기호도 이해한다. 또한 부지 면적에 대하여 식물 크기의 비율과 식재거리도 이해한다.

기존의 식재 식물들을 기호로 옮겨 봄으로써 조경식물의 기호, 규격, 축척 등을 이해하는데 도움이 될 것이다.

축척은 1 : 30~1 : 50의 줄인비로 그리고 축척표시는 비율 또는 분수로 적고 아울러 바코드(bar code)로도 그린다.

예 : 인출선에 식물이름, 규격, 수량의 표시

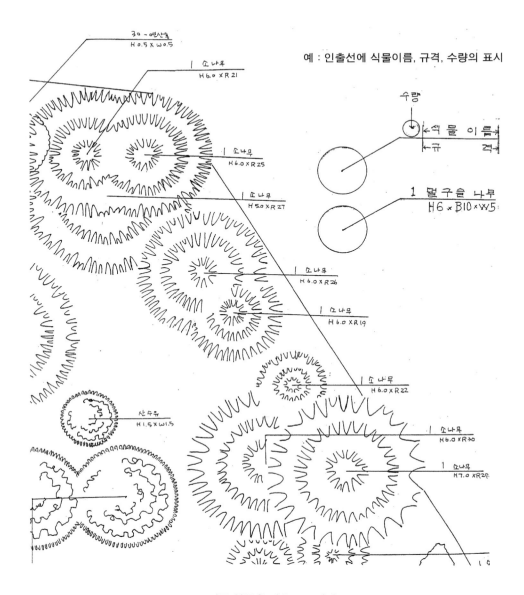

기존 식물을 기호로 그리기

4

기존 식물을
기호와 입면도로 그리기

단원의 목표

• 기존 식물을 기호와 입면도로 그릴 수 있다.
• 조경식물을 이차원과 삼차원으로 이해할 수 있다.
• 식물 기호를 인출선으로 연결하여 그 내용을 표시할 수 있다.

이미 식재되어 있는 조경식물을 기호로 그린 다음에 이어서 입면도로 그린다. 식물기호는 2차원으로 이해되며, 입면도는 3차원으로 이해된다. 따라서 식물의 크기를 높이와 함께 수관폭과 수형을 이해함으로써 도면 전체를 입체적으로 이해하게 될 것이다.

또한 조경식물의 기호를 인출선으로 연결하여 긋고 조경식물의 이름, 수량, 규격 등을 표시한다. 식물이름을 적고 앞쪽에는 수량을 쓴다. 그 하단에는 높이, 흉고직경 또는 근원직경, 필요에 따라서 수관폭이나 줄기의 수 등을 적는다.

축척은 1 : 30~1 : 50으로 한다. 축척표시는 비율 또는 분수로 하고 아울러 바코드도 함께 그린다.

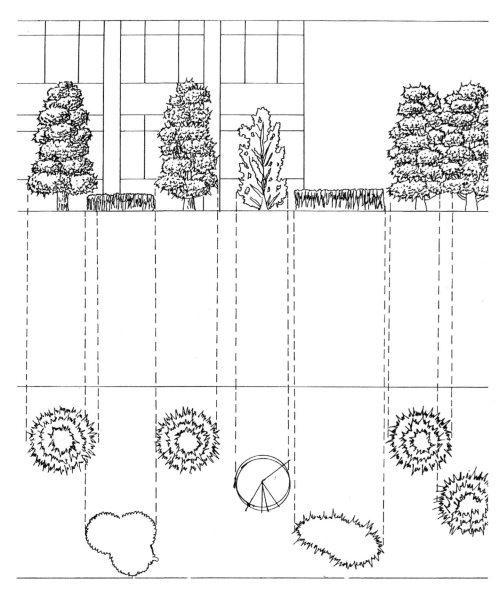

2차원 기호를 3차원으로 표현하기

5
식물 목록 작성

단원의 목표

- 조경식물 목록을 작성할 수 있다.
- 학명을 정확하게 표기할 수 있다.
- 조경식물의 정확한 표준어 이름을 이해한다.

　　식물의 목록을 작성할 때는 다음과 같은 사항들을 의뢰인이나 식재자가 정확하고 쉽게 볼 수 있도록 식재설계가는 잘 꾸며야 한다.

1. 식물 목록을 작성한다.

　　구분, 식물이름, 학명, 규격, 수량, 비고 순으로 작성한다.

2. 조경식물의 구분

　　교목, 관목, 덩굴식물, 지피식물, 화초(한해살이, 여러해살이, 알뿌리), 기타 야생화, 허브식물 순으로 한다.

- 수목(교목, 관목, 덩굴식물)은 상록수를 먼저 적고, 낙엽수는 나중에 적는다. 화초는 한해살이, 여러해살이, 알뿌리 화초 순으로 한다.
- 구분별로 식물의 주수(株數)의 소계(小計)를 적는다. 그래야만 모두 쉽게 식재 수량을 알 수 있다.

3. 학명은 이탤릭체(Italic type)로 적는다.

- 속명의 첫 자는 대문자, 종명의 첫 자는 소문자로 쓰고, 이탤릭체(*Italic type*)로 적는다.
- 재배변종(cultivar.)은 로마체(Roma type)로 적는다. (예)홍엽자두, 진보라아주가, 스카이로켓향나무
- 재배변종의 이름은 로마체로 적고 따옴표 ‘ ’로 표시한다. 재배변종은 재배하면서 육종되어 생산된 것이거나 또는 선발되어 뚜렷한 원예적 특성을 지닌 것이다.(예)진보라아주가 : *Ajuga reptans* ‘Atropurea’

4. 식물의 이름은 표준말로 쓴다.

- 교잡종은 X(교잡)로 표시하고, 이탤릭체로 쓴다. 교잡종은 다른 속이나 종 사이에서 수분(受粉:가루받이)되어 생겨난 것으로 양친의 특성을 모두 지니고 있으며, 이 새로운 식물을 교잡종이라 한다. 교잡종은 자연적으로 또는 인공에 의해서 생겨난다.
- 속명 다음에 오는 hybrid는 로마체로 쓴다.
  (예)다알리아 : *Dahlias* hybrids
  　　원추리 : *Hemerocalis* hybrids
- 명영자는 쓰지 않는다.
- 속은 같고 종이 다르면서 연속적으로 적을 경우에 속명은 첫 글자만 대문자로 쓰고, 점을 찍고서 종명만 기록한다.
- 식물의 이름은 표준말로 써야 한다. 방언은 쓰지 않아야 한다.

특히 나무시장에서 부르는 식물용어, 즉 청단풍, 선주목, 선향, 적송, 흑송 등은 사용하지 않는다.

5. 규격을 표시한다.

높이(H), 흉고직경(B), 근원직경(R), 수관폭(W), 관목의 줄기수(C) 등으로 표시한다.

6. 비고란을 둔다.

비고란에는 뿌리분, 맨뿌리, 용기식물, 야생수집, 폿트, 포기 등 기타 사항을 적는다.

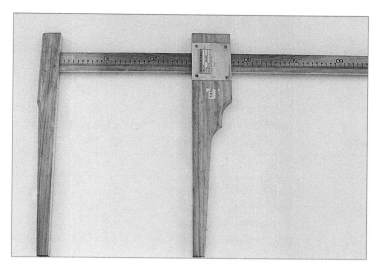

윤척

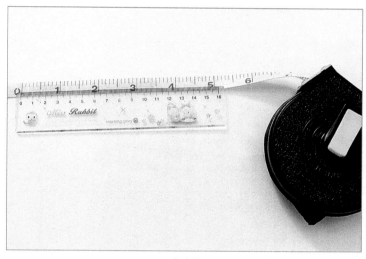

직경척

수목의 규격 측정도구

식 물 목 록(Plant List)

구분	식 물 이 름	학 명	규 격(m)	수량(주)	비고
교목	소나무	*Pinus densiflora*	$^H8 \times ^B10 \times ^W5$	3	뿌리분
	백송	*Pinus bungeana*	$^H5 \times ^B7 \times ^W4$	1	〃
	향나무	*Junipernus chinensis*	$^H6 \times ^B7 \times ^W4$	1	〃
	함박꽃나무	*Magnolia sieboldii*	$^H4 \times ^B4 \times ^W3$	1	〃
	살구나무	*Prunus armenica* var. *ansu*	$^H6 \times ^B7 \times ^W5$	1	〃
	소 계			7	
관목	반송	*Pinus densiflora* for. *multicaulis*	$^H5 \times ^W5$	1	뿌리분
	사철나무	*Euonymus japonica*	$^H2 \times ^W1.5$	1	〃
	황매화	*Kerria japonica*	$^H1.2 \times ^W0.8$	3	〃
	옥매	*Prunus glandulosa* for. *albiplena*	$^H0.8 \times ^W0.6$	3	맨뿌리
	화살나무	*Euonymus alatus*	$^H1.5 \times ^W0.8$	3	〃
	소 계			11	
덩굴 식물	인동덩굴	*Lonicera japonica*	$^H2$	3	뿌리분
	큰꽃으아리	*Clematis patens*	$^H2$	3	〃
	등나무	*Wisteria floribunda*	$^H5$	2	〃
	으름덩굴	*Akebia quinata*	$^H4$	2	〃
	능소화	*Campsis grandiflora*	$^H4$	2	〃
	소 계			12	
지피 식물	맥문동	*Liriope platyphylla*		30	폿트
	바위취	*Saxifraga stolonifera*		20	〃
	파키산드라	*Pachysandra terminalis*		30	〃
	진보라아주가	*Ajuga reptans* 'Atroporpurea'		30	〃
	소 계			110	
화초	아제라텀	*Ageratum houstonianum*		30	포기
	아프리카마리골드	*Tagetes erecta*		20	〃
	백일초	*Zinia elegans*		20	〃
	아메리카부용	*Hibiscus moscheletos*		20	〃
	꽈리	*Physalis alkekegi*		10	〃
	칸나	*Canna generalis*		10	구
	다알리아	*Dahlias* hybrids		10	구
	소 계			120	
총계				260	

※ 식물 구분에서 상록식물을 먼저 쓰고 낙엽수는 그 다음에 적는다. 화초는 한해살이, 여러해살이, 알뿌리 화초 순으로 적는다.

6
서양주택 정원식재

단원의 목표

• 서양 주택 정원을 이해한다.
• 전정(前庭, front yard)과 후정(後庭, back yard)을 이해한다.
• 조경식물의 식재를 이해한다.

전정은 주택건물의 앞쪽 넓은 공간으로 잔디밭이 주로 차지하게 되며, 건축물의 밑 기초부분에는 기초식재로서 관목이나 화초 또는 소교목을 식재하며 창문이 가리지 않고 잘 내다보일 수 있어야 한다. 전정에는 차도(drive way)가 있어서 차고로 연결된다.

후정은 가족들의 생활공간으로 건물과 정원으로 연결되는 부분에 파티오(patio)가 놓이고 여기에 소교목의 녹음수가 식재되며 그 밑으로는 휴식할 수 있는 의자(bench)나 피크닉 테이블(picnic table)이 놓이고, 넓은 잔디밭과 화초밭, 허브가든 등이 있고 바비큐, 수영장, 온실 등의 시설물이 설치된다.

부엌 가까이에는 채소밭, 빨래걸이, 개집 등의 서비스 공간이 있다. 주택 정원의 경계선을 따라서는 산울타리나 방풍림 또는 가리개 식물이 식재되기도 한다.

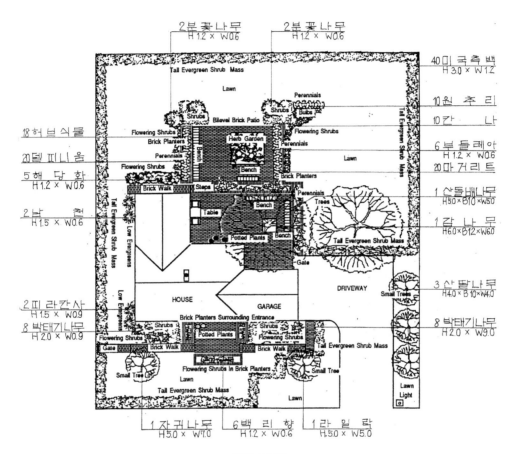

식재 설계도

식 물 목 록(Plant List)

구분	식 물 이 름	학　　　　명	규 격(m)	수 량(주)	비 고
교목	미측백	*Thuja occidentalis*	$^H5\times^W5$	40	B&B
	산돌배나무	*Pyrus ussuriensis*	$^H5\times^B7\times^W4$	1	〃
	산딸나무	*Cornus kousa*	$^H5\times^B7\times^W4$	3	〃
	감나무	*Diospyros kaki*	$^H5\times^B7\times^W4$	1	〃
	자귀나무	*Albizzia julibrissin*	$^H5\times^B7$	1	〃
	소 계			46	
관목	남천	*Nandina domestica*	$^H5\times^W5$	2	B&B
	피라칸사	*Pyracantha angustifolia*	$^H5\times^W5$	2	〃
	박태기나무	*Cercis chinensis*	$^H5\times^W5$	16	〃
	라일락	*Syringa vulgaris*	$^H5\times^W5$	1	〃
	해당화	*Rosa rugosa*	$^H5\times^W5$	5	〃
	백리향	*Thymus quinquecostatus*	$^H0.9\times^W0.6$	6	〃
	부들레아	*Buddleia davidii*	$^H5\times^W5$	6	〃
	분꽃나무	*Viburnum carlesii*	$^H1.2\times^W0.6$	6	〃
	소 계			44	
화초	원추리	*Hemelocallis* hybrids		10	폿트
	마거리트	*Chrysathemum frutescens*		20	〃
	칸나	*Canna generalis*		10	〃
	소 계			40	
허브	보리지	*Borago officinalis*		3	
	라벤더	*Lavandula spica*		3	
	야로우	*Achilla millefolium*		4	
	탠지	*Tanacetum vulgare*		4	
	히솝	*Hyssopus officinalis*		4	
	소 계			18	
잔디	고려 잔디	*Zoysia matrella*		200m^2	

7
전통주택 정원식재

단원의 목표

• 전통주택의 구조를 이해한다.
• 전통주택의 정원을 이해한다.
• 전통주택 정원의 식물을 이해한다.

다음의 주택도면은 서울 장위동에 위치한 것이지만 설립 당시는 경기도 양주군 노해면이었다. 1865년(고종 2년)에 건축한 것으로 순조의 3녀 덕온공주의 부마 남령위 윤의선의 저택이다. 넓은 남향터에 ㄷ자형 안채, ㄱ자형 사랑채, ㄷ자형 중문간 행랑채, ㄷ자형 별채가 남향으로 자리 잡고, 후원에는 一자형 별당이 동향으로 자리 잡았다.

정원의 공간은 앞마당(전정), 사랑마당, 안마당(내정), 뒤뜰(후정) 등 네 부분으로 나뉜다. 일반적으로 후원에는 화계, 별당, 화초밭, 채마밭 등이 있고 화계에는 목단, 진달래, 철쭉나무 등의 꽃나무를 식재하고 그 외의 공간에는 유실수를 심었다. 안마당은 건축물로 둘러싸인 내부공간으로 식재를 하지 않거나 한두 그루의 관목을 심기도 한다. 사랑마당은 남자들만이나 손님들의 공간으로 매화나무, 석류나무 등의 관상수를 흔히 심었다. 앞(바깥)마당은 문간채의 진입 공간으로 넓으며 그 한쪽에는 못을 파고 상지(上池)는 좀 작으며 연꽃을 심었고 하지(下池)는 상지보다 더 크며 물고기를 길렀다.

주택의 입지조건으로 배산임수(背山臨水)형을 최상으로 하였고 종택(宗宅)에서는 건물 뒤편에 반드시 사당(祠堂)이 있어서 조상의 신주(神主)를 모시는 신성한 공간이 되었다.

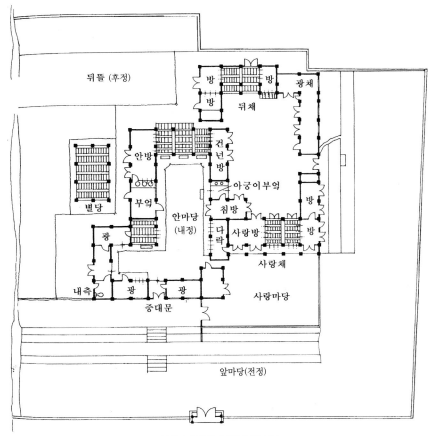

서울 장위동 김진흥가(家)

1. 집터 잡는 법

1) 집터 잡는 네 가지 조건

집터로 선택하는 땅은 지리(地理)를 가장 먼저 고려해야 하고, 그 다음에는 생리(生理)를, 그 다음에는 인심(人心)을, 그리고 그 다음에는 산수(山水)를 고려해야 한다. 이 네 가지 중에서 하나라도 결핍되면 살기 좋은 곳이 아니다.

2) 배산임수(背山臨水)

생계를 꾸려가려면 반드시 지리를 먼저 잘 선택해야 하는데, 지리는 수로와 육로가 모두 잘 통하는 곳이 가장 좋다. 따라서 산을 등지고 호수를 내려다보는 지형이야말로 가장 빼어난 곳이다. 그러나 그러한 곳이라도 반드시 훤히 트이고 넓어야 하

며, 또 긴밀하게 에워싸야 한다. 그 까닭은 훤히 트이고 넓어야 재리(財利)를 만들어
낼 수 있고, 긴밀하게 에워싸야 재리를 모을 수 있기 때문이다.

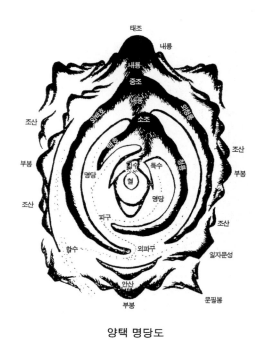

양택 명당도

3) 집터는 높고 청결하며 훤히 트여야 한다.

인가와 거처는 높고 청결해야 길(吉)하다. 주택은 오로지 평탄한 곳에 자리를 잡
아서 좌우가 막히지 않은 곳이 좋다. 명당은 훤히 트이고, 토질이 비옥하며, 샘물이
맛이 있는 장소이다.

4) 양택과 음택의 차이

양택(陽宅)을 정하고 분묘를 설치할 때, 비록 음양이 다르기는 하지만 산천풍기
(山川風氣)의 모임과 흩어짐을 논하는 이치는 한가지이다. 그 중에서 다소 차이가
나는 것은 용이 머리 부분에 이르렀을 때 용의 손과 다리가 열려 있으면 양택(陽宅)
이 되고, 손과 다리가 거두어져 있으면 음택(陰宅)이 된다는 점이다.

2. 나무심기

1) 나무를 심어 사상(四象)을 대신하는 법

주택에서 왼편에 흐르는 물이 없고, 오른편에 큰 길이 없으며, 앞 편에는 연못이 없고, 뒤편에는 구릉이 없다면, 동쪽에는 복숭아나무와 버드나무를 심고, 남쪽에는 매화나무와 대추나무를 심으며, 서쪽에는 치자나무와 느릅나무를 심고, 북쪽에는 사과나무와 살구나무를 심는다.

2) 인가에는 반드시 수목이 푸르고 무성해야 한다.

주택의 가장자리 네 곳에는 대나무와 수목이 푸르러야만 재물이 모여든다. 인가를 벌거벗은 듯이 붉게 드러나게 해서는 안 된다. 반드시 수목이 깊고 무성하게 자라서 기상이 중후하도록 해야 한다. 천변(川邊)에 나무를 죽 연달아 심으면 수재를 막기에 적합하다.

3) 나무의 향배

나무는 주택을 향하는 것이 길하고, 주택을 등지는 것은 흉하다.

3. 나무를 심는 데 기피해야 할 것

1) 주택의 동쪽에 살구나무가 있는 것은 흉하고, 주택의 북쪽에 배나무가 있고, 주택의 서쪽에 복숭아나무가 있으면 사는 사람 모두가 음탕하고 사악한 짓을 행한다. 주택의 서쪽에 버드나무가 있으면 사형을 당한다. 주택의 동쪽에 버드나무를 심으면 말이 불어나고, 주택의 서쪽에 대추나무를 심으면 소가 불어난다. 중문(中門)에 회화나무가 있으면 3세(世)가 되도록 부귀를 누린다. 주택의 뒤쪽에 느릅나무가 있으면 갖가지 귀신들이 접근하지 못한다.

2) 인가에서 안마당에 나무를 심으면 한 달 안에 재물 천만금을 흩뿌리게 된다.

3) 큰 나무가 난간에 가까이 있으면 질병이 끊이지 않고 찾아든다.

4) 안마당에 나무를 심으면 주인이 이별을 겪게 된다.

5) 사람들이 머무는 인가에는 나무를 심되 주택의 사방 주변에 대나무만을 심어서 푸른빛이 울창하게 하면 생기가 왕성해질 뿐만 아니라 속된 기운이 자연히 사라진다. 동쪽에는 복숭아나무와 버드나무를 심고, 서쪽에는 산뽕나무와 느릅나무를 심고, 남쪽에는 매화나무와 대추나무를 심고, 북쪽에는 사과나무와 살구나무를 심으면 길하다.

4. 가상학(家相學)에서 길상(吉相)으로 치는 식재의 방향

가상(家相)은 주택의 방위와 방의 배치, 대지 모양과 방위, 주변환경, 집의 형태 등을 다루는 것이다. 집에서 나무심는 좋은 방향은 아래와 같다.

1) 사방에 심어서 좋은 나무 : 향나무, 회화나무, 감나무, 대추나무, 대나무, 사철나무, 장미, 화초
2) 동쪽에 심어서 좋은 나무 : 소나무, 매화나무, 벚나무, 복숭아나무, 은행나무, 버드나무
3) 서쪽에 심어서 좋은 나무 : 소나무, 대추나무, 느릅나무, 석류나무, 떡갈나무
4) 남쪽에 심어서 좋은 나무 : 소나무, 오동나무, 소교목의 유실수
5) 북쪽에 심어서 좋은 나무 : 회화나무 등 대교목
6) 북동쪽에 심어서 좋은 나무 : 매화나무, 소관목
7) 남동쪽에 심어서 좋은 나무 : 대추나무, 매화나무, 오동나무, 뽕나무
8) 남서쪽에 심어서 좋은 나무 : 대추나무, 매화나무, 모란, 작약, 구기자
9) 북서쪽에 심어서 좋은 나무 : 소나무, 측백나무, 감나무, 은행나무, 밤나무, 느릅나무, 석류

위 문헌은 옛날에 나무심기에 관한 자료이나 현재에는 과학적으로 타당성이 없지만 조사해 본 것이다. 따라서 자료가치는 없다고 본다.

아래의 그림은 월성 손씨(月城 孫氏)의 종택(宗宅)으로 손소(孫昭, 1433~1484)가 지은 집으로 그의 아들 우제 손중돈(1463~1529)과 그의 외손자로 동방오현 중 한 사람인 회재 이언적이 태어난 곳이다. 주택구조는 一자형의 대문채, ㅁ자형 안채, 아래채의 중심이 안대문이고 왼쪽이 고방이고 오른쪽은 큰 사랑방과 사랑대청이다. 높은 돌, 기단 위에 있는 사랑대청은 난간이 있는 누마루이다. 사랑대청 옆 정원쪽으로 짤막한 상징적 담장이 있으며, 정원 위쪽에는 사당이 있다. 사랑마당에는 540여 년된 향나무(경북 기념물 제8호, 높이 9m, 둘레 2.92m, 수관폭 12m)가 있다. 이 향나무는 세조 2년(1456) 손소가 집을 새로 짓고 그 기념으로 심은 것이다.

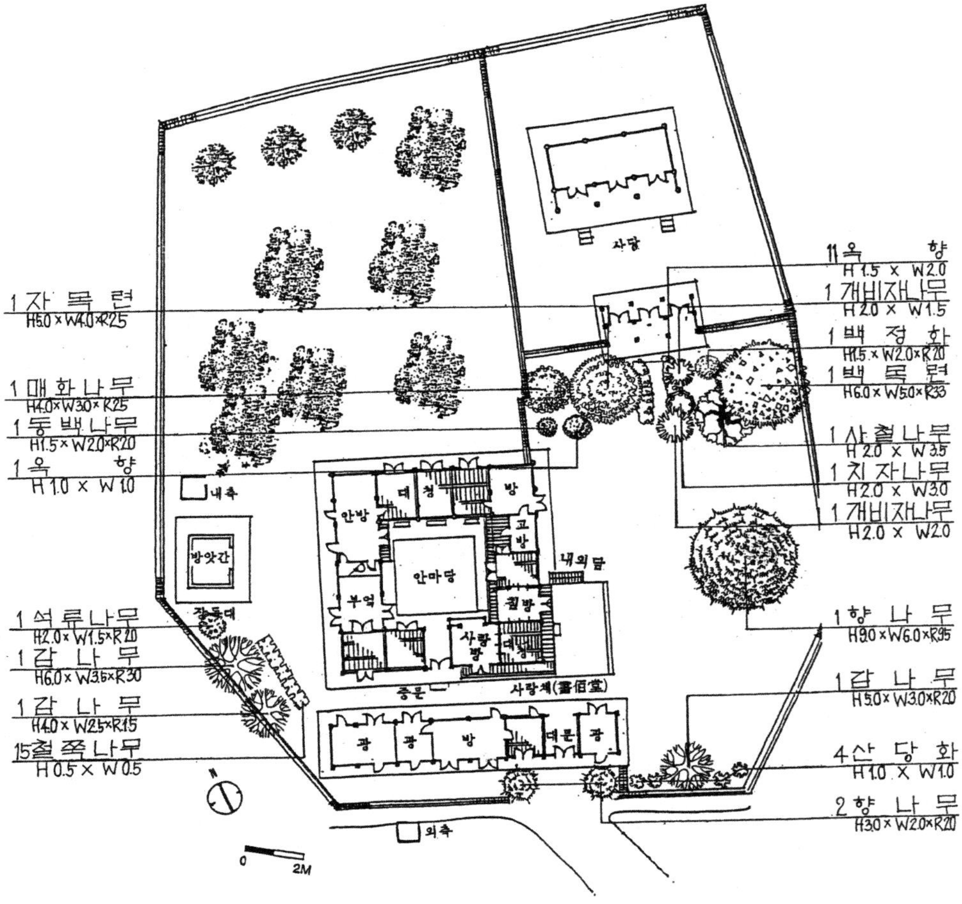

경주 양동 손동만(孫東滿)가 정원 식재도

식 물 목 록(Plant List)

구분	식물이름	학 명	크 기	수량	비고
교 목	향나무	*Juniperus chinensis*	$^H9.0\times ^W6.0\times ^R95$	1	540년생
	〃	〃	$^H3.0\times ^W2.0\times ^R20$	2	400년생
	동백나무	*Camellia japonica*	$^H1.5\times ^W2.0\times ^R20$	1	
	감나무	*Diospyros kaki*	$^H6.0\times ^W3.5\times ^R30$	1	
	〃	〃	$^H5.0\times ^W3.0\times ^R20$	1	
	〃	〃	$^H4.0\times ^W2.5\times ^R15$	1	
	매화나무	*Prunus mume*	$^H4.0\times ^W3.0\times ^R25$	1	
	백목련	*Magnolia heptapeta*	$^H6.0\times ^W5.0\times ^R33$	1	
	복자기나무	*Acer triflorum*	$^H1.5\times ^W1.0\times ^R6$	1	
	자목련	*Magnolia quinquepeta*	$^H5.0\times ^W4.0\times ^R25$	1	
	소 계			11	
관 목	개비자나무	*Cephalotaxus koreana*	$^H2.0\times ^W1.5$	1	
	〃	〃	$^H2.0\times ^W2.0$	1	
	옥향	*Juniperus chinensis* var. *globsa*	$^H1.5\times ^W2.0$	11	
	백정화	*Serissa japonica*	$^H1.5\times ^W2.0\times ^R20$	1	
	사철나무	*Euonymus japonica*	$^H2.0\times ^W3.5$	1	
	치자나무	*Grardenia jasminoides* for. *grand flora*	$^H2.0\times ^W2.0$	1	
	산당화	*Chaenomeles speciosa*	$^H1.0\times ^W1.0$	4	
	철쭉나무	*Rhododendron schlippenbachii*	$^H0.5\times ^W0.5$	15	
	소 계			35	
	총 계			46	

8

화초원 설계

단원의 목표

- 화초원 설계를 이해한다.
- 허브 정원을 이해한다.
- 장미 정원을 이해한다.

화초원은 꽃피는 식물, 특히 초본이나 관목으로 구성된 꽃밭으로 한해살이, 여러 해살이, 알뿌리 화초들이 혼합된 것과 따로따로인 꽃밭이 있으며, 장미원, 목단원처럼 한 가지 수종만 식재한 주제별 꽃밭도 있다.

야생화 정원은 한해살이, 여러해살이 화초와 계절별로 꽃피는 식물들로 꾸며진 화초원이다.

허브정원은 향기 나는 식물들로 꾸며진 정원이며, 요리용 허브식물, 약용 허브식물 등도 포함된다.

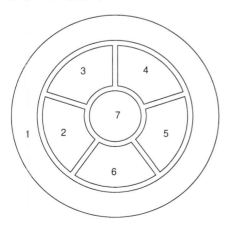

원형화단

1. 비비추
2. 패랭이꽃
3. 금불초
4. 부처꽃
5. 배초향
6. 꽃창포
7. 범부채

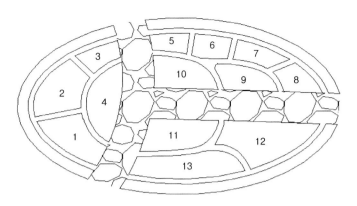

타원형 화단

1. 구슬붕이
2. 현호색
3. 솜방망이
4. 산자고
5. 각시붓꽃
6. 봄맞이
7. 양지꽃
8. 처녀치마
9. 얼레지
10. 윤판나물
11. 애기나리
12. 벌깨덩굴
13. 은방울꽃

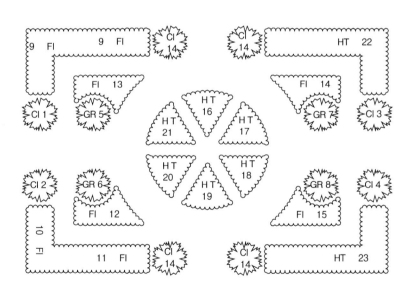

정형식 장미정원

1. Climbing Rose
2. Climbing Rose
3. Climbing Rose
4. Climbing Rose
5. Grandiflora
6. Grandiflora
7. Grandiflora
8. Grandiflora
9. Floribunda
10. Floribunda
11. Floribunda
12. Floribunda
13. Climbing rose
14. Climbing rose
15. Floribunda
16. Hybrid Tea
17. Hybrid Tea
18. Hybrid Tea
19. Hybrid Tea
20. Hybrid Tea
21. Hybrid Tea
22. Hybrid Tea
23. Hybrid Tea

정형식 장미정원

<table>
<tr><td>1. FI</td><td>6. FI</td><td>11. FI</td><td>16. FI</td></tr>
<tr><td>2. HT</td><td>7. FI</td><td>12. HT</td><td>17. Gr.</td></tr>
<tr><td>3. HT</td><td>8. HT</td><td>13. FI</td><td>18. 해시계</td></tr>
<tr><td>4. FI</td><td>9. HT</td><td>14. HT</td><td></td></tr>
<tr><td>5. HT</td><td>10. FI</td><td>15. HT</td><td></td></tr>
</table>

참고 : 장미의 계통

1) FI, floribunda : 줄기 끝에 여러 송이 장미꽃이 달린다.

2) HT, Hybrid tea : 줄기 끝에 한 송이씩 장미꽃이 달린다.

3) Cl, climber : 덩굴장미는 2년생 이상 가지에서 꽃이 달린다.

4) Gr, glandi flower : 키가 크게 자라며 가지에 꽃이 달린다.

5) 스탠더드 장미 : 찔레나무 1m 내외에 장미를 아접(芽接)한 것이다.

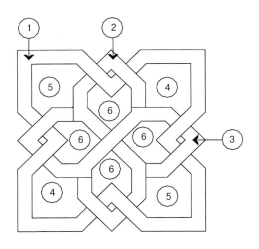

매듭 허브 정원

1. 저맨더   3. 라벤더 코튼   5. 금잔화
2. 산토리나   4. 금잔화   6. 살비아

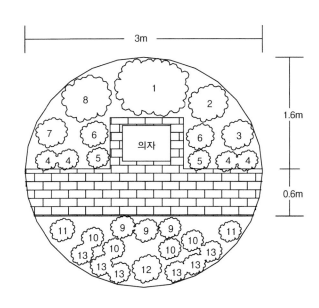

허브 티 정원

1. 해당화(1주)   6. 향기 제라늄(2주)   11. 호레훈트(2주)
2. 비밥(1주)   7. 히섭(1주)   12. 세이지(1주)
3. 캣닙(1주)   8. 아니스 히섭(1주)   13. 타임(6주)
4. 로마 캐머마일(4주)   9. 레몬밤(1주)
5. 야생 딸기(2주)   10. 민트(4주)

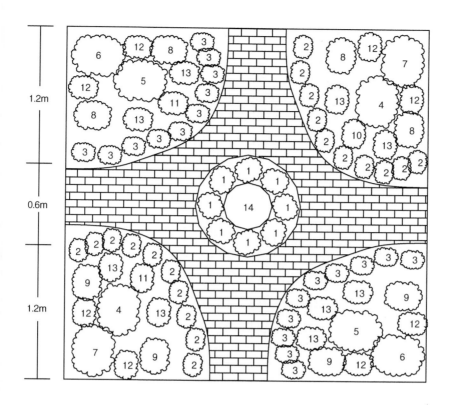

정형식 허브 정원

1. 타임(8주)
2. 히섭(14주)
3. 라벤더(14주)
4. 비밥(2주)
5. 자주빛 콘플라워(2주)

6. 루(2주)
7. 버넷(2주)
8. 차이브(4주)
9. 레몬 밤(4주)
10. 향기 제라늄(2주)

11. 세이지(2주)
12. 파슬리(8주)
13. 바실(8주)
14. 앤젤리카(1주)

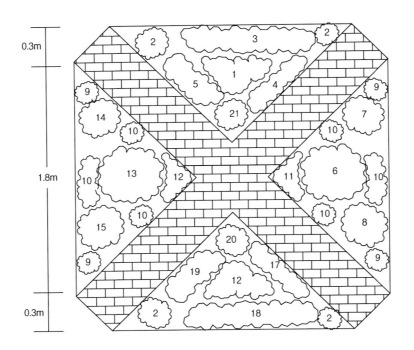

키친 허브 정원

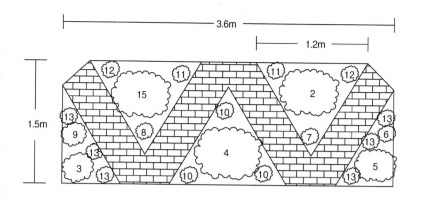

포프리 허브 정원

1. 서턴 우드
2. 아니스히섭(1주)
3. 세이지(1주)
4. 약제상 장미(1주)
5. 야로우(1주)

6. 히섭 (1주)
7. 민트(1주)
8. 타임(1주)
9. 로즈마리(1주)
10. 라벤더(3주)

11. 향기 제라늄(2주)
12. 우드러프(2주)
13. 금잔화(7주)

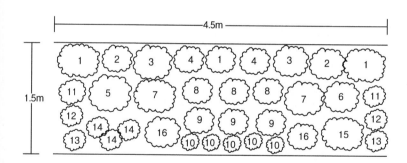

경재 허브 정원

1. 블루 인디고(3주)
2. 비밤(1주)
3. 휘넬(2주)
4. 매쉬 맬로우(2주)
5. 야로우(1주)
6. 탄지(1주)

7. 야니스 히섭(2주)
8. 자주빛 콘플라워(3주)
9. 루(3주)
10. 라벤더(5주)
11. 메도 우스위트(2주)
12. 휘버 휴(2주)

13. 차이브(2주)
14. 세이지(3주)
15. 서턴우드(1주)
16. 히섭(2주)

9

식물재료의 선정원칙

단원의 목표

- 부지 내에서 기후에 적응할 수 있는 식물의 능력을 안다.
- 부지의 토양을 이해하고 알맞은 식물을 선정한다.
- 식물재료의 특성과 기능을 이해하고 식물을 선정한다.

1. 내한성대

내한성은 식재지역의 극단온도, 연평균 강수량, 풍속, 강설량, 우빙(雨氷)을 일으키는 폭풍우, 미기후 등에 의해 결정되므로 내한성대(耐寒性帶, cold hardiness zone)를 이해하여야 한다.

2. 토양 산도

식재지의 토양 산도를 조사하여 산성 토양인 경우에는 석회석을 뿌려서 토양을 알칼리성 토양으로 바꾸어야 한다. 진달래과 식물들은 대부분 약산성 토양을 좋아한다.

3. 음수와 양수

식재지가 음지인 경우에는 음수(陰樹)를 선정하여 식재해야 한다. 만일 음지에 양수(陽樹)를 식재하면 줄기가 쇠약해져서 결국에는 고사하게 된다. 반대로 양지에는 양수만을 식재해야 한다. 양지에 음수를 식재하면 햇볕에 타서 죽게 된다.

4. 크기와 형태

식물이 최대로 성장했을 때의 크기를 고려해야 한다. 또한 식물의 형태도 알아야 한다.

5. 식물의 질감

식물의 질감은 식물재료 선정시 고려사항이 된다. 질감은 차례대로(고운 질감, 보통 질감, 거친 질감) 배치되어야 한다. 가까운 거리에는 고운질감을, 먼 곳에는 거친 질감의 식물을 식재한다. 또한 좁은 공간에서는 고운 질감의 식물만을 식재해야 한다.

6. 잎의 빛깔

잎의 계절별 빛깔, 특히 가을철 단풍의 빛깔을 고려해야 한다. 홍단풍, 홍엽자두 등은 봄철에 새싹부터 붉은 색이 나오므로 강조식물로 흔히 이용된다. 단풍은 꽃보다 못지않게 아름다움을 제공한다.

7. 생장의 속도

식물이 속성수인지 아닌지를 고려해야 한다. 속성수는 빨리 자라기 때문에 식재거리, 성장했을 때의 구도 등을 생각해야 한다.

8. 병충해

병과 해충에 견디는 수종을 선택한다. 병해충에 약한 것도 있는 반면에 강한 것도 있다.

9. 꽃과 열매의 빛깔

관상식물의 경우 꽃의 빛깔과 열매 빛깔을 고려한다. 또한 개화기를 고려하여 선정한다.

10. 개화기

계절별로 식물의 개화기가 각각 다르므로 꽃피는 식물이 연중 꽃을 필 수 있도록 고려하여 선정한다.

11. 식재거리

식재거리가 중요하다. 식재거리는 식물의 최대 성장시 높이의 2/3는 되어야 한다. 식재거리가 좁으면 가지들이 겹쳐져서 광합성이 어렵고 통풍이 나빠서 병충해 발생의 원인이 되며 가지가 고사한다. 또한 땅속에서는 뿌리에서 수분경쟁, 양분경쟁이 심해져서 식물이 쇠약해지고 결국에는 고사하게 된다.

12. 향토수종

식재지의 자생수종은 그 지역에서 잘 살 수 있는 환경이므로 최대한 고려한다.

13. 식물재료의 가격

비싼 식물이라고 모두가 좋은 것은 아니다.

14. 구입 가능성

설계자의 의도대로만 선정하지 말고 구입 가능한 것을 선정한다.

15. 식재지의 토양

식재지의 토성(土性), 무기물과 유기물의 함량, 토양수분과 토양공기, 배수 등은 식물생장에 결정요인이 된다.

16. 상징 식물의 선정

상징성을 고려해야 한다. 동서양을 막론하고 가문(家門)에는 상징나무와 상징식물이 있었다. 조선의 왕가(王家)의 상징수는 오얏(자두)나무이고 문양은 오얏(자두)나무 꽃이었다. 저자의 택호(宅號)는 이시헌(梨柿軒)이고 어느 친구의 택호는 가래나무가 있는 집이라 하여 추자헌(楸子軒)이라 했다. 오동나무집, 대추나무집, 배나무집, 버드나무집 등은 식당의 옥호들은 상징성이 고려된 것이다.

17. 의뢰인의 요구

식물 선정에서 의뢰인이 요구하는 것은 적극적으로 반영해야 하며, 식재설계가의 편견은 버려야 한다.

10

조경식재도 작성

단원의 목표

- 조경식재 도면을 깨끗하고 산뜻하게 그릴 수 있다.
- 의뢰인과 식재자가 쉽게 볼 수 있다.
- 최상의 식재도면을 작성할 수 있다.

1. 부지경계선(지적선)

굵은 일점쇄선으로 표시한다.

2. 방위

방위 표시는 기호로 한다. 만약 방위 기호가 없다면 도면의 위쪽은 항상 북쪽이다. 이것을 도북(圖北)이라 하고, 나침반이 가리키는 북쪽은 자북(磁北)이다. 도북과 자북이 일치하게 놓는 것을 지도정치(地圖正置)라고 한다.

방위 표시는 도면에서 쉽게 볼 수 있는 곳에 자리 잡고, 다양한 방위 기호가 있다.

3. 축척

보통 분수 또는 줄인 비율로 쓴다.
- 작은 주택정원식재는 1/50~1/100 축척이 적당하다.
- 상가, 회사건물 등의 정원식재는 1/200~1/300 축척이면 가능하다.
- 부지규모가 좀 더 큰 경우에는 1/500~1/600의 축척으로 여러 장으로 분할하여

설계한다.

- 상세도면은 1/10~1/50 도면이 쓰인다.

바 스케일(bar scale)을 흔히 겸해서 표시하면, 거리를 쉽게 이해할 수 있다.

4. 기존 수목

부지 내에서 기존 수목 중 제거해야 할 것과 보존해야 할 것, 그리고 이식할 것을 표시한다.

5. 등고선

필요한 경우 등고선 표시를 한다. 기존 등고선은 파선으로 하고 변경 등고선은 실선으로 표시한다.

6. 건물

기존 구조물, 포장, 지하시설 등을 표시하고 설계할 것과 구별한다.

7. 물

개울, 연못, 호수 등을 도면에 표시한다.

8. 상세도

상세도는 별도의 도면에 마련한다. 상세도면에는 지주목 설치, 식재구덩이의 깊이와 넓이, 물집, 멀칭재료와 두께 등이 포함된다.

9. 제목란

통상적으로 도면의 우측 또는 우측하단에 자리 잡는다.

10. 범례

식물의 기호, 식물재료의 내용들을 기록한다.

11. 인출선

인출선은 굵기가 일정해야 하며, 만약 꺾일 경우에는 같은 방향과 각도로 통일시켜야 한다.

인출선상에 기록한 식물재료의 내용들은 앞머리 글자와 뒤끝 글자를 가능한 모두 통일시킨다.

인출선은 서로 겹치지 않게 해야 하며, 일정한 간격으로 떨어져야 하고 각각 평행을 이루어야 한다.

11

옥외(屋外)공간의 개념

단원의 목표

- 옥외 이용 지역을 이해한다.
- 옥외 이용 지역과 옥내와의 관계를 이해한다.
- 옥외 방의 개념을 이해한다.

1. 옥외 이용지역

서양주택에서 옥외 정원 공간은 공개지역(public area), 가족생활지역(family living area), 사생활지역(private living area), 서비스지역(service area) 등 네 지역이 있다.

1) 공개지역(public area, 전정: 前庭, 앞마당 : front yard)

서양주택의 정원에서 공개지역은 전정(front yard)에 해당된다. 이 지역은 걸어서 지나다니는 보행자나 운전자가 모두 바라볼 수 있다. 또한 집안으로 들어오는 모든 사람들이 거쳐서 지나가게 된다.

공개지역이 집안의 공개지역과 연결된다면 가장 이상적이다. 공개지역은 주택에 비해 넓게 자리 잡아야 매력적인 경관이 되지만 가족생활지역보다는 넓지 않아야 한다.

2) 가족생활지역(family living area, 후정: 後庭, 뒷마당 : back yard)

주택조경에서 옥외 가족생활지역은 보통 주택의 뒤쪽에 자리를 잡는다. 주택의 배치 때문에 종종 어려움이 있고 주택의 옆쪽을 차지하게 되는 경우도 있다.

가족생활지역은 가능한 옥내 가족지역(indoor family area)과 연결되어야 한다. 여기에는 가족들이 편안히 쉬거나 손님을 맞이하는 곳으로 파티오, 바비큐, 수영장, 그 밖에 가족들의 취미활동을 하는 공간이다. 따라서 옥외공간 중에서 가장 넓어야 한다.

가족생활지역은 그 목적과 위치 때문에 조경 부분은 공개지역보다는 소수 사람들만 볼 수 있다. 여기에는 전부 또는 부분적 사생활 보호를 위해 개발할 수 있다. 여하튼 공개지역이나 가족생활지역 모두 설계에 있어서 특질이 중요하며, 모두가 가족들을 위해 다양한 목적으로 쓰이는 중요한 지역이다.

3) 서비스지역(service area)

주택의 외부공간에서 서비스지역은 가족을 위해 기능적 역할을 하는 곳이다. 예를 들면 빨래 너는 곳, 창고, 개집, 채소밭 등이 포함된다.

아름다움보다는 서비스를 위해 이용되기 때문에 서비스지역은 조망으로부터 가려져야 하고, 부엌 또는 옥내 서비스룸(service room) 근처에 있게 된다. 옥외 서비스지역은 이러한 목적을 수행하기 위하여 그렇게 넓지는 않더라도 충분한 공간이 되어야 한다.

4) 사생활지역(私生活地域, private living area)

옥외에서 사생활지역은 완전 사생활 보호(full privacy)가 되도록 개발되어야 하고, 밖으로부터의 조망은 차단되어야 한다. 이곳은 가족들이 일광욕(sun bathe)을 하거나 사적으로 푹 쉬는 곳이다. 따라서 이곳은 주택의 다른 한 부분이지만 정원에서 다른 곳으로 통과할 수 없어야 한다.

서양주택에서 방의 수는 보통 3~4개에서 10여 개가 될 수 있다. 방들은 4개의 다른 이용범주로 나누어진다.

공개지역(public area)은 누구나 들어와서 볼 수 있는 곳으로 응접실, 현관홀 등이다.

가족생활지역(family living area)은 가족들의 활동과 손님을 맞이하는 곳으로 거실(living room), 식당(dining room), 가족방(family room), 오락실(game room), 운동방(health room) 등이 있다.

서비스지역(service area)은 세탁실(laundry room), 재봉실(sewing room), 부엌, 다용도실(utility room) 등이 있다.

사생활지역(private living area)은 가정에서 개인의 활동만으로 이용되는 곳으로 침실(bed room), 옷방(dressing room)이 있다.

옥내 이용지역과 옥외 이용지역이 서로 연관성이 있어야 하는 것이 중요하다.

2. 옥외 방(屋外房, outdoor room)의 개념

옥내의 방(indoor room)이 있듯이 정원에도 옥외 방(outdoor room)이 있다.

방의 구성은 벽, 천장, 바닥 등으로 구성된다. 옥외의 방 역시 벽, 천장, 바닥이 있다. 다만, 재료가 옥내에서 사용되는 것과 다른 차이점이 있다.

옥외 벽(outdoor wall)은 방의 크기를 제한하여 어느 방향으로 이동하는 것을 막거나 느리게 한다. 옥외 방의 벽은 옥내 방의 벽처럼 수직면으로 한정된다. 옥외 벽의 재료는 관목, 소교목 등의 천연재료가 이용되며 또는 펜스, 돌담 등 인공재료가 이용된다.

옥외 바닥(outdoor floor)은 옥외 방을 위해 지표면을 처리하는 것으로 재료는 잔디, 지피식물, 모래, 자갈, 물 등 자연 지표면이 될 수 있고, 벽돌, 콘크리트, 파티오 블록 또는 타일 등이 쓰이게 된다.

옥외 천장(outdoor ceiling)은 옥외 방을 위해 머리 위쪽을 한정시키는 것으로 차일(awning), 알루미늄 덮개 등이 물리적 보호를 위해 이용되거나 또는 단순히 그늘을 제공하기 위해서 교목(tree)이 이용된다.

온대지역에서는 낙엽수(落葉樹, deciduous tree)가 주택 가까이에 배치되면 이상적인 천장 재료가 된다. 낙엽수는 뜨거운 여름에는 그늘을 제공하고 가을에 낙엽이지면 햇빛이 통과되어 주택이 따뜻하게 된다.

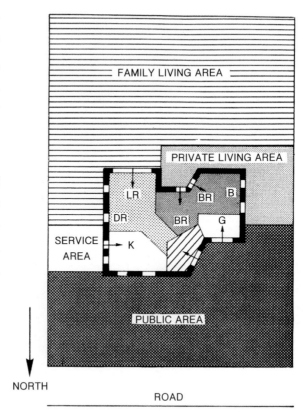

옥외와 옥내 이용지역은 가능한 서로 밀접하게 연결되어야 한다

■ 옥내 · 외 이용지역

구 분	옥내 이용지역	옥외 이용지역
공개지역	현관 응접실	전정(앞마당)
가족생활지역	거실, 가족실 식당, 게임방	후정(뒷마당) 바비큐, 파티오 수영장, 꽃밭
서비스지역	세탁실, 재봉실 부엌, 다용도실	빨래걸이, 창고 개집, 채소밭
사생활지역	침실, 옷방	일광욕, 낮잠 자는 곳

12

주택정원 식재설계

단원의 목표

- 정원의 기능을 이해한다.
- 정원에서 식물의 미학적, 기능적 이용을 이해한다.
- 안락(安樂)한 정원을 식재설계할 수 있다.

숲은 인간의 고향이라고 한다. 원시 인간은 원래 숲에서 태어나고 자라고 생활하여 왔다. 아직도 인간의 심성에는 고향이 숲으로 귀향하고자 갈망하는 유전자가 남아 있다고 한다. 따라서 도시주택 또는 전원주택을 갈구하고 정원에는 나무(관상수, 과수 등), 화초, 채소 등을 심고 가꾸고 싶어 한다.

주택정원 식재설계의 일반적 과정은 ① 기본도 작성, ② 부지조사 및 분석, ③ 식재 기능 도형, ④ 식재 개념도 작성, ⑤ 식재 설계도 등이다.

1. 기본도(base map) 작성

일반적으로 소규모인 부지는 지적도를 확대하여 부지의 경계선을 확실하게 하고, 규모가 크면 실제 측량을 하여 부지의 경계선, 등고선, 건물, 기존수목 등을 표시한다.

기본도 작성시 첫 번째 중요한 것은 축척을 정하는 것이다.

- 1/50~1/200 도면에서는 식물재료들은 자세히 표시할 수 있고,
- 1/300~1/400 도면에서는 식물재료의 기호 표현이 어려우므로 규격을 기입하게 되며,

- 1/500~1/600 도면에서는 식재 위치만을 기호로 표시하게 된다.

기본도에 포함되어야 할 내용들은 다음과 같다.
- 부지경계선, 지형(등고선), 기존식물, 물, 건물, 기타 구조물, 인접 도로, 원로 등 이다.

2. 부지 조사 및 분석(site inventory & analysis)

- 부지의 방향과 위치 및 경사도
- 건물의 위치 : 크기, 출입구, 외벽
- 기존 식물 : 크기, 이식 가능성
- 부지의 경계선
- 접근로 : 인접한 차도와 보행자 도로
- 수문(水文) : 인접한 개울이나 도랑, 우물
- 지면배수 : 지표수의 흐름
- 토양 : 토성, 토심, 산도, 비옥도
- 미기후 : 계절별 강우량, 온도, 풍향과 속도, 일조, 땅이 어는 깊이
- 기타 구조물 : 담장, 대문
- 공공설비 : 지하배수, 전기선, 전화선, 가스선
- 외부 조망

3. 식재 기능 도형(planting functional diagram)

1) 개념적 기능 도형(idea functional diagram)

식재설계의 첫 단계이며, 식재설계의 기본방향을 추상적인 형태로 간략하게 표현한다. 원형이나 타원형 등의 비누방울 형태로 공간 기능을 구분하고 또한 관련성을 표시하며 동선과의 연계성도 표시한다. 주택정원에서는 진입공간, 전정, 후정, 놀이공간, 옥외 식사공간, 휴식 공간, 차광, 방음, 방풍림, 녹음수, 관상수, 채소원, 화초원 등의 공간이 요구된다.

2) 부지상 기능 도형(site related functional diagram)

앞 단계에서 검토된 개념적 기능 도형을 실제로 부지에 관련시켜서 적용시키는 단계로 개념적 기능이 부지의 여러 가지 성질에 따라 약간의 수정이나 보완이 있을 수 있게 되므로 부지에 따른 식재기능, 공간, 건물 등을 고려하며 대안들이 도출될 수 있으며, 이 중에서 결정된 것을 다음 단계의 식재 개념계획으로 발전시키게 된다.

4. 식재 개념계획(concept plan)

기능 도형을 구체화시키는 단계로서 식물재료는 교목, 관목, 넝쿨식물, 지피식물, 화초, 허브식물 등으로 표시되며, 수목은 낙엽, 침엽, 상록 등으로 구별하여 표시된다. 또한 교목이나 관목도 대 · 중 · 소 등으로 구분하기도 한다. 식물 이름이나 정확한 식재 위치는 결정되지 않으며 식물 재료의 크기, 질감, 개화기, 내한성대 등이 고려되어야 한다.

식물재료의 크기를 삼차원으로 고려하여 높이, 수관폭(길이와 두께) 등을 고려해 보는 것도 매우 바람직하다.

5. 식재 계획(planting plan)

최종단계로 식재설계 도면을 작성하게 된다. 여기서 초안단계와 완성단계로 나누어서 도면을 작성할 수 있다.

1) 예비 식재 계획(preliminary planting plan)

지금까지 검토되었던 모든 내용들을 구체화하여 도면으로 만들어서 의뢰인과 최종적으로 의논하는데 목적이 있는 도면이다. 식재할 식물재료들을 의사표현하며, 의뢰인의 요구에 따라 수정이 가능하며 또한 식재설계가는 의견을 제시할 수 있다.

2) 식재 계획(planting plan)

의뢰인과 최종적으로 검토한 내용들을 확정시킨 도면이다. 식물의 위치, 이름, 규격, 수량 등이 결정된다. 이 식재설계를 기준으로 상세도면이 만들어지고 시공을 하게 된다. 여기서 식물이 확정되고 식물의 크기 표현은 성목(成木)의 75~100% 크기로 표시한다. 지주목설치, 식재 구덩이, 물집, 멀칭 등은 별지의 상세도면을 작성한다. 식재설계도면이 완성되면 도면 우측에 식물목록(植物目錄, plant list)이 마지막으로 작성된다.

식 물 목 록(Plant List)

구분	식 물 이 름	학 명	규 격	수량	비고
교목	구상나무 주목 산돌배나무 감나무 산딸나무	*Abies koreana* *Taxus cuspidata* *Pyrus ussuriensis* *Diospyros kaki* *Cornus kousa*	$^H1.5\times^R0.6$ $^H1.5\times^W0.9$ $^H3\times^B8$ $^H2.5\times^B7$ $^H2\times^B6$ $^H4\times^R10\times^W4$ $^H3\times^B8\times^W3.5$ $^H3\times^R8$ $^H2.7\times^R7$ $^H2\times^R5$	1 2 1 1 1 1 1 1 1 1	뿌리분 〃 〃 〃 〃 〃 〃 〃 〃 〃
	소 계			11	
관목	목서 남천 개나리 해당화 라일락 조팝나무 진달래	*Osmanthus fragrans* *Nantina domestica* *Forsythia koreana* *Rosa rugos* *Syring vulgaris* *Spiraea prunifolia* var. *simpliciflora* *Rhododendron mucronulatum*	$^H1.6\times^W0.9$ $^H1.2\times^W0.6$ $^H1.5\times^W0.6$ $^H0.9\times^W0.6$ $^H1.8\times^W1.2$ $^H0.9\times^W0.6$ $^H0.9\times^W0.6$	20 10 20 10 7 3 20	뿌리분 〃 맨뿌리 〃 뿌리분 맨뿌리 〃
	소 계			80	
지피 식물	줄사철 비비추 꽃잔디	*Euonymus fortunei* var. *radicans* *Hosta longipes* *Phlox subulata*	$^H0.6$	60 30 $5m^2$	
	소 계				
화초	숙근프록스 초롱꽃 델피니움	*Phlox paniculata* *Campanula punctata* *Delphinum elatum*		6 6 6	
	소 계			18	
잔디	고려잔디	*Zoysia matrella*		$200m^2$	

※ 잔디는 구분에서 지피식물에 포함시키지 않는다.

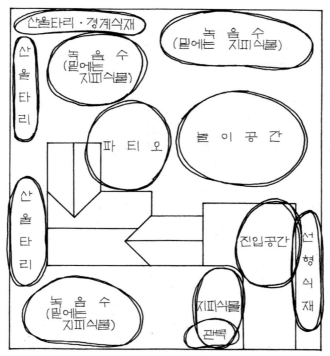

식재 기능 도형

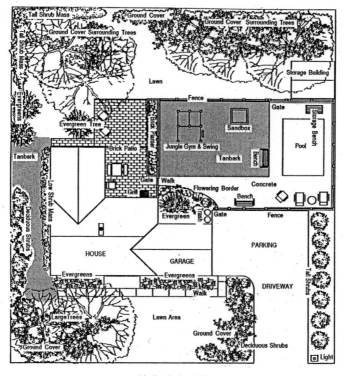

식재 개념 계획

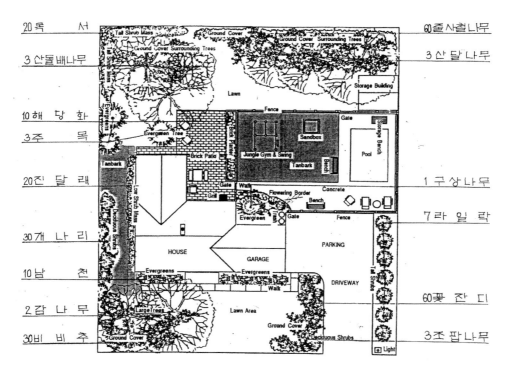

20 목   서   60 줄 사철나무

3 산돌배나무   3 산 달 나무

10 해 당 화

3 주   목

20 진 달 래   1 구 상 나무

                                 7 라 일 락

30 개 나 리

10 남   천

2 감 나 무   60 꽃 잔 디

30 비 비 추   3 조 팝 나무

식재 계획

13
설계 과정

단원의 목표

- 설계 과정을 이해한다.
- 설계 내용을 이해한다.
- 식재 설계를 이해한다.

과정(過程, Process)이라고 하는 것은 요구하는 결과에 관한 어떤 것을 만들어 나가는데 이용되는 작업, 행동, 순서 등의 연속을 말한다. 생산과정에서도 단계별 작업 과정을 거쳐 자동차나 과자와 같은 제품들이 생산된다. 설계과정에서도 마찬가지로 단계별 작업 과정을 거치게 된다. 다음은 주택단지 설계과정의 한 예이다.

1. 조사 및 작성(Research and Preparation)

식재설계가는 준비하는 기간이다. 설계단계에서 요구되는 필요한 정보들을 수집하고 평가하게 된다.

1) 의뢰인 면담(Meeting and Clients)

식재설계가는 의뢰인을 만나면서 주택부지 설계 프로젝트에 관한 설계 과정을 시작하게 된다. 양자는 부지에 대한 설계 의견을 의논하면서 서로를 이해할 수 있다. 이 면담에서 의뢰인은 요구조건, 요망사항, 문제점, 예산 등에 관한 정보를 전달한다.

식재설계가는 의뢰인에 대하여 중요한 정보들을 요구할 수 있다. 다시 말하면 식재설계가는 설계 작업에 대한 일반 비용과 설계 작성에 소요되는 과정을 제의할 수 있다.

2) 계약(Signing the contract)

만약에 양자가 동의했다면 설계 서비스에 대한 프로포잘(Proposal for Design Service)을 서면계약하는데 이것은 설계 서비스에 대한 비용, 계획, 일정 등을 분명히 하고자 하는 것이다. 만약 의뢰인이 프로포잘에 동의한다면 그들은 계약에 서명하고 식재설계가에게 프로포잘을 되돌려 주는 동시에 법적 계약이 이루어져 효력이 발생하는 것이다.

3) 기본도(Base map) 작성

설계 작업을 시작하기 전에 기본도(基本圖, base map)에는 기존의 부지 상태와 요구되는 부지의 특징들이 표현된다. 의뢰인은 주택 평면도, 부지 측량도, 지형 측량도 등을 포함하여 부지에 관련된 정보들을 설계가에게 주어야 한다. 만약에 이들 정보가 충분하다면 설계가는 적절한 척도(scale)에 따라 기본도를 그릴 수 있다. 만일 이 정보가 준비되지 못한다면 설계가는 주택과 부지를 새로 측량할 수밖에 없으며, 측량한 다음 기본도를 그리는데 이용되어야 한다.

4) 부지 조사 및 분석(Site Inventory and Analysis)

설계가는 부지를 조사하고 분석하여야 한다. 때로는 부지연구(敷地研究, site study)라고도 한다.

설계가는 먼저 중요한 기존의 부지 상태를 조사하고 분석하게 되는데, 설계에 영향을 미칠 수 있는 것은 주위의 이웃집들, 지형, 배수, 토양, 식생, 기후, 유틸리티, 조망 등이다. 설계가는 부지를 잘 알아야 되고 부지의 특성, 중요성과 잠재성 등을 충분히 이해하여야 한다. 더욱이 설계가는 부지의 특수성과 용이성을 이해하고 대략적인 결정은 설계를 준비하면서 만들어 갈 수 있다.

5) 설계 프로그램(Design Program)

조사 및 작성의 마지막 단계는 설계 프로그램의 개발이다. 설계 프로그램은 부지 분석과 의뢰인과의 면담을 정리한 것으로 취급된다.

2. 설계(Design)

설계과정에서 조사와 작성이 완성되었다면 설계가는 설계단계로 진행할 수 있다. 이 단계에서 설계가는 의뢰인과의 면담, 부지분석과 프로그램을 기초로 하여 실제 설계 해결을 준비하게 된다. 전형적으로 설계 단계는 다음의 세 과정을 거치게 된다.

1) 기능적 도형(Functional Diagram)

설계과정에서 첫 단계는 기능적 도형 개발이다. 이것은 흔히 설계가의 최초 시도로 도면 위에 설계의 전반적 배치를 구성해보는 것이다. 설계가는 부지에 대해서, 주택에 대해서, 그 밖의 것들에 대한 설계 요소들과 모든 주요 공간의 상호관계를 프리핸드(free hand)로 도형적 기호들을 표현하는 것이다. 각 공간들은 프리핸드로 물거품(bubble)처럼 그리는데 상대적 크기, 비율, 형태로 묘사된다. 이 단계에서 설계가는 최상의 아이디어를 선택하기 이전에 기본적인 기능적 배치의 구성을 어느 쪽 하나를 택해야 하는 탐색을 하게 될 것이다. 이 도형의 유형을 때로는 개념계획(槪念計劃, concept plan)이라고도 한다.

2) 예비 설계(Preliminary Design)

기본 설계에서는 옥외 방(outdoor room)에서 기능적 도형의 프리핸드 도형과 도형적 기호를 구체화시킨다. 그림으로 그려진 기본설계는 의뢰인과의 검토를 거쳐 결과로서 표현될 수 있다. 여기에는 3가지 주요 국면이 있다.

(1) 설계원리(design principles)

설계원리는 시각적으로 만족할만한 설계 해결을 창출하고자 식재설계가를 도우려는 미학적 지침인 것이다. 설계원리는 식물재료, 담장, 포장패턴, 기타 설계 요소들의 구성에서처럼 전반적인 설계계획에 관하여 미학적 판단을 하는데 도움이 된다.

3개의 주요 설계원리는 질서, 리듬, 통일이다. 질서(order)는 설계의 시각적 구조 또는 전체의 구성(frame work)이다. 리듬(rhythm)은 운동과 시간요소들 각각에 관련된다. 통일(unity)은 설계에서 개별적 요소들 중에서 시각적 상호관계이다. 이 3가지 설계원리의 모두는 예비설계를 작성할 때 함께 고려된다.

(2) 형태구성(form composition)

예비설계에서 다른 주요 사항은 형태구성이다. 여기서 기능적 도형단계에서 개발된 모든 공간과 요소들을 특정 모양으로 확립하게 된다. 예를 들면 기능적 도형에서 옥외생활공간을 도형으로 표시한 형태를 특정 모양으로 구성하게 된다. 잔디밭의 가장자리는 매력적인 곡선으로 그린다. 이 형태의 개발은 설계에서 전체적 질서 감각을 시각적으로 확정하게 된다. 형태구성을 하는 동안에 식재설계가는 형태와 기하학의 모양으로 기능적 도형의 설계를 고려할 필요가 있다.

(3) 공간구성(spatial composition)

3차원적 옥외 방을 개발하기 위해서 식재설계가는 3개의 면(面, planes)이 있는 경사도(토지형태), 식물재료, 담장, 펜스, 머리 위의 구조물 등을 활용한다. 이 공간구성은 보기에 즐겁고 실용적인 설계로 창안하는 다양한 설계요소들 중에서 높이와 부피의 상호관계가 고려되어야 한다. 예비설계는 검토된 것을 의뢰인에게 제시한 예비계획 도면에 의하여 결정된다.

3) 기본계획(Master Plan)

기본계획은 예비설계를 좀 더 정확하고 상세하게 보강하고 변경시킨 것이다. 예를 들면 식물재료들은 보통 예비설계에서는 덩어리로 그렸던 반면에 기본계획에서는 덩어리 안에 개개의 식물들을 표시한다. 또한 정확한 식물재료의 種(종)들이 기본계획에 명시된다. 또한 포장, 담장, 계단 등의 구조물 요소들의 형태와 윤곽은 기본계획에서 좀 더 정확하게 그린다.

기본계획에서 주요 특질 중의 하나는 재료구성이다. 재료구성은 포장, 담장, 펜스 등의 구조물 요소에서처럼 패턴이 연구되고 개발된다.

3. 공사 문서(Construction Documentation)

기본계획(master plan)이 완성되고 의뢰인에 의해서 승인되었다면 기본계획에 표현된 설계를 충분히 시행하기 위해서는 그 밖의 필요한 도면들이 준비되어야 한다. 이 도면은 시공자가 설계를 수행하기 위해서 그림으로 표현되기 때문에 공사도면이라고 한다. 다음과 같은 여러 도면들이 작성된다.

1) 배치 계획(Layout Plan)

배치도면은 설계 구역과 계획하는 모든 설계요소들이 평편 치수로 주어진다. 치수(dimension)는 주택의 가장자리 또는 부지경계선 등과 같은 고정 요소들이 먼저 주어져야 한다.

2) 정지 계획(Grading Plan)

정지 도면은 기존 지면과 계획 지면을 가리킨다. 잔디밭이나 식재상(planting bed)과 같이 굴착하지 않는 곳은 등고선으로 표시하고, 굴착하거나 계획하는 등고선은 점등고선(pot elevation)으로 나타낸다.

3) 식재 계획(Planting Plan)

식재도면은 공사자가 식물을 식재할 위치를 나타낸 것이다. 식물목록(plant list)은 식재도면을 완수해야 할 설계에서 모든 식물을 학명으로 표현한 것으로서, 식물목록에는 식물이름, 학명, 크기, 수량, 상태 및 주요 기록들을 나타내고 있다.

4) 공사상세도(Construction Detail)

공사상세도는 식재도면, 정지도면, 배치도면 등에서 흔히 수행된다. 이름에서처럼 공사상세도는 도면의 특정부분을 나타내는 방법이다. 예를 들면 공사상세도에는 데크(deck)를 짓는 방법, 펜스를 짓는 방법, 포장지역의 공사 방법들을 나타낸다. 여러 장의 공사상세도는 프로젝트의 여러 방면에서 적절하게 표현하기 위해서 작성된다.

4. 완성(Implementation)

입찰과정이나 지명·선정되어 공사업체가 선정되면 소유자는 서면계약(書面契約, written contract)을 해야 한다. 그래야만 공사업체는 설계수행에 대한 진행이 가능하다. 이 과정에서는 다음의 두 단계가 있다.

1) 공사(Construction)

공사는 포장, 데크(deck), 담장, 펜스, 계단, 벤치, 난간, 트렐리스(trellis, 격자울타리)

등 (hardscape)과 같은 구조적 설계요소들을 건설하는 것이다.

2) 설치(Installation)

설치는 식물재료(plant materials)의 식재(softscape)에 대한 또 다른 용어이다.

5. 관리(Maintenance)

설계는 수년간 의뢰인에게 계속적으로 유용하기 위해 적절한 관리가 보장되어야 한다. 다음은 주요한 관리에 관련된 일들이다.
- 물주기
- 비료주기
- 잔디깎기
- 잡초제거
- 전정하기
- 묵은 식물 바꾸기

6. 평가(Evaluation)

설계과정에서 마지막 단계는 설계 해결의 성공을 평가하는 것이다. 평가는 설계의 다양한 국면들을 분석하고 처음부터 끝까지 진행해야 된다. 최선의 평가방법은 설계가 진행되는 전반적인 내용을 관찰하는 것이다.
다음과 같은 질문을 평가해 볼 수 있다.
- 설계표현은 어떤가?
- 설계기능은 어떤가?
- 식물재료들을 잘 되었는가?

설계 프로젝트의 관리, 평가는 계속적인 효과가 있어야 한다. 설계가는 관찰하고, 분석하고, 판단하고, 의문들을 끊임없이 가져야 한다.

14

식재설계 과정

단원의 목표

- 식재설계 과정을 이해한다.
- 식재설계는 설계과정의 한 부분임을 이해한다.
- 식재설계를 잘 할 수 있다.

식재구성에서 식재설계가는 의뢰인의 요구와 요망 사항들을 전반적으로 해결하도록 파고들어야 한다. 최종 결과는 부지 제한에 따른 설계목표를 상호 관련시켜서 조화로운 생활환경을 제공하는 것이다.

식재기능의 핵심은 조경식물을 선정하고, 배치하고, 이식하는 것이 고려되어야 한다. 식재설계 과정 초기에 식재기능에 대한 결정이 없다면 식재구성은 생장하는 식물재료를 무질서하게 배치하는 것에 지나지 않을 것이다.

식재설계에서 정연하고 성공적인 목표 달성을 수월하게 하기 위하여 인터뷰, 연구, 부지평가 등이 이루어져야 한다. 이 포괄적인 시스템은 의뢰인의 요구와 식재설계가의 독창적인 생각을 짜 넣어 부지의 문제점들을 조절해야 된다. 식재 과정은 기술적 진입의 불가결한 요소 없이는 완전히 성공할 수 없다.

다음은 특별한 방법론으로 예비계획 고려사항, 예비계획개발, 최종식재계획, 완성 등의 단계를 설명하게 된다.

1단계 : 예비 계획 고려사항

첫 단계에서는 의도하는 설계와 식재에 대한 관련 정보들을 수집하는 것이다.

이 단계에서 수집된 정보의 질과 양은 다음 수순에 의해 분석과 의사결정에 직접적인 영향을 미치게 된다.

1. 설계목표 설정

의뢰인이 식재설계를 의뢰할 때에는 그들의 마음속으로 특정 목표를 갖고 있다. 의뢰인은 조각물을 전시할 수 있는 정형식 정원을 원한다거나 고용인을 위한 아늑하고 편안한 시설 등을 원할 수도 있다.

또한 자연생태 지역으로 복원시키거나 광산으로 인해 폐허가 된 것을 복원하기 원할 것이다. 아무튼 식재설계가의 목표는 설계 목표대로 그들을 변화시켜서 분명하게 해야 한다.

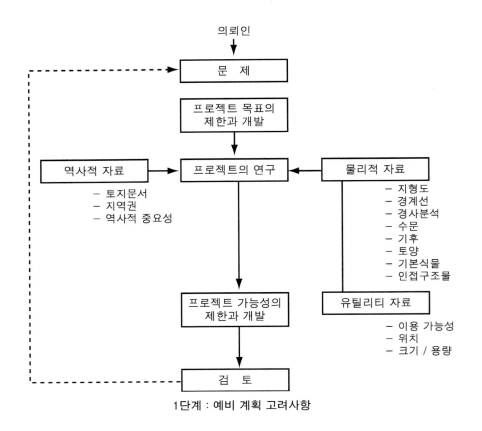

1단계 : 예비 계획 고려사항

2. 부지 능력과 기존 상태 평가

의뢰인의 의도에 만족할 만한 부지의 가용능력을 조사해야 한다. 여기에는 지형, 식생, 물, 기후, 역사, 토양, 야생생물의 조사가 포함된다. 초기에 광범위한 준비가 없으면 식재설계가는 만족할 만한 프로젝트 목표를 판단하지 못하게 된다. 그리고 의뢰인의 목표가 갑자기 포기될 수도 있다.

식재설계를 시작하기 전에 연구해야 할 근본적인 두 개의 중요한 정보가 있다. 하나는 물리적 정보인데 프로젝트 목표에 대한 부지의 분석과 평가이다. 그 다음은 역사적 정보로서 부지에 대한 개발 영향을 결정하기 위한 평가이다.

다음의 개요는 연구에 필요한 것을 요약한 것이다.

1) 물리적 자료

(1) 소유지 자료

계획하는 프로젝트 지역의 완전하고 정확한 설명서(description)를 갖는 것이 중요하다. 지도에 인구센터, 고속도로, 범람지대, 주요 유틸리티 등 부지에 관련 사항들이 표시되어야 한다.

(2) 지형과 경사

토지 형태와 구조는 식재설계에서 식물재료의 위치와 배치에 중요한 역할을 한다. 이 구성 요소들의 완전한 이해는 만일 특수 효과가 부지 내에서 특수환경을 위하여 요구된다면 절대적이다. 경사의 방향(동, 서, 남, 북)과 경사율 등이 반드시 포함되어야 한다.

(3) 지질과 토양

식재설계에서 가장 좋은 토양은 엉성하고 부서지기 쉬운 구조이고 유기물과 양분함량이 높고 배수가 잘 되며 산소함량이 높고 pH가 적당해야 식물생장에 좋다.

(4) 수문

물은 식재에서 성공이냐 실패이냐를 결정하는 관건이다. 부지 내에서 천연 또는 인공수자원을 조사한다.

(5) 기후

부지의 기후는 식물생장에 절대적이다. 강수량과 강수기간, 그리고 온도의 변동 등이 결정적이다. 월평균 강수량, 월평균 기온, 눈 쌓이는 기간, 첫서리와 늦서리 일 자, 내한성대(cold hardiness zone) 등의 자료가 요구된다.

(6) 자연지리

자연지리 요소는 지진, 홍수대, 화산대, 수위가 높은 지역 등의 자료가 필요하다.

(7) 기존 식생

부지 내에 존재하고 있는 개개의 식물이나 식물 집단의 위치, 크기 등을 기본도에 정확하게 표시한다. 식생의 크기는 식물재료의 길이, 폭, 높이 등을 표시하고 개개 식 물의 근원 직경(지면 30cm 높이에서의 줄기의 반지름)을 기록하고 관목은 수관폭을 재며 교목의 수관 치수는 빗물받이선(drip line)을 도면에 표시한다.

(8) 야생동물

프로젝트 지역 내 야생동물의 개체수는 식재설계에서 중요한 요소가 된다. 어떤 포유동물은 식량자원의 부족으로 인하여 멸종 위험에 처하게 되고 어떤 조류나 설 치류들은 늘어나기도 한다.

2) 역사적 자료

식재 프로젝트의 성패는 과거에 이용되었던 부지의 용도에 달려 있다. 계획부지 가 성토한 곳인지, 쓰레기 매립지였는지, 과수원이었는지, 목장이었는지, 묘포장이었 는지 등의 과거의 정보가 있어야 한다.

(1) 과거와 현재의 토지이용

과거에 다른 목적으로 사용되었던 위치와 규모 등을 도면에 표시한다. 경계선, 설 계 프로젝트의 소유선 등이 중요한 요소이다.

(2) 기존 인공시설

유틸리티(특히 지하매설물)의 용량과 크기, 도로, 빌딩, 오락시설, 구조물, 주택, 농 장시설물, 철도시설, 공중선 등을 도면에 그려 넣는다.

(3) 미적 경관

부지의 미적 경관은 토지형태, 식생모양, 공간, 전망, 기타 부지의 전반적 인상 등을 나타낸다.

3. 개발의 제한

설계 의도가 주어지고 부지의 수용 능력 연구가 평가되고 난 후 식재설계가는 부지개발에 제한점을 진술하고 프로젝트의 목표에 만족할만한 대안을 제시하게 된다.

여기서는 3개의 대안이 제시될 수 있다.
- 의뢰인의 모든 목표는 부지에 만족할 수 있다.
- 목표의 일부가 의뢰인의 프로그램에서 또는 부지의 특질에서 최소한으로 변경이 될 수 있다.
- 프로그램이나 부지 특질의 대규모 변경 없이는 목표 수행이 어렵다. 따라서 이 단계에서 식재설계가나 의뢰인은 계속할 것인지 포기할 것인지를 결정한다.

2 단계 : 예비계획 개발

이 단계에서는 의도한 프로그램을 실시하게 될 설계개념의 예비 세트 내에서 기본 설계 요소들을 정리하는 것으로 구성된다. 의뢰인의 계속적인 투입으로 식재 설계가는 식재계획에 필요로 하는 특정 의사결정을 하게 된다.

1) 식물재료의 기능 결정

식물재료의 기초적 건축형태, 즉 벽, 천장, 바닥, 캐노피, 가리개, 지피식물, 산울타리 등이 고려된다.

2) 예비개념 개발

식재설계 요소들(색채, 형태, 질감)이 공간 내의 특질로서 결정된다. 이러한 특질들이나 소규모 환경이 식재설계 개념에 반영되어야 한다.

3) 식물재료의 선정

식물이 설계 요구사항에 부합되게 선정되어야 한다. 매력적인 조망을 틀로 만드는 것처럼 특정요소가 요구된다면 특정 식물이 필요에 충족되도록 선정되어야 한다.

4) 예비계획 개발

예비 계획개발에서 연구, 검토, 설계 개념들이 요약된다. 의뢰인이 검토한 후 필요하다면 수정 · 보완하고 나서 승인될 것이다.

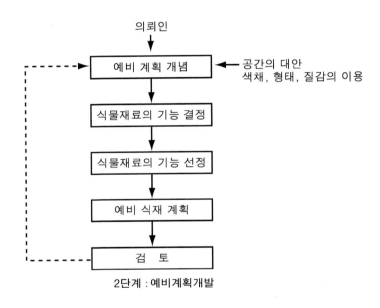

2단계 : 예비계획개발

3 단계 : 최종 식재계획

1) 최종 식재계획 준비

만일 모든 대안들이 논의되었고, 예비계획이 완성되었다면 최종계획을 요약하게 된다. 의뢰인의 투입은 설계과정에서 최종단계이더라도 계속적으로 유지되어야 한다.

2) 지원과 실시 문서 준비

식재 및 공사상세도, 시설 및 식재시방서, 관리계획 등을 작성한다. 설계요소들은 정부기관의 인가를 받기 위한 것을 포함하여 3부가 필요하다. 모든 필요한 자료들을 확실하게 나타내어야 한다.

3) 시행을 위한 준비

입찰과정에서 광고를 위해 필요한 문서를 준비한다. 식재설계를 위한 종합적인 입찰가격을 산정한다. 실수가 없도록 하거나 대안들을 점검하는 것을 잊지 않아야 한다.

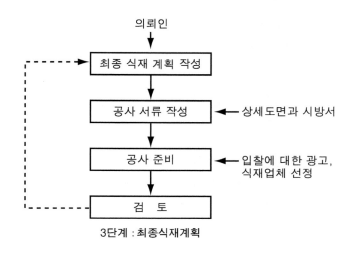

3단계 : 최종식재계획

4 단계 : 완성

1) 시행 / 공사

기본설계 단계가 완성되었다고 할지라도 부지에는 뜻하지 않은 위험요소가 따르게 되므로 변경이 요구될 수도 있다. 따라서 식재설계를 수행하면서 정기적인 검토가 있어야 한다.

2) 검토

식재설계 과정의 마지막 단계 기간에 식재 프로그램에 모든 승낙을 보증하기 위하여 최종적으로 검토하고 또한 각각의 공사영역들도 검토한다.

3) 평가

　선정된 식물들은 새로운 터전에서 생장하고 무성해질 것이다. 그러나 식재설계가로서의 역할이 모두 끝난 것은 아니다. 식물이 생장하고 성숙해지는 것처럼 환경에 대한 상호관계도 이루어지므로 이들의 변화를 평가하면서 식물의 선정과 판단의 실수도 배우게 된다. 식재설계 결과를 계속적으로 평가하는 것은 훌륭한 식재설계가로 만들게 될 것이다.

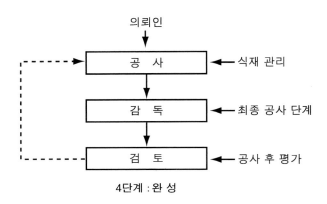

4단계 : 완 성

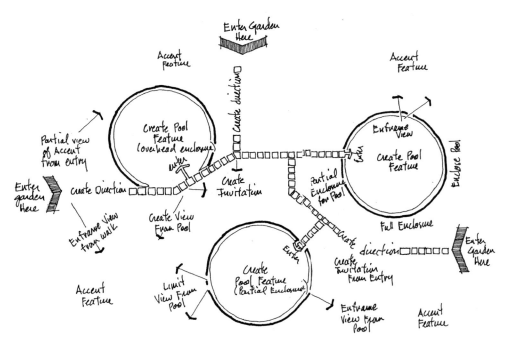

부지에서 공간의 대안
정원에서 공간개념이 개발되기 위해서는 의뢰인과 의논한 후에 그림으로 인식될 수 있다.

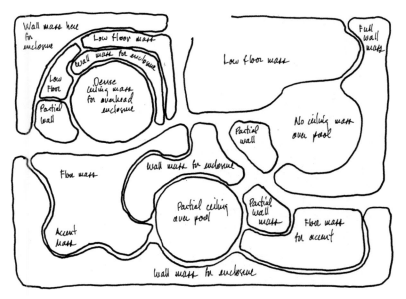

공간의 기능적 요구

설계 기능의 결정에 따르는 식물재료 선정

A : 풀을 위요하기 위한 가리개
B : 강조 특징을 조망하기 위한 낮은 지피식물
C : 입구를 위한 강조요소로서 중간 키의 지피식물
D : 풀 내에서 강조 특징을 방해하거나 위요를 위한 좁은 가리개
E : 인도에서 강조 특징의 조망이 가능하도록 한 키가 낮은 관목
F : 머리 위쪽 위요를 위한 캐노피
G : 개방감을 주기 위한 낮은 키의 지피식물
H : 밝은 색의 강조를 위한 소관목

I : 풀 위요를 위한 가리개
J : 풀의 부분위요를 위한 낮은 관목
K : 풀의 완전위요를 위한 완전 가리개
L : 키 낮은 지피식물
M : 풀 위요를 위한 가리개
N : 중간 키의 강조
O : 풀 위요를 위한 부분 캐노피
P : 조망을 위한 강조관목
Q : 낮은 키의 지피식물
R : 키가 작은 강조 관목

최종 식재 계획

먼저 공간에서 공간구역과 시각적 경험을 인식하도록 한다.

다음 식물의 기능적 요구사항이 인식되도록 한다.

15

상세도 작성

단원의 목표

- 상세도를 이해한다.
- 상세도가 요구되는 부분을 이해한다.
- 상세도를 잘 그릴 수 있다.

상세도(詳細圖, details, detail drawing)는 도면에서 특정부분을 자세하게 그린 것을 말하며, 식재에서는 식재구덩이의 크기와 식재 깊이, 멀칭(피복) 재료와 깊이, 물집 만들기, 지주대와 당김줄 등의 부분, 구조, 치수, 끝마무리의 모든 것 등을 상세하게 나타낸 도면을 상세도라 한다.

상세도는 설계자가 공사자에게 정확하게 작업지시를 전달하기 위한 도면이다. 따라서 상세도는 정확하고 간명하게 작도하여야 한다.

- 도면상 약어는 「DET」라고 표시한다.
- 축척은 1/5~1/10 또는 1/20이 일반적으로 쓰인다.
- 평면도에서 상세도가 더 필요한 경우에는 도면 A-A' 상세도로 표기하여 상세도에서 확대시켜서 나타낸다.
- 상세도에서 선의 굵기는 테크니컬 펜(technical pen) 0.2mm 또는 0.3mm가 흔히 이용된다.

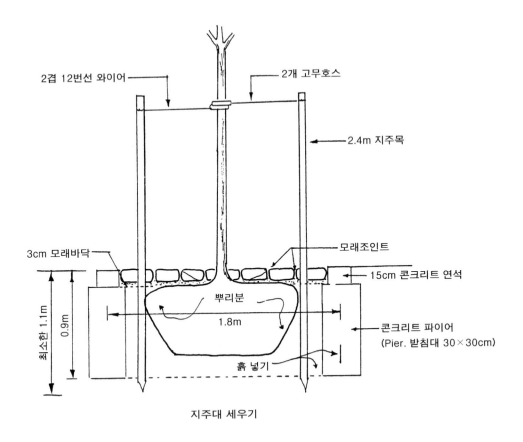

2겹 12번선 와이어

2개 고무호스

2.4m 지주목

3cm 모래바닥

모래조인트

15cm 콘크리트 연석

뿌리분

1.8m

콘크리트 파이어
(Pier. 받침대 30×30cm)

흙 넣기

최소한 1.1m

0.9m

지주대 세우기

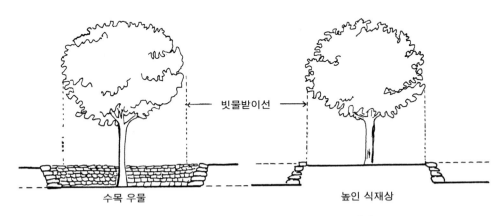

빗물받이선

수목 우물

높인 식재상

기존 지면 성토 및 절토 작업시에 수목 보호 방법

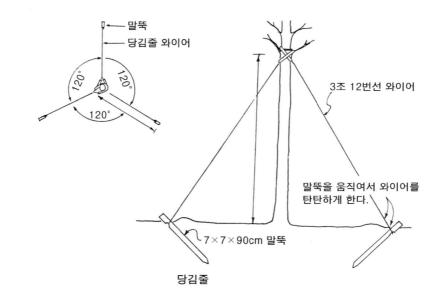

말뚝

당김줄 와이어

120°

120°

120°

3조 12번선 와이어

말뚝을 움직여서 와이어를
탄탄하게 한다.

7×7×90cm 말뚝

당김줄

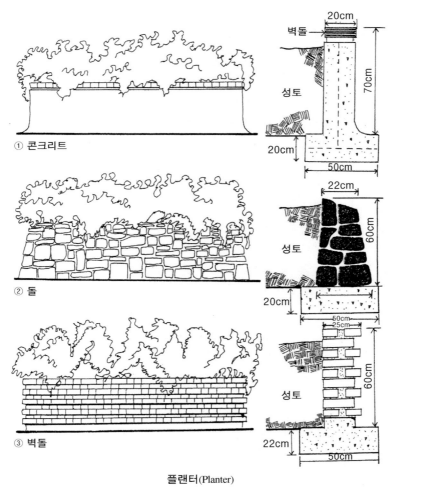

① 콘크리트

20cm

벽돌

성토

70cm

20cm

50cm

② 돌

22cm

성토

60cm

20cm

60cm

③ 벽돌

25cm

성토

60cm

22cm

50cm

플랜터(Planter)

• 다알리아 심기

① 파낸 후에 수시간 동안 건조시킨다.

② 건조한 피이트 모스, 모래, 버마큘라
이트 등에 저장한다.

③ 각개의 괴근에는 묵은 줄기나 또는 하
나의 "눈(eye)"을 지니도록 해야 한다.

④ 배수가 잘 되는 토양에 심는다.

⑤ 싹이 지면으로 잘 나오게 잘 보호해
야 한다.

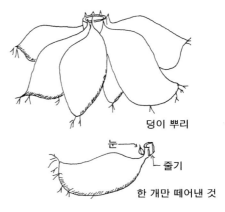

덩이 뿌리

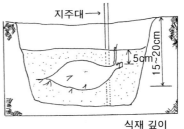

눈
줄기
한 개만 떼어낸 것

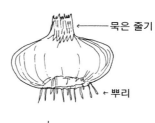

지주대
5cm
15~20cm
식재 깊이

• 글라디올러스 심기

① 잎이 노랗게 변할 때 파낸다.

② 건조할 때까지 8주간 시원한 통기가
되는 곳에 저장한다.

③ 줄기를 자르고, 건조한 피이트 모스
(Peat moss), 모래 등에 저장한다.

④ 배수가 잘되는 땅에 그림과 같이
16cm 간격으로 심는다.

묵은 줄기

뿌리

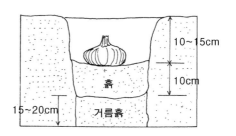

10~15cm

흙

10cm

15~20cm

거름흙

16
시방서 작성

단원의 목표

- 시방서를 이해한다.
- 시방서의 내용을 이해한다.
- 시방서를 작성할 수 있다.

시방서(示方書, specification)는 식재설계가의 의도를 공사자에게 전달할 목적으로 설계도서에서 기재할 수 없는 사항들을 기재하는 문서이며, 설계자가 작성하여 설계 도면에 반드시 첨부한다.

영어의 「specification」이란 「specify」한 것, 즉 도면 이외의 방법을 말하며 설계도에 표시되지 않는 공사방법의 상세, 재료, 계약조건, 기타를 규정하는 것이므로 우리말의 시방서보다도 원칙적으로 범위가 넓다.

시방서에는 표준시방서(標準 示方書)와 특기시방서(特技示方書) 두 가지가 있다.

표준시방서는 도면과 함께 설계의도를 명확하게 또는 구체적으로 표현하여 지시한 것이다. 재료 및 시공법 등을 평균하여 모든 경우의 공통된 표준적인 것을 도출하여 정리한 것으로 공통시방서라고도 한다.

특기시방서는 표준시방서에 포함되지 않은 특정공사에만 적용되는 사항을 지시한 것으로 특별시방서라고도 한다.

시방서 작성은 전문적 지식과 경험을 바탕으로 공사 전반에 걸쳐 상세하게 기술하면서도 간단·명료하고 내용전달이 분명해야 하며, 오자, 탈자, 오기 등이 없어야 한다. 시방서의 문장은 완전한 문장일 필요는 없고 개조식(個條式)에 가까운 형태로 작성된다.

시방서는 학회, 협회 또는 공사 등에서 정한 기술 수준으로 일반적으로 엄수해야만 되는 것이다.

시 방 서(예; 대한주택공사)

1) 조경식재공사시 품질, 검사, 굴취 및 운반, 식재, 배식에 따른 시방서 작성

(1) 품 질
① 각종 조경수목 및 자재는 감독원에게 수종, 품질 및 규격 등 제 검사를 필한 후 반입되어 시공하여야 한다.
② 본 공사에 식재할 수목은 발육이 양호하고 수형이 정돈된 것이어야 하며, 병충해의 피해를 받지 않은 것이어야 한다.
③ 본 공사에 식재할 수목은 각기의 고유 특성을 갖춘 것으로, 굴취 후 장시간이 경과되지 않은 것이어야 한다.
④ 수목 품질의 검사는 별도 수목품질시방서에 의한다.

(2) 검 사
수목소재는 수종 및 성상에 따라 철저히 검사하여야 하며, 수목규격 측정을 위한 기준은 다음과 같다.
① 수고의 측정은 지표면에서 수관 정상까지의 수직거리를 말하며, 수관의 정상에서 돌출된 도장지는 제외된다.
② 흉고직경 부위가 쌍간 이상인 경우에 각 간의 흉고직경 합의 70%가 각 간의 흉고직경 중 최대치로서 판정한다.
③ 수관폭의 측정에 있어서 타원형의 수관은 최대폭과 최소폭을 합하여 양분한 것을 수관폭으로 채택한다. 또한 여러 형태로 조형된 교목이나 관목도 이에 준하여 판정하며 도장지는 제외된다.
④ 근원 직경은 지표면의 수간 직경을 말하며, 측정 부위가 원형이 아닌 경우에 최대치와 최소치를 합하여 양분한 수치를 채택한다.

(3) 굴취 및 운반
① 수목의 굴취는 근원부의 잡초를 제거하고, 근경의 4배 이상 크기로 뿌리분을

떠야 하며, 분의 깊이는 세근이 현저히 감소된 부위까지로 하고, 분의 흙이 떨어지지 않도록 새끼, 가마니, 철사, 보습재, 기타 보토재료로 고정시켜야 한다.

② 운반시 뿌리분과 수형이 손상되지 않도록 다음과 같은 보양조치를 하여야 한다.

- 뿌리분이 파손되지 않도록 특히 유의한다.
- 세근이 절단되지 않도록 충격을 주지 말아야 한다.
- 가지를 간편하게 결박한다.
- 이중적재를 금한다.
- 수목과 수목의 접촉부에는 완충재를 삽입한다.
- 중기 및 목도로 운반할 시에는 수피가 상하지 않도록 한다.
- 수송도중 바람에 의한 증산을 억제하며, 강우로 인한 뿌리분 토양의 유실을 방지하기 위한 조치를 취한다.

(4) 식 재

① 식재순서

- 식재할 구덩이를 뿌리분 크기의 1.5배 이상으로 파고
- 잘게 부순 양토질 흙을 구덩이 깊이의 1/3 정도 넣은 후
- 수목의 뿌리분이 깨지지 않도록 구덩이에 넣어서 수형을 살피고, 수목의 방향을 조정한 후
- 잘게 부순 흙을 3/4 정도로 채워 잘 다지고
- 물을 충분하게 붓고 각목이나 삽으로 휘저어 섞어 흙이 뿌리분에 밀착되도록 한 후
- 나머지 흙을 채운 다음 잘 밟아 공기유통이 되지 않도록 하고
- 지면을 잘 고른 후 수관폭의 1/3 정도에 높이 10cm의 물받이를 만든 다음 식재 구덩이 주변을 정리한다.

② 분을 감은 소량의 새끼는 분 파손을 방지하기 위하여 함께 묻어 주어도 무방하지만 분 전체를 감싼 가마니, 마대 또는 새끼는 부식했을 때 과도한 열이 발생하므로 제거하여야 한다.

③ 식재시 수목의 근원부가 묻히는 부위는 굴취 전에 묻혔던 부위와 같아야 하지만 배수가 불량한 토질에는 약간 높게 올려 심고, 그 주위에는 복토를 하여 표면배수가 잘 되도록 해야 한다.

④ 이식 후의 방향은 이식 전의 방향과 동일하게 식재하는 것을 원칙으로 하지만 조건에 따라 생육이 부진한 쪽을 남향으로 식재할 수도 있다.

(5) 식재 위치의 조정

① 고층지구의 경우 발코니 전면의 식재시에는 곤돌라 사용에 필요한 공간을 고려하여 현장여건에 따라 수목의 식재 위치를 조정하여 시공해야 한다.

② 식재지반이 암노출, 급경사, 지하구조물 등으로 인하여 설계도면대로 배식이 곤란할 때는 감독원의 승인하에 식재 위치를 변경할 수 있다.

③ 법면경사의 연장이 5m 이상인 곳에는 법면의 중간 부위에 교목류의 식재를 피하고 상단 또는 하단 부위에 식재하도록 한다.

④ 보일러실, 관리소, 노인정, 복합건물 및 판매시설 등의 건물에 부속 · 설치되는 화단(플랜터)에는 상부 개방으로 우수가 직접 닿고 또 토심이 수목생육에 지장이 없을 정도로 충분한 경우에만 건물과의 조화를 고려하여 회양목 등의 관목을 군식처리하거나 필요시 단지 내에 설계된 소교목을 활용하고, 위치를 조정하여 식재할 수 있다.

Part 3
조경식물 재료

땅나리(*Lilium callosum*)

I . 교목

A. 상록 교목

식물이름	학 명	과	크기(m)	내한성대	질감	음/양수	이식	병충해	비고
주목	*Taxus cuspidata*	주목	높이 17 흉고직경 1	3, 4, 5	중간	강음수	쉽다	가지벌레	
비자나무	*Torreya nucifera*	주목	높이 5 흉고직경 2	4, 5, 6, 7, 8	중간	음수	쉽다	잎반점병	
전나무	*Abies holophylla*	소나무	높이 40 흉고직경 1.5	2, 3, 4, 5, 6, 7	중간	음수	보통	잎떨림병, 뿌리 썩음병, 응애	
구상나무	*Abies koreana*	소나무	높이 18	3, 4, 5, 6, 7	중간	내음성	보통	잎마름병, 잎떨림병, 뿌리 썩음병	
분비나무	*Abies nephrolepis*	소나무	높이 25 흉고직경 75	1, 2, 3, 4	중간	음수	보통	잎마름병, 잎떨림병, 뿌리 썩음병	
히말라야시다 (설송나무)	*Cedrus deodara*	소나무	높이 20~30 흉고직경 80~100	6, 7, 8	고운	양수	쉽다	잎마름병	
독일 가문비	*Picea abies*	소나무	높이 50 흉고직경 1	2, 3, 4, 5, 6, 7	중간	음수	쉽다	응애	
종비 나무	*Picea koraiensis*	소나무	높이 25 흉고직경 75cm	2, 3, 4, 5	중간	음수	보통	잎마름병	
소나무	*Pinus densiflora*	소나무	크기 30 흉고직경 1.8	3, 4, 5, 6, 7, 8	중간	양수	어렵다	잎마름병, 잎떨림병, 솔잎혹파리, 솔나방, 소나무좀	
백송	*Pinus bungeana*	소나무	높이 15 흉고직경 1.7	4, 5, 6, 7, 8	중간	양수 (내음성有)	어렵다	모잘록병, 잎떨림병, 부란병	

식물이름	학명	과	크기(m)	내한성대	질감	음/양수	이식	병충해	비고
해송(곰솔)	Pinus thunbergiana	소나무	높이 20, 흉고직경 1	2, 3, 4, 5, 6, 7, 8	중간	양수	쉽다	모잘록병, 잎떨림병	
잣나무	Pinus koreaiensis	소나무	높이 30, 흉고직경 1	2,3,4	중간	내음성	쉽다	털녹병, 잎마름병	
섬잣나무	Pinus parviflora	소나무	높이 30, 흉고직경 1	4,5,6,7	중간	양수 or 중용수	쉽다	잎마름병, 잎떨림병	
스트로브잣나무	Pinus strobus	소나무	높이 25~30, 흉고직경 1	3,4,5,6,7,8	고운	양수	쉽다	잎떨림병	
방크스소나무	Pinus banksiana	소나무	높이 25, 흉고직경 0.8	2,3,4,5,6,7	중간	양수	쉽다	별로 없다.	
리기다소나무	Pinus rigida	소나무	높이 25, 흉고직경 1	4,5,6,7	중간	양수	쉽다	모잘록병, 잎떨림병	
솔송나무	Tsuga sieboldii	소나무	높이 30, 흉고직경 0.8	4,5,6,7,8	중간	음수	쉽다	각지벌레	
삼나무	Cryptomeria japonica	낙우송	높이 30~40, 흉고직경 1.5~2	5,6,7,8	중간	양수	보통	잎떨림병	
금송	Sciadopitys verticillata	금송	높이 20~30, 흉고직경 0.6~0.8	6,7,8	중간	음수	보통	모잘록병, 솔잎, 각지벌레	
편백	Chamaecyparis obtusa	측백나무	높이 40, 지름 50~150	4,5,6,7,8	중간	양수	쉽다	잎마름병, 잎떨림병 측백나무 하늘소	
화백	Chamaecyparis pisifera	측백나무	높이 30, 흉고직경 0.3~0.4	4,5,6,7,8	중간	양수	쉽다	잎마름병, 잎떨림병 측백나무 하늘소	
실화백	Chamaecyparis pisifera var. filifera	측백나무	높이 3~4	5,6,7	중간	양수	쉽다	잎마름병, 측백나무 하늘소	
비단화백	Chamaecyparis pisifera var. aquarrosa	측백나무	높이 5	5,6,7,8	고운	양수	어렵다	잎마름병, 측백나무 하늘소	

식물이름	학명	과	크기(m)	내한성대	질감	음/양수	이식	병충해	비고
향나무	Juniperus chinensis	측백나무	높이 23 흉고직경 1	4,5,6,7,8,9	중간	양수	쉽다	잎녹병, 측백나무 하늘소	
가이즈카 향나무	Juniperus chinensis var. kaizuka	측백나무	높이 10 흉고직경 0.5	5,6,7,8	고운	양수	쉽다	녹병, 가지마름병	
스카이로켓 향나무	Juniperus scopulorum 'Skyrochet'	측백나무	높이 10	3,4,5,6,7	중간	양수	쉽다	별로 없다.	
노간주나무	Juniperus rigida	측백나무	높이 8 흉고직경 0.2	3,4,5,6,7	중간	양수	쉽다	별로 없다.	
측백나무	Thuja orientalis	측백나무	높이 5~15 흉고직경 30~40mm	3,4,5,6,7,8	중간	양수	쉽다	잎마름병, 잎떨림병 측백나무 하늘소	
미 측백 (서양 측백)	Thuja occidentalis	측백나무	높이 20 흉고직경 0.3~1	2,3,4, 5,6,7,8	중간 ~고운	양수	쉽다	잎마름병, 잎떨림병 측백나무 하늘소	
가시나무	Quercus myrsinaefolia	참나무	높이 0.2 흉고직경 0.5	8,9,10	중간	음수	어렵다	하늘소	
태산목	Magnolia grandiflora	목련	높이 30 흉고직경 0.8	7,8,9	거친	중용수	어렵다	깍지벌레	
녹나무	Cinnamomum camphora	녹나무	높이 15~25 흉고직경 0.7~0.8	9,10	중간	중용수	어렵다	뿌리썩음병	
생달나무	Cinnamomum japonicum	녹나무	높이 15 흉고직경 0.3~0.4	8,9,10	중간	중용수	어렵다	자줏빛 무늬병	
참식나무	Neolistsea sericea	녹나무	높이 10 흉고직경 0.4	8,9,10	중간	양수	보통	별로 없다.	
센달나무	Persea japonica	녹나무	높이 10	8,9,10	중간	음수	보통	별로 없다.	

식물이름	학 명	과	크기(m)	내한성대	질감	음/양수	이식	병충해	비고
후피향나무	*Ternstroemai japonica*	차나무	높이 5~10 근원직경 0.2	8,9,10	중간	양수	어렵다	깍지벌레, 그을음병	
광나무	*Ligustrum japonica*	물푸레나무	높이 3~5	6,7,8,9	중간	양수	쉽다	갈색무늬병 잎말이 나방, 깍지벌레	
올리브나무	*Olea europaea*	올리브나무	높이 5~10 흉고직경 0.3~0.4	9,10	중간	양수	보통	별로 없다.	
아왜나무	*Viburnum awabuki*	인동	높이 10	7,8,9,10	중간	음수	쉽다	잎벌레	
조롱나무 (조록나무<밤>)	*Distylium racemosum*	조록나무	높이 10~20	8,9,10	중간	양수	쉽다	나무좀	
담팔수	*Elaeocarpus sylvestris* var. *ellipticus*	담팔수	높이 20 흉고직경 0.5	9,10	중간	음수	보통	별로 없다.	

B. 낙엽 교목

식물이름	학 명	과	크기(m)	내한성대	질감	음/양수	이식	병충해	비고
은행나무	*Ginkgo biloba*	은행나무	높이 60 흉고직경 4	3,4,5,6,7	중간(여름) 거친(겨울)	양수	쉽다	별로 없다.	
낙우송	*Taxodium distichum*	낙우송	높이 20~33 흉고직경 1.5~2	4,5,6,7,8	고운	양수	어렵다	별로 없다.	
일본 이깔나무	*Larix leptolepis*	소나무	높이 35 흉고직경 1	3,4,5,6,7	고운	양수	보통	잎떨림병	
메타세쿼이아 (수삼나무)	*Metasequoia glyptostroboides*	낙우송	높이 30 흉고직경 2	4,5,6,7,8	고운	양수	보통	별로 없다.	
은백양	*Populus alba*	버드나무	높이 20~25 흉고직경 0.3~0.4	4,5,6,7,8,9	중간	양수	쉽다	별로 없다.	
현사시나무	*Populus albaglandulisa*	버드나무	높이 30 흉고직경 1	2,3,4,5,6,7,8	중간	양수	쉽다	별로 없다.	
미루나무	*Populus deltoides*	버드나무	높이 30 흉고직경 1	2,3,4,5,6,7,8	중간~거친(여름) 거친(겨울)	양수	쉽다	별로 없다.	
이태리 포플러	*Populus euramericana*	버드나무	높이 30 흉고직경 1	3,4,5,6,7	중간~거친(잎) 거친(겨울)	양수	쉽다	별로 없다.	
양버들	*Populus nigra var. italica*	버드나무	높이 20~25 흉고직경 0.4~0.5	2,3,4,5,6,7	중간	양수	쉽다	별로 없다.	
황철나무	*Populus maximowiczii*	버드나무	높이 20~25 흉고직경 1~1.5cm	1,2,3,4	중간	양수	쉽다	별로 없다.	
왕버들	*Salix grandulosa*	버드나무	높이 20 흉고직경 1	5,6,7,8	중간	양수	쉽다	별로 없다.	

식물이름	학명	-과	크기(m)	내한성대	질감	음/양수	이식	병충해	비고
용버들	Salix matsudana var. tortuosa	버드나무	높이 10	4,5,6,7	고운(여름) 거친(겨울)	양수	쉽다	녹병, 흰가룻병, 진딧물	
수양버들	Salix babylonica	버드나무	높이 5~10 흉고직경 0.2~0.3	4,5,6,7	고운	양수	쉽다	녹병, 진딧물	
버드나무	Salix koreansis	버드나무	높이 20 흉고직경 0.8	2,3,4, 5,6,7,8	고운~중간	양수	쉽다	별로 없다.	
가래나무	Juglans mandsjurica	가래나무	높이 20~30 흉고직경 0.7~0.8	2,3,4,5	중간	양수	보통	별로 없다.	
흑두나무 (흑도나무)	Juglans sinensis	가래나무	높이 10~20 흉고직경 0.3~0.5	4,5,6,7	중간~거친(잎) 거친(겨울)	양수	보통	탄저병, 어스래기 나방	
중국 굴피나무	Pterocarya stenoptera	가래나무	높이 30 흉고직경 1	4,5,6,7	중간	양수	어렵다	하늘소	
오리나무	Alnus japonica	자작나무	높이 20 흉고직경 0.7	2,3,4, 5,6,7,8	중간	양수	보통	흰가룻병, 잎벌레	
자작나무	Betula platyphylla var. japonica	자작나무	높이 10~20 흉고직경 0.3	2,3,4,5	중간	양수	어렵다	갈색무늬병, 녹병, 자나방	
박달나무	Betula schmidtii	자작나무	높이 30 흉고직경 0.9	2,3,4,5	중간	양수	보통	별로 없다.	
서나무	Carpinus laxiflora	자작나무	높이 10~15 흉고직경 0.3~0.4	3,4,5,6,7	중간	양수	쉽다	진딧물, 자나방	
소사나무	Carpinus koreana	자작나무	높이 10	4,5,6,7	중간	중용수	쉽다	별로 없다.	
까치박달	Carpinus cordata	자작나무	높이 15~18 흉고직경 60~70	2,3,4,5,6,7	중간	중용수	보통	별로 없다.	

식물이름	학명	─과	크기(m)	내한성대	질감	음/양수	이식	병충해	비고
밤나무	Castanea crenata	참나무	높이 15~20 흉고직경 1	3,4,5,6,7,8	중간	양수	보통	혹병, 하늘소	
상수리나무	Quercus acutissima	참나무	높이 30 흉고직경 1	2,3,4, 5,6,7,8	중간	양수	어렵다	하늘소	
갈참나무	Quercus aliena	참나무	높이 20 흉고직경 1	2,3,4, 5,6,7,8	중간	양수	어렵다	하늘소	
떡갈나무	Quercus dentata	참나무	높이 20 흉고직경 0.7	4,5,6,7,8	거친	양수	어렵다	하늘소	
신갈나무	Quercus mongolica	참나무	높이 30 흉고직경 1	2,3,4,5,6,7	중간(잎) 중간~거친(겨울)	양수	어렵다	하늘소	
굴참나무	Quercus variabilis	참나무	높이 25 흉고직경 1	4,5,6,7,8	중간(잎) 중간~거친(겨울)	양수	어렵다	하늘소	
졸참나무	Quercus serrata	참나무	높이 23 흉고직경 1	3,4,5,6,7,8	중간(잎) 중간~거친(겨울)	양수	어렵다	하늘소	
느릅나무	Ulmos davidiana var. japonica	느릅나무	높이 15 흉고직경 0.7	3,4,5,6,7,8	중간~고운	중용수 (양수)	쉽다	흰가룻병, 텐트나방	
팽나무	Celtis sinensis	느릅나무	높이 20 흉고직경 1	3,4,5, 6,7,8,9	중간	중용수 (양수)	쉽다	흰가룻병, 진딧물	
시무나무 (시무나무<방>)	Hemiptelea davidii	느릅나무	높이 20 흉고직경 0.6	2,3,4,5,6,7	중간	양수	쉽다	별로 없다.	
느티나무	Zelkova serrata	느릅나무	높이 26 흉고직경 3	3,4,5,6,7	중간~고운(잎) 중간(겨울)	양수	보통	흰가룻병, 갈색무늬병, 나방	
뽕나무	Morus alba	뽕나무	높이 10~15 흉고직경 0.3~0.4	4,5,6,7,8	거친	중용수	쉽다	진딧물	

식물이름	학명	과	크기(m)	내한성대	질감	음/양수	이식	병충해	비고
무화과나무	Ficus carica	뽕나무	높이 3~6 흉고직경 0.3~0.4	8,9,10	거친	중용수	쉽다	깍지벌레, 응애, 녹병	
가쓰라나무	Cercidiphyllim japonicum	계수나무	높이 25~30 흉고직경 1.3	4,5,6,7	중간	중용수	쉽다	탄저병, 하늘소	
목련	Magnolia kobus	목련	높이 8~10 흉고직경 0.2~0.3	4,5,6,7,8	중간	중용수	어렵다	흰가룻병, 잎말이나방, 응애, 진딧물	
백목련	Magnolia heptapeta	목련	높이 5~7 흉고직경 0.2~0.3	4,5,6,7,8	중간	중용수	어렵다	흰가룻병, 잎말이나방, 응애, 진딧물	
자목련	Magnolia quinquepeta	목련	높이 2~4	5,6,7,8	중간	양수	어렵다	흰가룻병, 탄저병, 응애, 잎말이나방, 진딧물	
일본목련	Magnolia hypolenca	목련	높이 15~20 흉고직경 0.4~0.5	4,5,6,7	거친	양수	어렵다	흰가룻병, 탄저병, 응애, 잎말이나방, 진딧물	
함박꽃나무	Magnolia sieboldii	목련	높이 8	2,3,4, 5,6,7,8	거친	중용수	어렵다	별로 없다.	
튤립나무	Liriodendron tulipifera	목련	높이 20~35 흉고직경 0.5~1	4,5,6,7,8	거친~중간	양수	어렵다	깍지벌레	
비목나무 (보얀목)	Lindera erythrocarpa	녹나무	높이 15 흉고직경 0.4	5,6,7,8	중간	음수	보통	별로 없다.	
플라타너스 (버즘나무)	Platanus orientalis	플라타너스	높이 10~30 흉고직경 1.5~2	5,6,7,8	거친	중용수	쉽다	흰불나방	
아메리카플라타너스 (양버즘나무)	Platanus occidentalis	플라타너스	높이 30~50 흉고직경 1.5~2	3,4,5,6,7	거친	중용수	쉽다	흰불나방	
모과나무	Cydonia sinenesis	장미	높이 4~5 흉고직경 0.8	6,7,8,9	중간	양수	쉽다	녹병, 진딧물	

식물이름	학명	과	크기(m)	내한성대	질감	음/양수	이식	병충해	비고
산사나무	*Crataegus pinnatifida*	장미	높이 5~6	3,4,5,6	중간	중용수	보통	나방	
채진목	*Amaelanchier asiatica*	장미	높이 5 흉고직경 0.15~0.2	4,5,6,7	중간	음수	쉽다	별로 없다.	
능금나무	*Malus asiatica*	장미	높이 10 흉고직경 0.2	4,5,6	중간	양수	쉽다	별로 없다.	
아그배나무	*Malus sieboldii*	장미	높이 6~10 흉고직경 0.3~0.4	4,5,6,7,8	중간	양수	쉽다	녹병, 텐트나방, 진딧물	
꽃 아그배나무	*Malus flotibunda*	장미	높이 6~7 흉고직경 0.3~0.4	4,5,6,7,8	중간	양보	쉽다	붉은별무늬병, 진딧물	
야광나무	*Malus baccata*	장미	높이 12 흉고직경 0.5	3,4,5,6,7	중간	양수	보통	잡시나방	
윤노리나무	*Pourthiaea villosa*	장미	높이 5~10 흉고직경 0.1~0.2	3,4,5,6	중간	중용수	쉽다	별로 없다.	
마가목	*Sorbus commixta*	장미	높이 6~8 흉고직경 0.15~0.2	3,4,5,6	중간	음수	보통	각지벌레	
팥배나무	*Sorbus alniffolia*	장미	높이 15 흉고직경 0.5	4,5,6,7	중간	음수	보통	녹병, 각지벌레	
살구나무	*Prunus armeniaca*	장미	높이 10 흉고직경 0.5	3,4,5,6	중간	양수	어렵다	탄저병, 텐트나방, 복숭아, 유리나방, 각지벌레	
복숭아나무	*Prunus persica*	장미	높이 6 흉고직경 0.3	5,6,7,8	중간	양수	보통	잎오갈병	
자두나무 (오얏나무)	*Prunus salicina*	장미	높이 10	4,5,6,7,8	중간	양수	쉽다	탄저병, 진딧물	

식물이름	학명	과	크기(m)	내한성대	질감	음/양수	이식	병충해	비고
홍엽 자두	*Prunus cerasifera* 'Atropurpurea'	장미	높이 4.5~6	4,5,6,7,8	중간	양수	쉽다	별로 없다.	
산벚나무	*Prunus sargentii*	장미	높이 20 흉고직경 0.9	3,4,5,6,7	중간	양수	쉽다	별로 없다.	
왕벚나무	*Prunus yedoensis*	장미	높이 15 흉고직경 0.5	5,6,7,8	중간	양수	보통	빗자루병, 회기롯병, 유리나방	
수양벚나무	*Prunus levilleana* var. *pendula*	장미	높이 7 흉고직경 0.3	4,5,6,7	중간	양수	보통	빗자루병, 회기롯병, 유리나방	
벚나무	*Prunus serrutatum* var. *spontanea*	장미	높이 20 흉고직경 0.3	2,3,4, 5,6,7,8	중간	양수	쉽다	별로 없다.	
올벚나무	*Prunus pendula* var. *ascendens*	장미	높이 10 흉고직경 0.3	4,5,6,7,8	중간	양수	쉽다	별로 없다.	
매화나무	*Prunus mume*	장미	높이 5~6 흉고직경 0.2~0.3	6,7,8,9	중간	양수	쉽다	탄저병, 축엽병, 하늘소, 진딧물	
귀룽나무	*Prunus padus*	장미	높이 15 흉고직경 0.3	3,4,5,6	중간	음수	보통	진딧물, 하늘소	
산돌배나무	*Pyrus ussuriensis*	장미	높이 10 흉고직경 0.5	3,4,5,6	중간~고운(잎) 중간(겨울)	중용수	쉽다	잎마름병	대기오염 약함
콩배나무	*Pyrus calleryana* var. *fauriei*	장미	높이 3	4,5,6,7	중간~고운(잎) 중간(겨울)	양수	쉽다	별로 없다.	공해에 강함
자귀나무	*Albizzia julibrissin*	콩	높이 5~10 흉고직경 0.2~0.3	4,5,6,7,8	고운(잎)	양수	어렵다	균해병, 탄저병, 각지별레	
쥐엄나무 (주엽나무⟨밤⟩)	*Gleditschia japonica* var. *koraiensis*	콩	높이 10~15 흉고직경 0.3~0.4	3,4,5,6,7	고운(잎) 중간(겨울)	양수	보통	별로 없다.	

식물이름	학명	-과	크기(m)	내한성대	질감	음/양수	이식	병충해	비고
다릅나무	Mackia amurensis	콩	높이 15~20 흉고직경 1.5	3,4,5,6	중간	양수	보통	별로 없다.	
아카시아나무	Robinia pseudo-acadia	콩	높이 10~15 흉고직경 0.1~0.4	3,4,5,6,7,8	중간~고운(잎) 중간(겨울)	양수	쉽다	부란병, 빌가루병, 목재, 부패병, 각지벌레	
꽃 아카시아	Robinia hisipida	콩	높이 1	5,6,7,8	중간(잎) 거친(겨울)	양수	쉽다	별로 없다.	
회화나무	Sophora japonicca	콩	높이 30 흉고직경 2	4,5,6,7,8	중간~고운(잎) 중간(겨울)	중·양수	쉽다	탄저병, 녹병, 각지벌레	
황벽나무	Phellodendron amurense	운향	높이 10 흉고직경 0.3	2,3,4,5,6	중간	양수	보통	별로 없다.	
쉬나무 (수유나무)〈방〉	Evodia daniellii	운향	높이 15 흉고직경 0.4	4,5,6,7,8	중간	양수	보통	하늘소	
머귀나무	Zanthoxylum ailanthoides	운향	높이 15 흉고직경 0.3	8,9,10	중간(잎) 거친(겨울)	양수	보통	별로 없다.	
참죽나무	Cedrela sinensis	멀구슬나무	높이 15~20 흉고직경 0.3~0.4	5,6,7,8	중간~거친(잎) 거친(겨울)	양수	쉽다	별로 없다.	
멀구슬나무	Melia azedarach var. japonica	멀구슬나무	높이 15 흉고직경 0.3~0.4	7,8,9	중간(잎) 거친(겨울)	양수	보통	진딧물, 응애	
가죽나무	Ailanthus altissima	소태나무	높이 20 흉고직경 0.3~0.4	4,5,6,7,8	거친	중·양수	어렵다	흰가룻병	
소태나무	Picrasma quassiodes	소태나무	높이 8 흉고직경 0.2	3,4,5,6,7	중간	양수	쉽다	별로 없다.	
붉나무	Rhus chinensis	옻나무	높이 7 흉고직경 15cm	3,4,5,6,7	거친	양수	쉽다	오배자	

식물이름	학명	과	크기(m)	내한성대	질감	음/양수	이식	병충해	비고
대팻집나무	*Ilex macropoda*	감탕나무	높이 12 흉고직경 0.3	5,6,7	중간	중용수 or 음수	쉽다	별로 없다.	
참빗살나무	*Euonymus sieboldiana*	노박덩굴	높이 8	3,4,5,6,7	중간	중용수	쉽다	나방	
단풍나무	*Acer palmatum*	단풍나무	높이 10~15 흉고직경 0.5~0.6	3,4,5,6,7	중간	양수	쉽다	엽록무늬병, 하늘소	
홍단풍	*Acer palmatum var. sanguineum*	단풍나무	높이 4~5	3,4,5,6,7	중간	양수	쉽다	하늘소	
중국단풍	*Acer buergerianum*	단풍나무	높이 15 흉고직경 0.3	4,5,6,7,8	중간	양수	쉽다	별로 없다.	
신나무	*Acer ginnala*	단풍나무	높이 5~8 흉고직경 0.4	2,3,4,5,6	중간	중용수	쉽다	별로 없다.	
고로쇠나무	*Acer mono*	단풍나무	높이 15~20 흉고직경 0.5~0.6	3,4,5,6	중간	양수	쉽다	별로 없다.	
산겨릅나무	*Acer tegmentosum*	단풍나무	높이 15 흉고직경 0.3	3,4,5,6	중간	중용수	쉽다	별로 없다.	
복자기	*Acer triflorum*	단풍나무	높이 15 흉고직경 0.3	2,3,4,5	중간	음수	쉽다	흰가룻병, 하늘소	
네군도단풍	*Acer negundo*	단풍나무	높이 20 흉고직경 1.3	3,4,5,6,7,8	거친	음수	쉽다	흰불나방	
당단풍나무	*Acer pseudo-siebildianum*	단풍나무	높이 8 흉고직경 0.3	2,3,4,5,6	중간	음수	쉽다	별로 없다.	
은단풍	*Acer saccharinum*	단풍나무	높이 40 흉고직경 0.3	5,6,7,8,9	중간	중용수	쉽다	일소	

식물이름	학명	과	크기(m)	내한성대	질감	음/양수	이식	병충해	비고
설탕단풍	*Acer saccharum*	단풍나무	높이 30~40 흉고직경 1~1.2	5,6,7,8	중간~거친	양수	쉽다	일소	
좁은단풍	*Acer pseudo-siebolianum var. koreanum*	단풍나무	높이 8 흉고직경 0.3	2,3,4,5,6	중간	음수	쉽다	별로 없다.	
칠엽수	*Aesculus turbinata*	칠엽수	높이 20 흉고직경 0.6	3,4,5,6,7	거친(잎) 거친(겨울)	음수	어렵다	별로 없다.	
마로니에	*Aesculus hippocastanum*	칠엽수	높이 27 흉고직경 0.7	3,4,5,6,7	중간~거친(잎) 거친(겨울)	양수	어렵다	흰가룻병	
피나무	*Tilia amurensis*	피나무	높이 20 흉고직경 1	2,3,4,5	거친	중용수	쉽다	뿌리 썩음병	
염주나무	*Tilia megaphylla*	피나무	높이 5~6 흉고직경 0.1	3,4,5	거친	중용수	쉽다	뿌리 썩음병	
벽오동	*Firmiana simplex*	벽오동	높이 16 흉고직경 0.5	6,7,8,9	거친	양수	어렵다	별로 없다.	
노각나무	*Stewartia koreana*	차나무	높이 7~15 흉고직경 0.5	4,5,6,7	중간	음수	쉽다	별로 없다.	
위성류	*Tamarix chinensis*	위성류	높이 5 흉고직경 0.3	4,5,6,7	매우 고운	양수	쉽다	별로 없다.	
백일홍 (배롱나무<방>)	*Lagerstroemia indica*	부처꽃	높이 5~7 흉고직경 0.3	6,7,8,9	중간	양수	쉽다	그을음병, 각지벌레	
석류나무	*Punica granatum*	석류	높이 10 흉고직경 0.3	7,8,9,10	중간	양수	쉽다	그을음병, 각지벌레	
이나무	*Idesia polycarpa*	이나무	높이 15 흉고직경 0.4	6,7,8,9	거친	양수	보통	별로 없다.	

식물이름	학명	과	크기(m)	내한성대	질감	음/양수	이식	병충해	비고
엄나무 (음나무)〈방〉	Kalopanax pictus	두릅나무	높이 25 흉고직경 1	2,3,4, 5,6,7,8	거친	양수	어렵다	별로 없다.	어릴 때 내음성 높다
층층나무	Cornus controversa	층층나무	높이 20 흉고직경 0.6	3,4,5,6,7	중간	중용수	보통	별로 없다.	
산딸나무	Cornus kousa	층층나무	높이 20 흉고직경 0.6	4,5,6,7,8	중간	중용수	쉽다	별로 없다.	
꽃 산딸나무	Cornus florida	층층나무	높이 12 흉고직경 0.5	4,5,6,7	중간	중용수	보통	부란병	
말채나무	Cornus walteri	층층나무	높이 10 흉고직경 0.5	4,5,6,7	중간	양수 or 중용수	어렵다	별로 없다.	
곰의 말채나무	Cornus macrophylla	층층나무	높이 15	4,5,6,7	중간	양수	어렵다	별로 없다.	
산수유	Cornus officinalis	감나무	높이 7 흉고직경 0.4	4,5,6,7	중간	양수	쉽다	반점병, 줄나방	
감나무	Diospyros kaki	감나무	높이 15~20 흉고직경 0.3~0.4	5,6,7,8	거친	양수	어렵다	탄저병, 잎나방, 각자벌레	
때죽나무	Styrax japonica	때죽나무	높이 8~10 흉고직경 15~20cm	2,3,4, 5,6,7,8	중간~고운(잎) 중간(겨울)	양수	쉽다	별로 없다.	
쪽동백	Styrax obassia	때죽나무	높이 10 흉고직경 20~25cm	3,4,5,6,7	거친	중용수	어렵다	별로 없다.	
이팝나무	Chionanthus retusus	물푸레나무	높이 20~30 흉고직경 0.2~0.6	4,5,6,7,8	중간~거친(꽃) 고운(겨울) 중간(겨울)	양수	보통	별로 없다.	
물푸레나무	Fraxinus rhynchophylla	물푸레나무	높이 30 흉고직경 0.5	3,4,5,6,7	중간	중용수	쉽다	잎마름병, 흰가룻병, 잎벌레	

식물이름	학명	과	크기(m)	내한성대	질감	음/양수	이식	병충해	비고
쇠물푸레나무	*Fraxinus sieboldiana*	물푸레나무	높이 10 흉고직경 0.3	4,5,6,7,8	중간	중용수	쉽다	별로 없다.	
오동나무	*Paulownia coreana*	현삼	높이 15~20 흉고직경 0.8	4,5,6,7	거친	양수	쉽다	빗자루병	
개오동나무	*Catalpa ovata*	능소화	높이 6~10	5,6,7,8	거친	양수	쉽다	탄저병, 부란병, 하늘소	
꽃개오동	*Catalpa bignonioides*	능소화	높이 30	7,8,9	거친	양수	쉽다	탄저병, 부란병, 하늘소	어릴 때 이식
대추나무	*Ziziphus jujuba* var. *inermis*	갈매나무	높이 5~8 흉고직경 0.4	4,5,6,7,8	중간	중용수	쉽다	빗자루병	
모감주나무	*Koelreuteria paniculata*	무환자나무	높이 15 흉고직경 0.4	5,6,7	중간(잎) 줄기(겨울)~거친	양수	보통	탄저병, 잎마름병, 쐐기나방	
두충	*Eucommia ulmoides*	두충	높이 10	3,4,5,6,7	중간	중용수	보통	별로 없다.	

II. 관목

A. 상록 관목

식물이름	학명	과	크기(m)	내한성대	질감	음/양수	이식	병충해	비고
눈주목	Taxus cuspidata var. nana	주목	높이 1	4,5,6,7	보통	음수	쉽다.	각자벌레	
개비자나무	Cephalotaxus koreana	주목	높이 3	4,5,6,7	보통	음수	어렵다	갈반병, 잎말이나방	
반송	Pinus densiflora for. multicaulis	소나무	높이 10	2,3,4,5,6,7	고운	양수	보통	잎마름병, 잎떨림병, 솔나방	
눈향나무	Juniperus chinensis var. sargentii	측백나무	높이 50	1,2,3,4,5	고운	양수	보통	녹병	
옥향	Juniperus chinensis var. gglobosa	측백나무	높이 1	4,5,6,7	고운	양수	쉽다	별로 없다.	
남천	Nandina domestica	매자나무	높이 2~3	6,7,8,9	중간	음수	쉽다	그을음병, 진딧물, 각자벌레	
돈나무	Pittosporum tobira	돈나무	높이 2~3	8,9,10	중간	양수	쉽다	그을음병, 진딧물, 각자벌레	
피라칸사	Pyracantha angustifolia	장미	높이 1~2	6,7,8,9	중간	중·양수	쉽다	탄저병, 진딧물	
다정큼나무	Rhaphiolepis umbellata	장미	높이 2~4	8,9,10	중간	양수	보통	갈색무늬병, 각자벌레	
유자나무	Citrus junos	운향	높이 4	7,8,9,10	중간	양수	보통	각자벌레	

식물이름	학명	-과	크기(m)	내한성대	질감	음/양수	이식	병충해	비고
꽝꽝나무	Ilex creanata	노박덩굴	높이 3	6,7,8	중간	중·양수	보통	별로 없다.	
사철나무	Euonymus japonica	노박덩굴	높이 3	4,5,6,7,8	중간	음수	쉽다	흰가룻병, 자나방, 알락나방	
차나무	Thea sinensis	차나무	높이 4~5	7,8,9	중간	음수	쉽다	각시벌레, 뿌리썩음병	
비쭈기나무	Cleyaera japonica	차나무	높이 10 흉고직경 0.3	8,9,10	중간	양수	쉽다	별로 없다.	
사스레피나무	Eurya japonica	차나무	높이 3	8,9,10	중간	양수	쉽다	별로 없다.	
팔손이나무	Fatsia japonica	두릅나무	높이 2.5	7,8,9,10	거친	극음수	쉽다	별로 없다.	
식나무	Aucuba japonica	층층나무	높이 3	7,8,9	거친	음수	쉽다	그을음병, 진딧물, 각시벌레	
만병초	Rhododendron brachycarpum	진달래	높이 1~3	3,4,5,6	거친	음수	쉽다	별로 없다.	
마취목	Pieris japonica	진달래	높이 2~3	6,7,8,9	중간	음수	쉽다	별로 없다.	
백량금	Ardisia crenata	자금우	높이 1	9,10	중간	중·양수	보통	별로 없다.	
자금우	Ardisia japonica	자금우	높이 20cm	9,10	중간	음수	보통	별로 없다.	
왕쥐똥나무	Ligustrum ovalifolium	물푸레나무	높이 2~6	8,9,10	중간	음수	쉽다	별로 없다.	해안에 서식

식물이름	학명	과	크기(m)	내한성대	질감	음/양수	이식	병충해	비고
목서 (은목서)	Osmanthus fragrans	물푸레나무	높이 4	8,9,10	중간	중용수	쉽다	박쥐나방	
계수나무 (금목서)	Osman thus fragrans var. auranticus	물푸레나무	높이 3~5	8,9,10	중간	중용수	쉽다	박쥐나방	
협죽도	Nerium indicum	협죽도	높이 5	9,10	고운~중간	양수	쉽다	갈색무늬병, 진딧물	
순비기나무	Vitex rothundifolia	마편초	길이 10여 m	5,6,7, 8,9,10	중간	양수	쉽다	별로 없다.	
치자나무	Gardenia jasminoides for. grandifolia	꼭두서니	높이 1~2	8,9,10	중간	중용수	쉽다	회색 곰팡이병, 잎무늬병, 진딧물	
백정화	Setissa japonica	꼭두서니	높이 0.6~1	9,10	고운	양수	쉽다	별로 없다.	
서향	Daphne odora	팥꽃나무	높이 2	8,9,10	고운	음수	보통	잎말이나방	
백서향나무	Daphne kiusiana	팥꽃나무	높이 1	8,9,10	고운	음수	보통	잎말이나방	

B. 낙엽 관목

식물이름	학명	-과	크기(m)	내한성대	질감	음/양수	이식	병충해	비고
개암나무	*Corylus heterophylla* var. *thunbergii*	자작나무	높이 3	3,4,5,6,7	중간	양수	쉽다	별로 없다.	
천선과나무	*Ficus erecta*	뽕나무	높이 2~4	8,9,10	중간	중용수	보통	탄저병, 각자벌레	
모란	*Paeonia suffruticosa*	미나리아재비	높이 1~3 근원직경 13cm	4,5,6,7,8	거친	양수	쉽다	균핵병, 모자이크병, 진딧물	
매발톱나무	*Berberis amurensis*	매자나무	높이 1~3	2,3,4,5	중간	음수	쉽다	녹병	
매자나무	*Berberis koreana*	매자나무	높이 1~2	3,4,5,6,7,8	중간	음수	쉽다	녹병	
홍매자	*Berberis thunbergii* var. *atropurpurea*	매자나무	높이 1~1.5	4,5,6,7,8	중간~고운(잎) 중간~거친(겨울)	양수	쉽다	녹병	
생강나무	*Lindera obtusiloba*	녹나무	높이 3	2,3,4,5,6,7	중간	음수	어렵다	별로 없다.	
고광나무	*Philadelphus schrenkii*	범의귀	높이 2~4	3,4,5,6,7	중간	양수	쉽다	녹병, 진딧물	
수국	*Hydrangea macrophylla* for. *otaksa*	범의귀	높이 1	8,9,10	거친	음수~중용수	중간	별로 없다.	
나무수국	*Hydrangea paniculata*	범의귀	높이 2~3	2,3,4,5	거친	양수	쉽다	얼룩무늬병, 진딧물, 각자벌레	
산수국	*Hydrangea macrophylla* for. *acuminata*	범의귀	높이 1	1,2,3,4,5,6	중간	중용수 or 음수	쉽다	별로 없다.	그늘진 계곡 서군집이름

식물이름	학명	~과	크기(m)	내한성대	질감	음/양수	이식	병충해	비고
장미	Rosa hybrida	장미	높이 2~3	5,6,7,8	중간	양수	보통	흰가룻병, 검은무늬병, 진딧물, 풍뎅이	
개쉬땅나무	Sorbaria sorbifolia var. stellipila	장미	높이 1~3	1,2,3,4,5	중간~거친(잎) 거친(겨울)	음수	쉽다	하늘소	
조팝나무	Spiraea prunifolia var. simpliciflora	장미	높이 1.5~2	2,3,4,5,6,7	중간	중용수	쉽다	별로 없다.	
꼬리조팝나무	Spiraea salicifolia	장미	높이 2	2,3,4	중간	양수	쉽다	별로 없다.	
능수조팝나무	Spiraea thunbergii	장미	높이 1~2	4,5,6,7,8	중간	중용수	쉽다	진딧물, 각시벌레	
가침박달	Exochorda serratifolia	장미	높이 2~5	4,5,6,7	중간	양수	보통	별로 없다.	큰나무 이식은 어렵다
코토네아스터	Cotoneaster hotizontalis	장미	높이 60~90cm	4,5,6,7,8	고운	양수	쉽다	잎마름병, 각지벌레, 응애	
섬 개야광나무	Cotoneaster wilsonii	장미	높이 2	6,7,8	중간	양수	쉽다	별로 없다.	
산당화	Chaenomeles speciosa	장미	높이 1~2	4,5,6,7,8	중간(잎) 거친(겨울)	중용수	쉽다	잎마름병, 각지벌레, 응애	
명자나무	Chaenomeles japonia	장미	높이 0.3~1	5,6,7,8	중간(잎) 거친(겨울)	중용수	쉽다	잎마름병, 각지벌레, 응애	
찔레나무	Rosa multiflora	장미	높이 1~2	3,4,5, 6,7,8,9	중간	중용수	쉽다	잎마름병	
노란해당화	Rosa xanthina	장미	높이 3	3,4,5,6,7,8	중간	양수	쉽다	별로 없다.	

식물이름	학명	과	크기(m)	내한성대	질감	음/양수	이식	병충해	비고
용가시나무	*Rosa maximowicziana*	장미	길이 10	5,6,7,8,9	중간	중용수	쉽다	별로 없다.	
해당화	*Rosa rugosa*	장미	높이 1~1.5 (보통 에성으로 자람)	4,5,6,7,8	중간	양수	쉽다	흰가룻병, 녹병, 진딧물	
병아리꽃나무	*Rhodotypos scandens*	장미	높이 2	4,5,6,7,8	중간(잎) 거침(겨울)	양수 or 중용수	쉽다	별로 없다.	
황매화나무	*Kerria japonica*	장미	높이 1.5	4,5,6,7,8	고운	중용수	쉽다	갈반병, 진딧물, 각지벌레	
홍가시나무	*Photinia glabra*	장미	높이 1.5	7,8,9	중간	양수	쉽다	별로 없다.	
옥매	*Prunus glandulosa for. albiplena*	장미	높이 1	4,5,6,7	중간	양수	쉽다	별로 없다.	
겹꽃모기	*Prunus triloba var. petxoldii*	장미	높이 3	3,4,5,6	중간	양수	쉽다	별로 없다.	
앵두나무	*Prunus tomentosa*	장미	높이 3	3,4,5,6	중간	양수	쉽다	갈색무늬병, 진딧물	
국수나무	*Stephanandra incisa*	장미	높이 2	3,4,5,6,7	중간~거침 중간(겨울)	중용수	쉽다	별로 없다.	
박태기나무	*Cercis chinensis*	콩	높이 2~3	4,5,6,7,8	중간	양수	어렵다	갈반병, 박쥐나방	
싸리나무	*Lespedega bicolor*	콩	높이 3	4,5,6,7,8	중간	양수	쉽다	별로 없다.	내음력 강함
땅비싸리	*Indigofera kirilowii*	콩	높이 1	4,5,6,7,8	중간	양수	쉽다	별로 없다.	

식물이름	학명	과	크기(m)	내한성대	질감	음/양수	이식	병충해	비고
족제비싸리	*Amorpha fruticosa*	콩	높이 3	4,5,6,7,8	중간(잎) 거친(겨울)	양수 or 중용수	쉽다	흰가룻병, 녹병	
골담초	*Caragana sinica*	콩	높이 0.6~1.3	3,4,5,6	중간	양수	쉽다	별로 없다.	
개느삼	*Echinosophora koreensis*	콩	높이 1	4,5,6	중간	양수	보통	별로 없다.	
안개나무	*Cotinus coggygria*	옻나무	높이 3~5	6,7,8	중간	양수	쉽다	별로 없다.	건조한 곳 싫어함
낙상홍	*Ilex serrata var. sieboldii*	감탕나무	높이 5	4,5,6,7,8	중간	양수	쉽다	별로 없다.	
화살나무	*Euonymus alatus*	노박덩굴	높이 3	4,5,6,7	중간	중용수	쉽다	별로 없다.	
보리수나무	*Elaeagnus umbellata*	보리수나무	높이 4	3,4,5,6	중간	중용수	쉽다	별로 없다.	
오갈피나무	*Acanthopanaz sessilifolium*	두릅나무	높이 3~4	3,4,5,6,7	거친	양수	쉽다	별로 없다.	
박쥐나무	*Alanggium platanifolium var. macrophyllum*	박쥐나무	높이 4	3,4,5,6	거친	양수	보통	별로 없다.	
흰말채나무	*Cornus alba*	층층나무	높이 3	2,3,4,5,6	중간	중용수	쉽다	별로 없다.	
철쭉나무	*Rhododendron schlippenbachii*	진달래	높이 2~5	3,4,5,6,7	중간	음수	어렵다	별로 없다.	
진달래	*Rhododendron mucronulatum*	진달래	높이 2~3	3,4,5,6,7	중간~고운(잎) 중간(겨울)	중용수	쉽다	별로 없다.	

식물이름	학명	과	크기(m)	내한성대	질감	음/양수	이식	병충해	비고
산철쭉	Rhododendron yedoense var. poukhanense	진달래	높이 1~2	3,4,5,6,7,8	중간	중용수	쉽다	별로 없다.	
황철쭉	Rhododendron japonicum	진달래	높이 0.7~2	4,5,6,7	중간	중용수	쉽다	별로 없다.	
영산홍	Rhododendron indicum	진달래	높이 2~3	6,7,8,9	중간	양수	쉽다	흰가룻병, 모잘록병, 각지벌레	
노린재나무	Symplocos chinensis for. pilosa	노린재나무	높이 2~3	4,5,6,7	중간	중용수	보통	별로 없다.	
미선나무	Abeliphyllum distichum	물푸레나무	높이 1	5,6,7,8	중간(잎) 중간~거친(겨울)	중용수	보통	별로 없다.	
개나리	Forsythia koreana	물푸레나무	높이 2	2,3,4, 5,6,7,8	중간	중용수	쉽다	별로 없다.	
수수꽃다리	Syringa dilatata	물푸레나무	높이 2	4,5,6,7,8	중간	양수	쉽다	흰가룻병, 일맏이나방	
라일락	Syringa vulgaris	물푸레나무	높이 3~6	3,4,5,6,7,8	중간	양수	쉽다	흰가룻병, 일맏이나방	
정향나무	Syringa velutina var. kamibayashii	물푸레나무	높이 3	3,4,5,6	중간	양수	쉽다	별로 없다.	
꽃개회나무	Syringa wolfi	물푸레나무	높이 4~6	3,4,5,6,7	중간	양수	쉽다	흰가룻병, 일맏이나방	
노랑꽃나무 (금사화, 명충화)	Ligustrum obtusifolium	물푸레나무	높이 2~3	3,4,5,6,7,8	중간	양수	쉽다	별로 없다.	
영춘화	Jasminum nudiflorum	물푸레나무	높이 5	4,5,6,7,8,9	고운	양수	쉽다	별로 없다.	

식물이름	학명	-과	크기(m)	내한성대	질감	음/양수	이식	병충해	비고
백리향	*Jasminum nudiflorim*	물푸레나무	높이 5	4,5,6,7	고운	양수	쉽다	별로 없다.	
작살나무	*Callicarpa japonica*	마편초	높이 2~3	3,4,5,6,7,8	중간	중용수	쉽다	별로 없다.	
좀작살나무	*Callicarpa dichotoma*	마편초	높이 1.5	3,4,5,6,7	중간	중용수	쉽다	별로 없다.	
누리장나무	*Cleodendron trichotomum*	마편초	높이 3	4,5,6,7	거친	양수	쉽다	별로 없다.	
좀목형	*Vitex negundo* var. *indisa*	마편초	높이 2	4,5,6,7	중간	양수 or 중용수	쉽다	별로 없다.	
구기자나무	*Lycium chinensis*	가지	높이 1~2	3,4,5,6,7	중간	양수 or 중용수	쉽다	별로 없다.	
댕강나무	*Abelia mosanensis*	인동	높이 2	2,3,4,5	중간	양수	쉽다	별로 없다.	
꽃댕강	*Abelia grandiflora*	인동	높이 2	2,3,4,5	중간	양수	쉽다	별로 없다.	
딱총나무	*Sambucuas williamsii* var. *coreana*	인동	높이 2	6,7,8	중간~고운	양수	쉽다	별로 없다.	
분꽃나무	*Viburnum calesii*	인동	높이 3	4,5,6,7,8	거친	양수 or 중용수	쉽다	별로 없다.	
백당나무	*Viburnum sargentii*	인동	높이 3	3,4,5, 6,7,8,9	중간	양수	쉽다	자나방	
불두화나무	*Viburnum sargentii* for. *sterile*	인동	높이 3	4,5,6,7	중간	중용수	쉽다	별로 없다.	

식물이름	학명	-과	크기(m)	내한성대	질감	음/양수	이식	병충해	비고
가막살나무	*Viburnum dilatatum*	인동	높이 1.5~3	4,5,6,7	중간~거친	양수	쉽다	잎벌레, 점무늬병	
병꽃나무	*Weigela subsessilis*	인동	높이 2~3	2,3,4, 5,6,7,8	거친	중용수	쉽다	별로 없다.	황록색으로 피었다가 적색으로 짐
붉은 병꽃나무	*Weigela florida*	인동	높이 2~3	3,4,5,6,7,8	거친	양수	쉽다	진딧물	
갈매나무	*Rhamnus davurica*	갈매나무	높이 5	3,4,5,6,7	중간	양수	쉽다	별로 없다.	
히어리	*Coryopsis coreana*	조록나무	높이 5	2,3,4,5,6,7	보통	양수	쉽다	별로 없다.	
풍년화	*Hamamelis japonica*	조록나무	높이 2.5	5,6,7,8	중간	양수	쉽다	별로 없다.	
무궁화나무	*Hibiscus syriacus*	아욱	높이 2~4	3,4,5 6,7,8,9	중간	양수	쉽다	진딧물	
팥꽃나무	*Daphne qenkwa*	팥꽃나무	높이 1	3,4,5, 6,7,8,9	중간	양수	쉽다	별로 없다.	
부들레아	*Buddleia davidii*	미전	높이 1~5	6,7,8,9,10	보통	양수	쉽다	별로 없다.	

III. 덩굴식물

A. 상록 덩굴식물

식물이름	학명	-과	크기(m)	내한성대	질감	음/양수	이식	병충해	비고
멀꿀	*Stauntonia hexaphylla*	으름덩굴	길이 15 근원직경 6cm	7,8,9,10	중간	양수	쉽다	별로 없다.	
모람	*Ficus nipponica*	뽕나무	길이 2~5 지름 8cm	8,9,10	중간	음수	어렵다	별로 없다.	
줄사철나무	*Euonymus fortunei* var. *radicans*	노박덩굴	길이 10 이상	6,7,8,9	중간	음수	쉽다	별로 없다.	
송악	*Hedera rhombea*	두릅나무	길이 10 이상	8,9,10	중간	음수	쉽다	별로 없다.	
마삭나무 (마삭줄)	*Trachelospermum asiaticum* var. *intermedium*	협죽도	길이 5	9,10	중간	중용수	어렵다	별로 없다.	
인동덩굴	*Lonicera japonica*	인동	길이 5	4,5,6,7,8	중간	양수	쉽다	별로 없다.	
빈카	*Vinca minor*	협죽도	길이 1~1.8	4,5,6,7	중간~고운	양수	쉽다	별로 없다.	

B. 낙엽 덩굴식물

식물이름	학명	과	크기(m)	내한성대	질감	음/양수	이식	병충해	비고
오미자	*Schisandra chinensis*	목련	길이 10	3,4,5,6,7	중간	음수	보통	잎벌레	
크레마티스	*Clematis hybrida grandiflora*	미나리아재비	길이 1.2	4,5,6,7,8	중간~고운	중용수	봄에 구조물에 식재하여 있느다.	별로 없다.	고접
큰꽃으아리	*Clematis patens*	미나리아재비	길이 2~4	3,4,5,6,7,8	중간	중용수	쉽다	나방	
덩굴장미	*Rosa hybrida*	장미	높이 5~6	4,5,6,7	중간	양수	보통	흰가룻병, 검은무늬병, 진딧물, 풍뎅이	
칡	*Pueraria thunbergiana*	콩	높이 10 근원직경 20cm	3,4,5,6,7	중간	양수	어렵다	별로 없다.	
등나무	*Wisteria floribunda*	콩	높이 10 흉고직경 40cm	4,5,6,7,8	중간	양수~중용수	쉽다	잎말이나방, 각시별레, 혹병, 부란병, 흰가룻병	
으름덩굴	*Akebia quinata*	으름덩굴	길이 5	4,5,6,7	중간~고운	음수	쉽다	별로 없다.	
노박덩굴	*Celastrus orbiculatus*	노박덩굴	길이 10 근원직경 30cm	3,4,5,6,7	중간(잎) 거친(겨울)	중용수	쉽다	별로 없다.	
다래나무	*Actinidia arguta*	다래나무	길이 20 근원직경 15cm	3,4,5,6,7,8	중간(잎) 중간~거친(겨울)	양수~중용수	쉽다	별로 없다.	
능소화나무	*Campsis grandiflora*	능소화나무	길이 10	5,6,7	중간	양수	쉽다	흰가룻병, 줄나비	
새모래덩굴	*Menispermum dauricum*	방기	길이 1~3	2,3,4,5,6,7	중간	중용수	쉽다	별로 없다.	

식물이름	학명	과	크기(m)	내한성대	질감	음/양수	이식	병충해	비고
담쟁이덩굴	*Pathenocisus tricuspidata*	포도	길이 10	3,4,5,6,7,8	거친	양수	쉽다	별로 없다.	
머루	*Vitis coignetiae*	포도	길이 10	4,5,6,7	거친	양수	쉽다	별로 없다.	
청미래 덩굴 (명감나무〈경기〉)	*Smilax china*	백합	길이 3	4,5,6,7	보통	양수	쉽다	별로 없다.	

IV. 지피식물

A. 상록 지피식물

식물이름	학명	과	크기(m)	내한성대	질감	음/양수	이식	병충해	비고
맥문동	*Liriope platyphylla*	백합	크기 30~50cm	3,4,5,6,7	중간	음수	쉽다	굼벵이, 땅강아지	
바위취	*Saxifraga stolonifera*	범의귀	길이 10~20cm	4,5,6,7,8,9	중간	음수	쉽다	별로 없다.	
파키산드라 (수호초〈일〉, 부귀초〈중〉)	*Pachysandra terminalis*	회양목	높이 20~30cm	4,5,6,7,8	중간	중용수	쉽다	가지벌레, 응애, 네마토다	
진보라 아주가	*Ajuga reptans* 'Atropurpurea'	꿀풀	높이 10~12cm	7,8,9,10	중간	중용수	쉽다	별로 없다.	

B. 낙엽 지피식물

식물이름	학명	과	크기(m)	내한성대	질감	음/양수	이식	병충해	비고
양딸기	*Fragaria chiloensis*	백합	길이 10~13cm	6,7,8,9	중간	양수	쉽다	네마토다, 해충	
은방울꽃	*Canvallaria majalis*	백합	높이 20~30cm	3,4,5,6,7	거친	중·양수	쉽다	별로 없다.	
김의털	*Festuca ovina*	벼	높이 20~40cm	3,4,5,6,7,8	고운	양수	쉽다	별로 없다.	
왕포아풀	*Poa pratensis*	벼	높이 30~80cm	4,5,6,7	고운	양수	쉽다	녹병, 굼벵이, 땅강아지	
꽃잔디	*Phlox subulata*	꽃고비	높이 10cm	4,5,6,7,8	고운	양수	쉽다	별로 없다.	
잔디	*Zoysia japonica*	벼	높이 10~20cm	2,3,4, 5,6,7,8	고운	양수	쉽다	녹병, 땅강아지	
옥잠화	*Hosta plantaginea*	백합	30cm	3,4,5, 6,7,8,9	거친	중·양수	쉽다	별로 없다.	
비비추	*Hosta longipes*	백합	줄기 40cm	4,5,6,7	거친	중·양수	쉽다	갈색무늬병	

V. 그 밖의 식물

식물이름	학명	과	크기(m)	내한성대	질감	음/양수	이식	병충해	비고
왕대 (참죽)	Phyllostachys bambusoides	벼	높이 20 흉고직경 14~20cm	8,9,10	고운	양수	쉽다	녹병, 깍지무니벌, 죽순나방	
죽순대 (맹종죽)	Phyllostachys pubescens	벼	높이 10~20 흉고직경 20cm	8,9,10	고운	양수	쉽다	깍지무니벌, 죽순나방, 잎말이나방	
오죽	Phyllostachys nigra	벼	높이 3~6 지름 2~4cm	5,6,7	고운	양수	쉽다	깍지무니벌, 죽순나방, 잎말이나방, 녹병	
이대	Pseudosas japonica	벼	높이 2~4 지름 5~15mm	7,8,9	중간	중용수	쉽다	깍지무니벌, 죽순나방, 잎말이나방, 녹병	
조릿대	Sasa borealis	벼	높이 1~2 지름 3~6mm	3,4,5	중간	음수	쉽다	깍지무니벌, 죽순나방, 잎말이자방, 녹병	
실유카	Yucca filamentosa	용설란	50~120cm	4,5,6, 7,8,9	거친	양수	쉽다	깍지무니벌	
유카	Yucca gloriosa	용설란	높이 1.2~2.4 우리나라는 1.5정도	6,7,8,9	거친	양수	보통	각지벌레	
워싱턴 야자	Washingtonia filifera	야자	높이 6~20	9,10	거친	양수	쉽다	응애, 각지벌레	
당종려	Trachycarpus fortunei	야자	높이 3~6	9,10	거친	양수	쉽다	응애, 각지벌레	
파초	Musa basjoo	파초	길이 6	8,9,10	거친	중용수	쉽다	별로 없다.	온실 재배
수련	Nymphaea tetragona var. angusta	수련	길이 3~40cm	4,5,6,7,8	거친	양수	쉽다	별로 없다.	물이 담긴 용기 식재

식물이름	학명	-과	크기(m)	내한성대	질감	음/양수	이식	병충해	비고
연꽃	*Nelumbo nucifera*	수련	길이 1~1.5	4,5,6,7	거친	양수	쉽다	별로 없다.	못, 늪지
시페루스 (종려 방동산이)	*Cyperus alternifolius*	사초	길이 1.2	9,10	거친	양수	쉽다	별로 없다.	못
파피루스	*Cyperus papyrus*	사초	길이 1.2	9,10	고운	양수	쉽다	별로 없다.	못

I. 한해살이 화초

A. 봄에 씨 뿌리는 한해살이 화초

식물이름	학명	-과	자생지	크기(cm)	개화기	꽃빛깔	식재 거리(cm)	재배	조경	비고
색비름	Amaranthus tricolor	비름	인도, 열대 아시아	높이 1~2m	8~10월	연한 녹색 연한 밝은 색	30	적지 - 배수가 잘 되는 곳 햇빛이 잘 들고 통풍이 좋은 곳 / 이식 - 이식을 싫어하는 편 크기 6~10cm 정도일 때 이식하는 것이 좋다. / 방충해 - 별로 없다 / 번식 - 실생번식, 종자수명 3~4년, 발아일수 7~10일 정도 파종은 노지에서 4~5월경 늦게 심어야 키가 덜 크다.	주택정원, 경제화단, 화단 등에 심어 강조 식물	
맨드라미	Celosia cristata	비름	아시아	키 30~60 포기 30	7~8월	홍색, 황색, 백색 등	고생종 - 30~60 왜생종 - 15~20	적지 - 햇빛이 잘 들고 배수와 통풍이 좋은 건조한 토양 / 이식 - 이식을 싫어하는 편 / 방충해 - 시름은병, 갈색무늬병 / 번식 - 실생번식, 발아온도 25°	집단식재	
좀맨드라미	Amaranthus caudatus	비름	인도	높이 90~150 포기 60	8~9월	붉은색 회색	60	적지 - 햇빛이 잘 들고 배수가 잘되는 건조한 토양 / 방충해 - 별로 없다. / 번식 - 실생번식, 마지막 서리 끝난 후 4~6주 지난 후 온상에서 파종하며 3mm 정도로 복토함. 노지 파종은 늦은 봄에 함.	주택정원, 경제화단, 화단 등에 서 이 강조식물	

식물이름	학명	과	자생지	크기(cm)	개화기	꽃빛깔	식재거리(cm)	재배	조경	비고
깃털맨드라미	*Celosia cristata var. plumosa*	비름	아시아	높이 30~60 포기 30	5~7월	빨강, 노랑 분홍 등	교생종 - 30~60 왜생종 - 15~20	적지 - 햇빛이 잘 들고 배수가 좋은 양토에서 잘 자라며 건조에 견딘다. 이식 - 이식은 싫어한다. 병충해 - 별로 없다. 번식 - 실생번식	화단, 경계화단	
천일홍	*Gomphrena globosa*	비름	인도	높이 20~45 포기 20~30	7월~ 서리직전	담자, 진홍, 흰색 등	30	적지 - 햇빛이 잘 들고 배수가 잘 되는 곳이 토양에 잘 적응. 과습하면 뿌리가 썩는다. 병충해 - 별로 없다. 번식 - 실생번식. 파종은 4월 중순경. 씨앗은 털 속에 들어 있다. 온상에서는 3월에 15~18°에서 파종하며 발아기간은 2주일 정도.	화단, 경계 화단, 용기, 인도 박스, 발린, 절화, 꽃꽂이 등으로 이용	
일일초	*Catharantus roseus* (*Vinca roses*)	협죽도	마다가스카르, 인도, 자바, 브라질	자생지 - 반관목 여러해살이 한국 - 한해살이 화초	7~9월	흰색, 분홍, 장미빛	15~30	적지 - 햇빛이 잘 들고 배수가 좋은 곳. 열, 오염, 가뭄 등에 잘 견딤. 이식 - 봄에 이식. 병충해 - 별로 없다. 번식 - 실생번식, 이른 봄에 온상에서 파종. 발아온도 20°, 자연 발아도 쉽다. 순지기를 하면 많은 꽃이 달림.	화단, 경계, 용기 화단, 식재	

식물이름	학명	과	자생지	크기(cm)	개화기	꽃빛깔	식재 거리(cm)	재배	조경	비고
봉선화	*Impatiens balsamina*	봉선화	아시아, 아프리카	높이 60~75 포기 50	7~8월	분홍, 빨강, 보라, 흰색 등	30~40	적지 – 반그늘에서 꽃이 더 선명. 습기를 좋아하고 부식질이 많은 토양에서 잘 자람. 병충해 – 흰가룻병, 녹병, 반점병 번식 – 실생번식, 발아온도 15~20° 발아일수 5일 자연발아도 잘 됨 종자수명 5~6년으로 길게 다. 생육적온 20~25°	그늘진 화단, 경계화단, 주택정원 등에 세 그루 이상씩 풍성하게 모아심기	
뉴기니아 봉선화	*Impatiens New Guinea Hybrids*	봉선화	뉴기니아의 표고(標高) 1,200~2,000m에서 원종을 채집.	높이 30~60 포기 20~45 자생지 – 여러해살이 한두 – 한해살이 화초	6월~서리 내릴 때	분홍, 빨강, 주황, 보라, 흰색 등	30~45	적지 – 햇빛이 잘 들고 반 그늘진 곳 습기가 적당하고 배수가 좋은 유기물이 있는 양토 병충해 – 별로 없다. 번식 – 꺾꽂이	화단, 경계, 용기 식재. 잎이 아름답고 꽃이 보석과 같이 빛남	
월러리아나 봉선화	*Impatiens wallerana*	봉선화	중앙 아프리카	높이 15~50 자생지 – 여러해살이 한두 – 한해살이 화초	늦봄~서리 내릴 때	흰색, 분홍, 빨강, 주황, 라벤더 빛	15~20	적지 – 반그늘 또는 완전한 그늘과 습기가 있고 배수가 좋으며 유기물이 있는 사양토 이식 – 멀칭을 해주고 가물면 관수를 한다. 병충해 – 별로 없다. 번식 – 실생번식, 꺾꽂이	그늘진 곳의 화단, 경계화단, 용기식재, 교목 이나 관목 아래에 집단 식재, 인도, 바구, 바스니 걸이	

식물이름	학명	과	자생지	크기(cm)	개화기	꽃빛깔	식재 거리(cm)	재배	조경	비고
물망초	Myosotis sylvatica	지치	유럽 (특히 영국)	높이 30~45 포기 20~25 지역에 따라 여러해살이 혹은 여러해살이 화초가 됨.	봄~ 초여름	하늘색, 흰색, 분홍색 등	20~25	적지 – 부분적으로 그늘진 곳이 습기가 있고, 배수가 잘 되는 곳. 유기질이 풍부한 곳 이식 – 추파(秋播) : 잎이 2~3개 일 때 온상에서 옮겨 벌등한 후 봄화단에 정식춘파(春播) : 잎이 4~5개일 때 정식 병충해 – 별로 없다. 번식 – 실생번식 추파(秋播) – 이듬해 4월 춘파(春播) – 7월 종자수명 2년. 발아일수 15일 종자는 작고 발아이용은 좋다. 자연발아도 잘 된다.	그늘진 정원의 화단, 난지 화단, 분화 밑에 지피식물, 봄 화단에 피는 알뿌리 화단에 어울리는 빛깔을 냄.	
스위트 아리섬	Alyssum(Lobularia) maritimom	십자화	유럽의 지중해 연안, 서부 아시아	높이 10~20 폭 25~30	여름~ 가을	흰색, 분홍, 보라빛	20	적지 – 햇빛이 잘 들고(한여름에는 반그늘) 배수가 잘 되는 곳이면 어느 곳이나 잘 자람. 병충해 – 별로 없다. 번식 – 실생번식, 꺾꽂이, 4월 초에 파종 가을에 파종하여 육묘로도 함. 종자수명 2년 자연발아도 잘 됨	화단, 경제 화단, 테두리 식재, 용 가식재, 인 도 박스 식 재	

식물이름	학명	-과	자생지	크기(cm)	개화기	꽃빛깔	식재 거리(cm)	재배	조경	비고
꽃 양배추	Brassica oleracea	십자화	유럽	높이 30~45 포기 45 두해살이 이지만 한해살이로 취급	이듬해 봄에 피지만 꽃은 그리 중요하지 않음	4월	30~40	적지 - 햇빛이 잘 들거나 약간 그늘진 곳으로 배수가 좋아야 함. 흰색 계통은 추위에 약함. 이식 - 깊게 파고 싶는다. 번식법 - 휘나비 애벌레 번식 - 실생번식, 발아온도 10~15°, 종자수명 1~2년, 6월 중순경에 파종	화단, 경계 화단, 용기 식재, 인도 박스	
클레오메 (거미꽃)	Cleome spinosa	풍접초	남 아메리카	높이 90~120 포기 45	7월~ 서리 내릴 때	담홍색, 흰색	30	적지 - 햇빛이 잘 들고 배수가 잘 되며 유기질이 풍부한 곳, 건조에 견딘다. 이식 - 직근성(直根性)이어서 이식을 싫어함. 번식 - 별로 없다. 번식 - 실생번식, 늦은 봄이나 한여름에 직파함. 자연발아가 잘 됨.	화단, 경계 화단 식재, 배경 식재, 주택정원	
꽃-댑싸리	Kochia scoparia for. trichophylla	명아주	유럽 남부	높이 90~120 포기 60	초가을	황색	60 산울타리 식재 - 30 간격	적지 - 햇빛이 잘 들고 배수 양호한 곳, 토양은 가리지 않음. 바람 부는 곳에서는 지주를 세워줌 이식 - 별로 없다. 번식 - 실생번식, 자연발아가 잘 됨.	화단, 경계 화단 식재, 배경 식재, 강조 식재, 산울타리	

식물이름	학명	과	자생지	크기(cm)	개화기	꽃빛깔	식재거리(cm)	재배	조경	비고
아제라텀 (풀솜꽃)	*Ageratum houstonianum*	국화	멕시코, 페루	높이 15~20 포기 15~20	초여름~서리 내릴 때	보랏빛, 흰빛	30	적지 - 햇빛이 잘 들거나 반그늘진 곳 배수가 잘 되고 유기물이 풍부한 토양. 병충해 - 별로 없다. 번식 - 실생번식, 꺾꽂이. 파종은 4월 상순, 종자수명 2~3년, 발아온도 15~20°, 발아일수 10~14일.	화단의 테두리 식재, 용기식재, 절화	
악토티스	*Arctotis × hybrida*	국화	아프리카	높이 30~60 포기 30	7월~서리 내릴 때	설상화 - 노랑, 흰색, 분홍, 적갈색, 빨강 관상화 - 암갈색	30	적지 - 햇빛이 잘 들고 배수가 좋은 곳, 토양은 가리지 않고 잘 자람. 이식 - 높이 120cm일 때 정식하면 키가 많이 커짐. 병충해 - 진딧물, 잿빛 곰팡이병(습한 토양에서). 번식 - 실생번식, 종자수명 5~6년, 발아온도 18°, 발아일수 20일, 자연발아가 잘 됨.	화단, 정제 화단, 절화	
카카리아	*Cacalia(Emilia) sagitta*	국화	인도의 동부, 열대 아프리카, 폴리네시아	높이 30~50 포기 20	여름	등황색	20	적지 - 햇빛이 잘 들고 배수가 좋은 양토. 병충해 - 별로 없다. 번식 - 실생번식, 발아온도 16~19°	화단, 정제 화단, 절화	
과꽃	*Callistephus chinensis*	국화	한국의 북부 (해산진, 부전고원), 만주, 티벳, 아무르, 프라니스탄	높이 60 포기 30~45	늦여름~늦가을	설상화 - 청자색, 분홍, 흰색 관상화 - 노란색	30	적지 - 햇빛이 잘 들고 배수가 잘 되는 사양토, 밭흙해서 습기를 유지해 주고 산성토양에서는 석회를 뿌려 토양을 중개량. 비가 적은 서늘한 기후를 좋아함. 병충해 - 연작을 피한다. 번식 - 실생번식, 4월 중순 파종, 발아온도 20°, 발아일수 9일, 발아율 86%, 자연발아가 잘 됨	화단, 경제화 단, 플랜티, 식재, 절화	

2 조경화초

301

식물이름	학명	과	자생지	크기(cm)	개화기	꽃빛깔	식재거리(cm)	재배	조경	비고
코레옵시스	*Coreopsis tinctoria*	국화	북아메리카 텍사스	높이 60 포기 30	7~10월	설상화 - 녹황색 밑부분은 암자색 또는 자갈색, 관상화 - 황갈색 또는 암자색	30	적지 - 햇빛이 잘 들고 배수가 좋은 곳, 토질은 가리지 않음, 공해 지역에서 강함. 병충해 - 별로 없다. 번식 - 실생번식, 종자수명 2~3년, 발아일수 20일, 자연발아도 잘 됨.	화단, 경계, 자연 풍경 꽃밭, 절화, 용기 식재	
코스모스	*Cosmos bipinnatus*	국화	멕시코	높이 90~120 포기 40	9~10월	설상화 - 흰색, 분홍, 연분홍, 관상화 - 노랑, 꽃밥- 진한 갈색	40	적지 - 햇빛이 좋으나 척박지에서도 잘 되 는 곳 자람. 비옥하면 높이만 크 고 꽃은 덜 핀다. 병충해 - 흰가릇병, 응애 번식 - 실생번식, 꺾꽂이, 발아온도 16°, 자연발아.	화단, 경계, 자연 풍경 꽃밭, 절화	
노랑 코스모스	*Cosmos sulphureus*	국화	멕시코	높이 60~90 포기 45	늦여름~ 서리 내릴때	설상화 - 노랑, 주황, 붉은색 등 관상화 - 노랑색 꽃밥 - 등황색	30	적지 - 햇빛이 잘 들고 배수가 양호 병충해 - 별로 없다. 번식 - 실생번식, 식파도 함. 자연발 아가 잘 됨.	화단, 경계, 용기 식재	
디몰휴테카 (아프리카 데이지)	*Dimorphotheca aurantiaca*	국화	아프리카 남부	높이 20 포기 15	봄	설상화 - 흰색, 노랑, 주황, 분홍 관상화 -황색~검은 빛	20	적지 - 햇빛이 잘 들고 배수가 좋은 곳 병충해 - 별로 없다. 번식 - 실생번식, 식파도 가능	화단, 경계, 테두 리 식재, 암 석정원	

식물이름	학명	과	자생지	크기(cm)	개화기	꽃빛깔	식재 거리(cm)	재배	조경	비고
가일라디아 (천인국)	Gaillardia pulchella	국화	미국의 중부와 남부 (젠저스, 에리조나, 루이지애나)	높이 30~60 포기 30~60	7~10월	설상화 – 붉은 노랑 또는 밑은 황갈색	30	적지 – 햇빛이 잘 들고 배수가 좋은 곳 번충해 – 흰가룻병 번식 – 실생번식, 자연발아가 잘 되어 직파. 생육적온 20°	화단, 경제 화단, 절화	
해바라기	Helianthus annus	국화	미국 (미네소타, 텍사스, 위싱턴, 캘리포니아 등)	높이 90~240 포기 30~45	8~9월	설상화 – 노랑 관상화 – 다갈색	30~40	적지 – 햇빛이 잘 들고 배수가 좋은 곳 번충해 – 햇빛 곰팡이병 번식 – 실생번식	경제화 단이 석뒤쪽에 식재, 절화	
헬리크리섬 (밀집꽃)	Helichrysum bracteam	국화	오스트레일리아	높이 60~90 포기 30	한여름 ~ 서리 내릴 때	노랑, 주황, 분홍	25~30	적지 – 햇빛이 잘 들고 배수가 좋은 곳 번충해 – 별로 없다. 번식 – 실생번식, 직파도 함. 발아온도 20~25 도 25°, 재배온도 20~25°	화단, 경제화 단, 절화, 개화기가 길다	
아프리카 마리골드	Tagetes erecta	국화	멕시코	높이 60~90 포기 45	7월 ~ 서리 내릴 때	설상화 – 연노랑	40	적지 – 햇빛이 잘 들고 배수가 좋은 곳, 건조한 토양, 석뒤 햇빛이 그늘진 곳에서는 꽃이 오래 가고 건조한 곳에 잘 핀다. 번충해 – 습한 곳에서는 햇빛 곰팡이 병이 발생. 번식 – 실생번식, 생육적온 15~25	화단, 경제, 화단, 용기 절화, 식재, 절화, 꽃산울타리	
프랑스 마리골드	Tgetes patula	국화	멕시코, 과테 말라	높이 30 포기 30	6월 ~ 서리 내릴 때	설상화 – 밑부분은 적갈색, 밑부분은 노란색	30	적지 – 햇빛이 잘 들고 배수가 좋은 곳 번충해 – 햇빛 곰팡이병 번식 – 실생번식	화단, 경제, 화단, 용기, 식재	

식물이름	학명	과	자생지	크기(cm)	개화기	꽃빛깔	식재거리(cm)	재배	조경	비고
티토니아 (멕시코 해바라기)	*Tithonia rotundifolia*	국화	멕시코, 중앙아메리카	높이 120~180, 포기 45~60	여름내내	설상화 - 적황색, 관상화 - 황금색	40~50	적지 - 햇빛이 잘 들고 배수가 좋으며 유기물이 많은 토양, 고온과 가뭄에 잘 견딤. 방충해 - 별로 없다. 번식 - 실생번식, 직파도 함. 발아온도 10~15°, 종자는 매우 큼.	꽃가리개 (flowerung screen). 꽃 산울타리, 화단이나 경계 화단 등에서 강조식물 또는 배경식물	
백일초	*Zinnia elegans*	국화	멕시코	높이 60~90, 포기 30~60, 왜성종 15~30, 고성종 90~120	6~10월	설상화 - 자주색, 포도색, 관상화 - 노란색, 왜성종 흰예중에 따라 빛깔이 다양	30, 고성종 50, 왜성종 15	적지 - 햇빛이 잘 들고 배수가 좋은 곳, 유기질이 풍부하고 건조한 토양, 꽃빛깔이 선명, 산성 토양에서는 생육이 부진, 방충해 - 풍뎅이, 흑반병, 흰가룻병, 번식 - 실생번식, 발아온도 20~25°, 생육적온 15~25°	화단, 경계화 단 등에서 집단식재, 단식재, 용기식재, 왜성종은 두리식재, 고성종은 배경식재	
나팔꽃	*Ipomoea tricolor*	메꽃	열대아시아	길이 240 이상 덩굴식물	6~10월 온도가 낮 -30° 밤 -25° 으로 1주 일 이상 계속되어야 개화	남색, 보라, 빨강	잎이 4~5개일 때 식재거리 30cm 상으로 식재	적지 - 햇빛이 잘 들고 배수가 좋은 곳 방충해 - 진딧물, 응애, 마그네슘이 결핍되면 생리적 장애로 어린잎이 기형이 되거나 회게 된다. 번식 - 실생번식, 발아온도 25°, 발아기간 7일, 5월 중순경 노지에서 파종. 파종 전 하룻밤 동안 씨를 물에 담근다.	그늘을 위한 가리개, 포터 가리개, 아머서를 위한 가리개, 트렐리스, 실울타리, 담장 등에 있으느다.	

식물이름	학명	-과	자생지	크기(cm)	개화기	꽃빛깔	식재 거리(cm)	재배	조경	비고
누홍초	Ipomoea cardinalis	메꽃	열대 아프리카	길이 600 이상 덩굴식물	7~10월	심홍색	30	적지 - 햇빛이 잘 들고 배수가 좋은 비옥한 토양. 병충해 - 진딧물, 응애, 온도 부족, 마그네슘이 결핍되면 잎이 기형이 되거나 희게 된다. 번식 - 실생번식, 꺾꽂이, 파종은 5월 중순, 발아온도 18°	화단, 트렐리스, 담장, 실, 울타리, 현도, 박스 등에 심는다.	
살비아	Salvia splenden	꿀풀	브라질	높이 30~60 포기 30	7월~서리 내릴 때 가을철에 더욱 아름답다.	빨강이지만 흰색, 분홍, 보라 등도 있다.	30	적지 - 햇빛이 잘 들고 배수가 좋은 비옥한 사양토. 병충해 - 저온으로 생육적 장애가 일어날 수 있다. 번식 - 실생번식, 종자 수명 2년, 발아온도 15일, 적심하면 가지를 잘 친다.	화단, 정제 화단	
코레우스	Coleus × hybridus	꿀풀	자바	높이 45 포기 30	늦여름~가을	잎색이 품종에 따라 적색, 황색, 연두 등으로 매우 다양한 아름다움과 얼룩을 가지고 있다.	20~30	적지 - 간접광선이나 반그늘진 곳 습기가 있고 배수가 잘 되는 비옥한 곳. 병충해 - 별로 없다. 번식 - 실생번식, 발아온도 25°, 아기간 10일, 온상에서 파종하며 꺾꽂이도 잘 된다.	화단, 정제, 실내, 용기 식재 화단, 실내 식물 식재	꽃은 화단 이외에는 육하기 전에 제거
미모사	Mimosa pudica	콩	브라질	높이 60 포기 30	7~8월	분홍색	20~30	적지 - 햇빛이 잘 들고 배수가 좋은 곳, 도입은 가리지 않음. 이식 - 직근성으로 이식을 싫어함. 병충해 - 별로 없다. 번식 - 실생번식, 높은 온도에서 발아, 직파하는 것이 좋다.	화단, 용기 식재	

식물이름	학명	과	자생생지	크기(cm)	개화기	꽃빛깔	식재거리(cm)	재배	조경	비고
분꽃	Mirabilis jalapa	분꽃	열대 아메리카, 페루	높이 60~90 포기 60	7~10월	빨강, 노랑, 흰색	30~45	적지 – 햇빛이 잘들고 배수가 좋은 사양토, 배수가 안 되면 생육이 부진 병충해 – 진딧물, 병해에 잘 견딘다. 번식 – 실생번식, 종자수명 3~5년 발아일수 7~8일	화단의 가운데, 경계화단, 정원에서 않는 거리의 주변	
양귀비	Papaver somniferum	양귀비	그리스, 동양	높이 75 포기 30	5~6월	흰색, 빨강, 자주빛 등	30	적지 – 햇빛이 잘 들고 배수가 비우한 양토 이식 – 직근성이나 이식을 피하고 정한 거리로 솎아둔다. 병충해 – 노균병 번식 – 실생번식, 씨는 1mm 정도로 매우 작고 종자 수명은 2~3년, 발아기간은 20일	화단, 경계화단	
캘리포니아양귀비	Eschscholzia californica	양귀비	아프리카 서부 (캘리포니아, 오리진)	높이 30~45 포기 15~30	4~6월	담황색, 흰색, 황, 담홍색	15	적지 – 햇빛이 잘 들고 배수가 잘 되는 사양토 이식 – 직파 병충해 – 별로 없다. 번식 – 실생번식, 이른 봄에 화단에 직파하고 살짝 덮어준다. 차파하여도 잘 된다.	화단, 경계, 절화, 야생풍경 밭	
아이슬랜드양귀비	Papaver nudicaule	양귀비	캐나다	높이 30~40 포기 10~15	초여름~한여름	흰색, 분홍, 빨강, 노랑, 주황 빛 등 다양	10	적지 – 햇빛이 잘 들고 건조한 토양, 뜨거운 기후에 서는 생장이 나쁨. 병충해 – 별로 없다. 번식 – 실생번식, 직파	화단, 경계화단, 절화, 아생경화단	

식물이름	학명	과	자생지	크기(cm)	개화기	꽃빛깔	식재거리(cm)	재배	조경	비고
꽃 양귀비	*Papaver rhoeas*	양귀비	유럽 (플랜드르의 현재 서부, 네덜란드의 남서부, 프랑스 북부를 포함한 중세의 국가이름)	높이 60~90 포기 15~20	5,6월	흰색, 분홍, 빨강, 겹빛깔 등	15~20	적지 - 햇빛이 잘 들고 배수가 좋은 곳 이식 - 직파한다. 병충해 - 별로 없다. 번식 - 실생번식, 가을이나 봄에 직파. 작은 씨를 토양 표면에 흩어 뿌리고 가볍게 덮어줌. 씨앗 뿌린 후 15~20cm 거리로 솎아 준다. 자연발아도 잘된다.	야생풍경 꽃밭, 경계화단.	
플록스	*Phlox drummondii*	꽃고비	북아메리카 (텍사스)	높이 15~45 포기 15~20	7~10월	장밋빛 연어주홍 흰색, 분홍, 보라 등 다양	20	적지 - 햇빛이 잘 들고 배수가 잘 되는 비옥한 토양. 병충해 - 잎생무늬병, 노균병 번식 - 실생번식, 종자수명 2~3년, 발아일수 10~15일	화단, 경계 화단, 식재, 보스, 절화	
스타티스 (꽃 갯질경)	*Limonium sinuatum*	갯질경이	지중해 연안	높이 30~60 포기 30	7~10월	노랑, 흰색, 보라 등	30	적지 - 햇빛이 잘 들고 배수가 좋은 곳 이식 - 발아 후 2개월이 지나 잎이 4~5개가 나올 때 이식. 병충해 - 별로 없다. 번식 - 실생번식, 3월에 온실에서 파종. 발아기간 14일	화단, 경계, 화단, 용기, 식재, 절화	
채송화	*Portulaca grandiflora*	쇠비름	브라질	높이 15 포기 15~20	6~10월	흰색, 노랑, 분홍, 빨강 등	15	적지 - 햇빛이 잘 들고 배수가 잘 되는 건조한 토양. 이식 - 직파한다. 병충해 - 별로 없다. 번식 - 실생번식, 꺾꽂이, 발아온도 20~25°, 화단에는 4~5월에 직파. 씨가 워낙 작아서 모래에 섞어서 파종	지피 식물, 화단, 화단 등예서 베두리 식재, 용기 식재, 꽃바구니걸이	

식물이름	학명	과	자생지	크기(cm)	개화기	꽃빛깔	식재 거리(cm)	재배	조경	비고
베베나 (꽃 마편초)	Verbena × hybrids	마편초	남아메리카 (브라질)	높이 15~30 포기 30	6월~ 서리 내릴 때	흰색, 분홍, 빨강, 보라, 하늘색 빛 등	20~25	적지 – 햇볕이 잘 들고 배수가 좋은 곳으로 건조한 토양. 번종해 – 별로 없다. 번식 – 실생번식, 꺾꽂이, 따뜻한 곳에서는 가을에 파종하여 월동한 후 봄에 정식하나 보통 봄에 파종한다. 발아율은 낮다. 발아온도 15~20°	화단, 경계화단이 테두리 식재, 지피식물, 입도박스, 꽃바구니 걸이	
풍선덩굴	Cardiospermim halicacabum	무환자	남아메리카	길이 3m 덩굴식물	8,9월	흰색	90	적지 – 햇볕이 잘 들고 배수가 좋은 토양. 번종해 – 별로 없다. 번식 – 실생번식, 종자 수명 2년, 발아 온도 10°, 발아기간 10~15일, 씨가 단단하여 파종 1~2일 전에 물에 담근다.	화단에서는 실에 올리기	
금어초	Antirrhinum majus	현삼	북아프리카, 지중종 해 연안	왜성종 – 30 중생종 – 60 고생종 1.2m 포기 –20~45	춘파 – 4~5월 추파 – 5~7월	흰색, 노랑, 담홍색 등	왜생종 20 중간종 25 교생종 45	적지 – 햇볕이 잘 들고 배수가 좋은 비옥한 토양이 적지. 뜨거운 여름에는 반그늘이 좋다. 번종해 – 뿌리썩음병, 잿빛 곰팡이병, 균해병. 번식 – 실생번식, 직파(直播), 자연 발아, 발아온도 15~20°	왜생종은 비두리 식재, 고생종은 절화	
리나리아	Linaria maroccana	현삼	모로코	높이 20~30 포기 20	6~7월	흰색, 노랑, 분홍, 보라 등	15	적지 – 햇볕이 잘 들고 배수가 강한 곳. 토양에도 적응이 강하다. 여름에는 서늘한 곳이 좋다. 번종해 – 별로 없다. 번식 – 실생번식, 춘파 또는 추파하고 자연발아도 잘 핀다.	화단, 경계화단 화단, 용기 식재	봄에 파종하면 첫 4~5월에 개화

식물이름	학명	과	자생지	크기(cm)	개화기	꽃빛깔	식재 거리(cm)	재배	조경	비고
토레니아	*Torenia fournieri*	현삼	베트남	높이 30 포기 15~25	7~10월	꽃잎 – 보라 목 – 노랑무늬	20	적지 – 반그늘이나 습한 토양 병충해 – 별로 없다. 번식 – 실생번식, 꺾꽂이, 5월에 파종	화단, 경계화단, 테두리식재, 용기식재, 윈도박스	
한련	*Tropaeolum majus*	한련	남아메리카 (페루, 콜롬비아, 아르헨티나)	높이 2.4m 포기 30 (덩굴성식물)	6~10월	흰색, 노랑, 빨강, 주황 등	36	적지 – 햇빛이 잘 들고 배수가 좋은 건조한 토양, 서늘한 기후를 좋아하며 뜨거운 여름에는 생육이 나빠진다. 병충해 – 진딧물 번식 – 실생번식, 파종하기 전에 하룻밤 동안 물에 담가 놓는다. 직파	실, 줄, 베드, 트렐리스, 기둥 등에 심는다. 화단, 경계화단, 용기식재	
페튜니아	*Petunia* Hybrida	가지	남아메리카 (페루, 브라질, 아르헨티나)	높이 15~25 포기 30	6월~서리 내릴 때까지	흰색, 분홍, 보라, 자주, 빨강, 얼룩색 등 다양	30	적지 – 햇빛이 잘 들고 배수가 좋은 온난한 토양, 너무 비옥하거나 그늘지거나 과습하면 생육이 나뻐지거나 꽃줄기나 꽃잎을 빼진다. 또한 강풍이나 폭우을 만나면 꽃이 쉽게 나빠진다. 병충해 – 진딧물, 바이러스, 뿌리썩음병 번식 – 실생번식, 발아온도 20°, 종자수명 2~3년, 노지파종은 4월, 온실파종은 1~3월에 한다.	화단, 경계화단, 용기, 바구니 걸이, 윈도박스	
꽃담배	*Nicotiana alata*	가지	남아메리카	높이 45~90 포기 30	여름~가을	흰색, 분홍, 보라, 빨강 등	25~30	적지 – 햇빛이 잘 들거나 모든 부분적인 그늘에 습기가 약간 있고 배수가 좋으며 유기물이 있는 토양 병충해 – 별로 없다. 번식 – 실생번식, 파종 후 덮지 말고 다만 토양을 눌러준다. 자연발아	화단, 경계화단, 꽃꽂이, 용기식재, 흰꽃은 밤이 되면 향기가 난다.	

식물이름	학명	-과	자생지	크기(cm)	개화기	꽃빛깔	식재거리(cm)	재배	조경	비고
관상고추	Capsicum annum	가지	열대 아메리카	높이 25 포기 20	6~8월	흰색 또는 연노랑색 꽃보다 열매가 더 아름답다. (녹색→노랑 →붉은색)	15	적지 – 햇빛이 잘 들고 배수가 좋은 사양토 병충해 – 별로 없다. 번식 – 실생번식, 발아 및 생육에 높은 온도가 요구된다. 봄에 온상에서 파종한다.	용기식재, 화단 또는 정원 화단에서 테두리 식재	
아주까리	Ricinus communis	대극	아프리카	높이 1.8m 포기 90~120	8~9월	꽃잎은 없다. 열매는 붉은색이고 가시가 돋는다.	90	적지 – 햇빛이 잘 들고 습기가 약간 있으며 배수가 좋은 토양. 병충해 – 별로 없다. 번식 – 실생번식, 파종하기 전 하룻밤 동안 씨를 물에 담가 둔다. 발아온도 25~30°, 자연 발아	화단, 정원화 단에서 배경 식재 또는 단식. 조수식재, 적인 가리개, 산울타리	
유활비아 (설악초)	Euphorbia marginata	대극	북아메리카	높이 60~120 포기 30~45	9월	흰색 꽃은 퇴화되어 있다.	30	적지 – 햇빛이 잘 들고 배수가 좋은 반그늘진 곳으로, 세력이 강하여 토양은 가리지 않는다. 이식 – 직근성이므로 어릴 때 이식 병충해 – 별로 없다. 번식 – 실생번식, 발아온도 10°	화단, 정원화 단에서 강조 식물, 절화 (자를 때 조심해야 한다. 흰 즙이 나와 피부, 눈, 입에 닿을 수 있다.)	
향유	Elsholtzia ciliata	꿀풀	한국의 산 지나 길가	높이 30~40	8~9월	자홍색	20~30	적지 – 햇빛이 잘 들고 배수가 좋은 곳 병충해 – 별로 없다. 번식 – 실생번식	경제화단, 아 생풍정 꽃틀	노아기 (방명)

식물이름	학명	과	자생지	크기(cm)	개화기	꽃빛깔	식재거리(cm)	재배	조경	비고
관상호박	Cucurbita pepo	호박	남아메리카	길이 3m (덩굴식물)	6월~10월	노랑	30	적지 - 햇빛이 잘 들고 배수가 잘 되는 양토에서 잘 자라며 따뜻한 곳이 좋다. 병충해 - 별로 없다. 번식 - 실생번식, 파종 하루 전에 씨를 하룻밤 동안 물에 담가 둔다.	트렐리스, 퍼걸러 등이나 조물에 구나 지탱물체 필요하다.	
여주	Momordica charantia	박	열대 아시아, 인도	길이 3~4m (한해살이 덩굴식물)	7,8월	노랑	봄에 식재한다.	적지 - 햇빛이 잘 들고 습기가 있는 비옥한 토양. 병충해 - 별로 없다. 번식 - 실생번식	펜스, 트렐리스, 그물망, 울타리 등에 올린다.	일사병, 이질 등에 사용
수세미오이	Luffa cylindrica	박	아라비아 열대 등 아시아	길이 3~5m (한해살이 덩굴식물)	8~9월	노랑	봄에 일정한 간격으로 식재한다.	적지 - 햇빛이 잘 들고 배수가 좋은 비옥한 양토. 이식 - 봄에 어린 모를 일정한 간격으로 지탱물에 붙여 심는다. 병충해 - 별로 없다. 번식 - 실생번식	펜스, 아치, 퍼걸러, 실 울타리 등에 올린다.	
솔체꽃	Scabiosa mansensis	산토끼꽃	한국 산지의 햇빛이 잘 드는 풀밭	높이 30~80 포기 20~30	8월	연한 청자색	20	적지 - 햇빛이 잘 들고 습기 있고 배수가 좋은 토양. 병충해 - 별로 없다. 번식 - 실생번식(봄, 가을)	화단, 경제 화단	
목화	Gossypium indicum	아욱	열대 아시아	높이 60 포기 30~60	8~9월	담황색 기부는 붉은색	40~50	적지 - 햇빛이 잘 들고 배수가 좋은 비옥한 양토. 이식 - 봄에 심는다. 병충해 - 별로 없다. 번식 - 실생번식	주택 정원, 경제화단	

B. 가을에 씨 뿌리는 한해살이 화초

식물이름	학명	과	자생지	크기(cm)	개화기	꽃빛깔	식재 거리(cm)	재배	조경	비고
캠판울라 (유럽 초롱꽃)	*Campanula medium*	초롱꽃	유럽 남부	높이 45~90 포기 30	초여름 (5~6월)	흰색, 분홍, 보라 등	30	적지 - 햇빛이 잘 들고 배수가 좋은 토양. 서늘하고 건조한 기후가 좋다. 이식 - 가을이나 이른 봄에 이식 병충해 - 백견병 번식 - 실생번식, 여름에 화단, 파종상에 파종한다. 개화 후 적심하면 꽃이 오래간다.	자연풍경식 꽃밭, 주택정원, 용기식재, 절화, 한여름에 꽃이 피었다가 지면 뽑아낸다.	
데이지	*Bellis perenis*	국화	유럽, 지중해 연안	높이 15 포기 15~20	4월~8월	흰색, 분홍, 붉은색 등	15	적지 - 햇빛이 잘 들거나 반그늘지고 배수가 좋으며 유기질이 풍부한 토양에서 잘 자람. 병충해 - 별로 없다. 번식 - 실생번식, 가을에 남중에서는 길어나 따뜻한 남쪽에서는 멀칭하여 보온 솔잎으로 덮어서 지방에서는 겨울에 한다. 주로 지방에서는 겨울에 온상에서 파종했다가 봄에 정식	화단, 인도 박스, 테두리 식재	
금잔화	*Calendula officinalis*	국화	지중해 연안	높이 30~60 포기 30	봄 (4~5월)	주황 또는 노랑 판상화 - 노랑 또는 갈색	20~30	적지 - 햇빛이 잘 들고 배수가 좋은 곳 이식 - 잎이 3~4매일 때 이식 병충해 - 세균병, 탄저병 번식 - 실생번식, 남쪽지방에서는 가을에 파종. 종자수명은 5~6년	화단, 경계화단, 용기식재, 절화	
센터레아 (수레국화)	*Centaurea cyanus*	국화	유럽	높이 30~75 포기 30	6월~ 여름 내내	흰색, 보라, 하늘색, 분홍, 빨강 등	20~30	적지 - 햇빛 잘 들고 배수가 좋은 곳 이식 - 직파한 것은 솎아낸다. 잎이 3~4매일 때 이식한다. 병충해 - 모자이크병, 뿌리혹병(연작을 피하고 질소 과용금지) 번식 - 실생번식, 가을에 직파하거나 또는 이른 봄에 파종한다. 자연발아	화단, 야생풍경 꽃밭, 절화, 마른꽃	

식물이름	학명	과	자생지	크기(cm)	개화기	꽃빛깔	식재거리(cm)	재배	조경	비고
팬지	*Viola tricolor*	제비꽃	유럽(발틱해 연안, 발칸반도, 우크라이나, 불가리아)	높이 20 포기 30	봄	흰색, 분홍, 주황, 빨강, 보라, 하늘색	15	적지 – 햇빛이 잘 드는 곳이나 반그늘 지나 습기가 있고 비옥한 토양에서 잘 자라며, 서늘하고 고온건조에 약하다. 병충해 – 별로 없다. 번식 – 실생번식, 생육적온 10~15° 밤아온도는 생육온도보다 고온.	화단, 경계화단, 테두리식재, 용기식재, 암석정원	
석죽	*Dianthus chinensis*	석죽	중국	높이 20~30 포기 20~30	한여름	흰색, 분홍, 빨강, 등	15~20	적지 – 햇빛이 잘 드는 곳 또는 반그늘진 오후 늦진 곳(뜨거운 여름철 오후에 그늘이 지는 곳) 병충해 – 임고병, 탄저병, 바이러스병 번식 – 실생번식, 꺾꽂이, 접파도 되며 가을에 파종한다.	주택정원, 화단, 보도 가장자리, 용기식재	
스위트윌리엄	*Dianthus barbatus*	석죽	유럽, 지중해 연안, 아시아, 열대 아프리카	높이 30~45 포기 20~30	초여름	빨강, 보라, 흰색, 겹색	20~25	적지 – 햇빛이 잘 들고 반그늘진 곳 (특히 뜨거운 여름철 오후), 배수가 잘 되는 토양. 병충해 – 별로 없다. 번식 – 실생번식, 자연발아	화단, 경계화단	
집소필라 (안개초)	*Gypsophila elegans*	석죽	유럽, 소아시아	높이 45~60 포기 15~30	봄~초여름 두 달간	흰색, 분홍색	15	적지 – 햇빛이 잘 들고(뜨거운 여름에는 오후에 그늘진 곳) 배수가 잘 되는 토양이 좋으며 pH가 높은 데 잘 견딘다. 병충해 – 별로 없다. 번식 – 실생번식, 직파도 가능하다. 겨울이 따뜻한 곳에서는 추파, 추운 곳에서는 춘파	화단, 경계화단, 집단식재, 닷스케, 스위트피와 함께 시원한 기후를 좋아한다.	
시레네 (별꽃이끼 석죽)	*Silene armeria*	석죽	유럽남부	높이 45 포기 30	5~6월	분홍	25	적지 – 햇빛이 잘 들고 배수가 좋은 곳 병충해 – 별로 없다. 번식 – 실생번식, 발아온도 15~20° 봄 또는 가을에 파종	화단, 경계화단, 주택정원	

식물이름	학명	과	자생지	크기(cm)	개화기	꽃빛깔	식재 거리(cm)	재배	조경	비고
리빙 스톤 데이지	*Dortheanus bellidiformis*	국화	남아프리카	높이 15	봄~가을	보라, 분홍, 주황, 심구볏, 노랑 등의 겹색	20	적지 - 햇빛이 잘 들고 배수가 좋은 사양토. 밤에 시원해지면 꽃빛깔이 선명 병충해 - 별로 없다. 번식 - 실생번식, 직파 가능, 발아온도 15~20°, 생육온도 10°, 가을에 파종(10월)	화단, 경제화 단에서 배두리 식재	
가자니아 (무지개 데이지)	*Gaxania rigens*	국화	남아프리카	높이 20~30 포기 30	한여름 ~ 서리 내릴 때	노랑, 주황색	20	적지 - 햇빛이 잘 들고 배수가 잘 되는 토양 병충해 - 별로 없다. 번식 - 실생번식, 직파 가능, 가을에 파종(9월) 파종, 추운 곳에서는 봄에 파종	화단, 경제화 단, 배두리 식재, 지피식물, 집단식재	
세네시오	*Senecio cineraria (Cineraria maritima)*	국화	지중해 지역	높이 20~60 포기 30	여름	노랑	20	적지 - 햇빛이 잘 들고 배수가 잘 되는 토양 병충해 - 햇빛 무너워 번식 - 실생번식, 가을에 파종(9월) 발아온도 18~20°	화단, 경제화 단에서 강조 식물, 배두리 식물, 용기식 재, 말린꽃	
스키잔더스	*Schizanthus pinnattus*	가지	칠레	높이 1.2m	봄	흰색, 분홍, 자주볏	30	적지 - 햇빛이 잘 들고 배수가 좋으며 비옥하고 부식질이 많은 토양 병충해 - 별로 없다. 번식 - 실생번식, 가을(9~10월)에 파종한다. 발아온도는 20°이고 7~10일에 싹이 튼다.	용기식재, 화단, 경제화 단, 서늘한 밤이 되면 꽃빛깔이 더욱 선명해진다.	

식물이름	학명	과	자생지	크기(cm)	개화기	꽃빛깔	식재 거리(cm)	재배	조경	비고
브로 왈리아	Browallia speciosa	가지	남아메 리카의 콜롬비아	높이 20~45 포기 20~45	여름~ 서리 내릴 때	보라, 푸른빛, 흰빛	25~30	적지 - 반그늘진 곳으로 습기가 항상 있고 유기물이 많은 양토 방충해 - 별로 없다. 번식 - 실생번식, 꺾꽂이, 발아온도 25°, 재배온도 18~25°, 가을에 파종한다.	그늘진 곳의 화단, 경계화단, 바구니, 걸이, 윈도박스, 용기식재	
디지 털리스	Digitalis purpurea	현삼	유럽	높이 90~150 포기 60m	6월 중순 ~ 7월 상순	흰색, 분홍, 노랑	30	적지 - 햇빛이 잘 들거나 반그늘(여름철 오후)진 곳으로 배수가 좋고 유기물이 있는 토양 방충해 - 줄기썩음병, 탄저병 번식 - 실생번식, 직파, 발아온도 20°이고 15~20일에 싹이 튼다.	정제화단의 뒤쪽, 집단식재, 서늘해지는 밤이 되면 꽃빛깔이 더 욱곱다.	
꽃 베고니아	Begonia semperflorens	주해양	남아메리카 의 브라질	높이 15~20 포기 15~20	6월~ 서리 내릴 때	빨강, 흰꽃 등	15~20	적지 - 반그늘이나 햇빛이 드는 곳으로 습기가 있고 비옥한 토양. 또 한 여름에는 아침 햇살이나 저녁 그늘이 이상적이다. 강색 잎은 햇빛과 태양열에 잘 견딘다. 방충해 - 별로 없다. 번식 - 실생번식, 발아온도 20°에서 10 일에 싹틈 생육적온은 15~20°	화단에서 비 두리 식재, 용기식재, 윈 도박스, 바구 니 걸이	
로벨리아	Lobelia erinus	숫잔대	남아프리카	높이 15~20 포기 15~25	4~7월	보라	15~20	적지 - 햇빛이 잘 들거나 모는 반그 늘(무더운 지역에서)지역 배 수가 좋고 유기물이 풍부한 지역 이식 - 가을에 파종해서 봄에 이식. 방충해 - 묘잘록병 번식 - 실생번식, 가을에 파종한다.	화단, 경제화 단에서 앞쪽 에 식재, 용 기식재, 윈도 박스, 바구니 걸이, 테두리 식재	

식물이름	학명	과	자생지	크기(cm)	개화기	꽃빛깔	식재거리(cm)	재배	조경	비고
락스퍼	Consolida ambigua	미나리아재비	유럽남부	높이 – 왜생종 30 고생종 1.2m 포기 30	늦봄~한여름	보라, 분홍, 흰색	20~30	적지 – 햇빛이 잘 들고 배수가 좋은 곳 유기물이 있어야 함. 병충해 – 별로 없다. 번식 – 실생번식, 직파하고 숨어낸다. 가을에 파종한다.	화단, 경계 화단, 주택정원, 절화	
스위트피	Lathyrus odoratus	콩	시실리	높이 1.2~1.8m 포기 15~30 (덩굴식물)	6월	분홍, 빨강, 보라빛	10~15	적지 – 햇빛이 잘 들고(한여름에는 오후에 그늘지고 배수가 좋으며 항상 습기가 있고 유기물이 풍부한 비옥한 토양. 이식 – 뿌리를 서늘하게 하고 습도 유지를 위해 멀칭한다 가을에 근주한다. 병충해 – 별로 없다. 번식 – 실생번식, 파종하기 전에 종자를 물에 담가서 불린다. 직파도 가능하다. 가을 파종(10월), 발아온도 15~20°, 생육온도 10~20°	화단, 경계화단, 주택정원, 덩굴진 밭에는 꽃밭에는 꽃밭이 더욱 아름답다. 펜스, 트렐리스에 장식한다. 절화	
네모필라	Nemophila menziesii	귀모라밍조	미국 캘리포니아	높이 15~20 포기 30	4~5월	하늘색, 흰색 등	15	적지 – 햇빛이 잘 들고 반그늘진 곳(아 침해가 들고 오후에 그늘진 곳이 이상적)으로 습기 있고 사양토 병충해 – 별로 없다. 번식 – 실생번식, 직파 가능, 자연발아, 발아온도 20°, 가을 파종(10월)한다.	화단, 경계화단, 배두리 식재, 화분, 용기식재	
우스토마 (리시안서스)	Eustoma grandiflorum (Lisianthus russlanus)	용담	북아메리카 캐리비 다스가, 텍사스	높이 30~60 포기 30	8월	흰색, 분홍, 우아빛, 남보라빛	15	적지 – 햇빛이 잘 들거나 한여름에는 반 그늘지는 곳으로 배수가 좋은 토양. 여름밤 서늘한 날에는 꽃봉오리가 선명하다. 습기가 많으면 꽃가루병에 약하다. 겨울 실어에 비가 적은 곳이 좋다. 병충해 – 습하면 묘잘록병에 걸리기 쉽다. 번식 – 실생번식, 발아 적온 25~30°, 생육온도 15~20°, 남쪽에서는 가을에, 북쪽에서는 봄에 파종한다.	화단, 경계화단, 화분, 절화	

식물이름	학명	과	자생지	크기(cm)	개화기	꽃빛깔	식재 거리(cm)	재배	조경	비고
스위트 스카비오사 (진보라솔 체꽃)	Scabiosa atropurpurea	산토끼꽃	지중해 연 안, 유럽 아프리카, 아시아	높이 60~90	5~6월	보라, 분홍, 빨강, 황백색, 흰색, 자홍색 등	20~30	적지 - 햇빛이 잘 들고 배수가 잘 되 는 양토와 알칼리성 토양이 좋다. 병충해 - 별로 없다. 번식 - 실생번식, 가을에 파종(10월) 한다. 발아온도 15°, 재배적 온은 10~15°, 직파 가능	화단, 경제화 단에서 강조 식물, 절화	
접시꽃	Alcea rosea	아욱	중국, 아시 아 서부	높이 90~180 포기 60	한여름 (6~8월)	흰색, 빨강, 분홍, 노랑	45~60	적지 - 햇빛이 잘 들고 배수가 좋은 곳 병충해 - 녹병 번식 - 실생번식, 자연발아가 잘 된다.	경제화단, 건 물 앞에 강조 식재, 담장, 펜스 등을 따 라서 식재	
스토크 비단향 (꽃무우)	Matthiola incana	십자화	남부 유럽	높이 30~60 포기 30	여름	빨강, 분홍, 자주, 파랑, 연노랑, 흰색 등	15~20	적지 - 햇빛이 잘 들고 배수가 좋은 비옥한 토양 병충해 - 묘잘록병, 균핵병, 잿빛곰 팡이병. 번식 - 실생번식, 파종은 늦은 봄이나 초여름(겨울이 따뜻한 남쪽 지 방)에 한다. 토양에 흩어 뿌리고 갈퀴로 가볍게 덮는다. 싹이 트 면 15~20cm 간격으로 솎아낸다. 파종을 해준다.	화단, 경제화 단, 향기가 좋아 앉아 쉴 곳에 식재한 다.	
이베리스	Iberis umbellata	십자화	유럽 (이탈리 아, 스페 인)	높이 20~30 포기 20~25	늦봄~ 한여름	흰색, 분홍, 보라, 빨강 등	15~20	적지 - 햇빛이 들거나 부분 그늘진 곳 배수가 잘 되어야함. 병충해 - 별로 없다. 번식 - 실생번식, 직파, 가을에 파종 한다.	테두리 식재, 화단, 경제화 단.	

Ⅱ. 여러해살이 화초

식물이름	학명	-과	자생지	크기(cm)	개화기	꽃빛깔	식재 거리(cm)	재배	조경	비고
패랭이꽃	*Dianthus sinensis*	석죽	한국 산기슭이나 풀밭이나 개울가의 모래땅	높이 30~40 포기 30	7~8월	분홍빛	20	적지 – 햇빛이 잘 들고 배수가 좋은 모래 또는 양토 병충해 – 누병 번식 – 포기 나누기, 꺾꽂이, 실생번식	경계화단의 앞쪽, 보도블럭 따라서 테두리 식재, 암석정원, 돌담	
유럽 패랭이꽃	*Dianthus plumarius*	석죽	유럽의 중동부 (오스트리아)	높이 45~60 포기 30	초여름~ 한여름	분홍빛	20	적지 – 햇빛이 잘 들고 배수가 좋은 모래 또는 양토로 약산성 토양이 좋다. 이식 – 2~3년마다 포기 나누어 식재. 병충해 – 누병 번식 – 포기 나누기, 꺾꽂이	경계화단의 서 앞쪽, 보도블록 따라서 테두리 식재, 암석정원, 돌담	
리크니스	*Lychnis chalcedonica*	석죽	소아시아, 소련, 시베리아	높이 60~90 포기 30~45	한여름	흰색, 빨강, 자주 등	30	적지 – 햇빛이 잘 들고 반그늘진 곳으로 습기가 있고 배수가 좋으며 비옥한 토양. 이식 – 2~3년마다 포기 나누기하여 식재 병충해 – 별로 없다. 번식 – 실생번식(가을 파종), 포기 나누기(봄, 가을)	화단, 경계화단이나 단애식 강조 식물, 절화	
동자꽃	*Lychnis cognata*	석죽	한국의 산지의 숲속	높이 40~100 포기 20~30	한국의 산지의 숲속	주황색	20	적지 – 반그늘진 곳으로 배수가 좋고 비옥한 토양. 병충해 – 별로 없다. 번식 – 포기나누기, 실생	관상용 화단, 화분	

식물이름	학명	과	자생지	크기(cm)	개화기	꽃빛깔	식재거리(cm)	재배	조경	비고
사포나리아	Saponaria ocymoides	석죽	유럽의 중앙부, 스위스 등	높이 10~15 포기 30~45	한여름	분홍색	20~30	적지 - 햇빛이 잘 들고 배수가 좋은 곳 및 식으로 배두리 토양에서 잘 자란다. 가문에 잘 견딘다. 이식 - 포기 나누어 심는다. 묵은 줄 기는 2~3년마다 베어낸다. 병충해 - 별로 없다. 번식 - 포기 나누기, 꺾꽂이	보도를 따라 식 재 배두리 식재, 화단에 재, 화단에서 배두리 식재, 정제화단에 서 앞쪽에 식 재, 암석정 원, 메 담 (dry walls)	
복수초	Adonis amurensis	미나리아재비	한국의 숲속, 시베 리아	높이 15~30 포기 20	4월	황색	20	적지 - 반그늘이고 배수가 좋으며 비 옥한 양토. 이식 - 꽃이 진 후 그늘에 이식한다. 병충해 - 별로 없다. 번식 - 실생번식, 포기 나누기	화단, 정제화 단, 화분, 용 기식재, 숲 속 경관식재	
아퀼레지아 (서양 매발톱 꽃)	Aquilegia × hybrida	미나리아재비	북아메리 카	높이 60~90 포기 30~60	봄~ 초여름	노랑, 빨 강, 하늘 색, 보라, 분홍, 흰 색 등	30	적지 - 햇빛이 잘 들고 반그늘진 곳 및 부식질이 풍부하고 배수가 좋 은 토양. 이식 - 가을에 실생묘를 심는다. 포 기 나누기는 3~4년마다 함. 병충해 - 7~8월에 고온다습하면 깍 벌레이 발생한다. 번식 - 포기나누기, 실생번식 (봄에 파종하고 가을에 정식하면 다 음해 여름에 꽃이 핀다.)	정제화단, 암 석정원, 돌담 가를 따라서 식재	
매발톱꽃	Aquilegia buergeria var. oxysepala	미나리아재비	한국	높이 50~70 포기 30~40	6~7월	자줏빛	30	적지 - 반그늘진 곳으로 습기가 있고 배수가 좋으며 유기물이 있는 토양. 이식 - 봄에 심는다. 병충해 - 별로 없다. 번식 - 포기나누기, 실생번식	경제화단, 숲 속 경관식재	

식물이름	학명	-과	자생지	크기(cm)	개화기	꽃빛깔	식재거리(cm)	재배	조경	비고
그리스 바람꽃	*Anemone blanda*	미나리아재비	유럽의 동남부, 아시아 서부	길이 15 포기 10~15	이른봄	보라, 홍, 흰 색 등	10~15	적지 - 햇빛이 잘 들고 반그늘진 곳. 습기가 있고 배수가 좋은 토양. 이식 - 길이 5cm로 가을에 심는다. 식재 전에 하룻밤 동안 뿌리를 물에 담가 준다. 병충해 - 별로 없다. 번식 - 실생번식, 자연번식, 포기나누기.	낙엽교목 아래에 자연풍경으로 집단식재, 화분, 윈도박스	
아네모네 (운남 바람꽃)	*Anemone × hybrida*	미나리아재비	중국 운남성	높이 90~150 포기 60~90	늦여름~가을	연분홍색	40~50	적지 - 햇빛이 잘 들고 반그늘진 곳. 습기가 있고 비옥한 토양. 이식 - 포기 나누어 식재. 병충해 - 별로 없다. 번식 - 포기나누기.	화단, 경계화 단이나 강조식 물, 절화	
꿩의 바람꽃	*Anemone raddeana*	미나리아재비	한국의 산지 의 숲속	높이 10~15 포기 10~15 근경 - 길이 3~4	4월	흰색, 연한 자주 색	10~15	적지 - 햇빛이 잘 들고 반그늘진 곳. 습기가 있고 비옥한 토양. 병충해 - 별로 없다. 번식 - 포기나누기.	경계화단의 앞쪽, 숲속 경관식재	
촛대승마	*Cimicifuga simplex*	미나리아재비	한국의 깊은 산 지 응달	높이 1~1.5m 포기 40~60	7~8월	흰색	30~40	적지 - 그늘진 곳으로 습기가 있고 배수가 좋은 비옥한 토양. 병충해 - 별로 없다. 번식 - 포기나누기, 실생번식.	숲속 경관식 재, 경계화 단, 강조식재	
델피니움 (꽃제비 고깔)	*Delphinium × elatum hybrids*	미나리아재비	파테비에 산 맥에서 서 아시아의 전초지대	높이 1.2~1.8 포기 60~90	늦은봄~초여름 가을	하늘색, 다홍더빛, 흰색, 보라색 등	50~60	적지 - 햇빛이 잘 들고 배수가 좋으며 습기가 있는 비옥하고 유기질이 있는 토양. 중성에서 약산성 토양이 좋다. 이식 - 봄에 포기나누어 식재, 묶은 줄기는 세개하고 유기물을 해마다 준다. 병충해 - 별로 없다. 번식 - 포기 나누기(봄), 실생번식(꽃, 가을), 꺾꽂이.	경계화단에는 뒤쪽에 식재하고, 담장이나 펜스 앞에 식재	

식물이름	학명	과	자생지	크기(cm)	개화기	꽃빛깔	식재 거리(cm)	재배	조경	비고
작약	Paeonia lactiflora	미나리 아재비	시베리아, 몽고	높이 60~70, 포기 60~90	한여름 중부지방 - 6월초	흰색, 분홍, 빨강, 노랑 등	60~90	적지 - 햇빛이 잘 들고 반그늘진 곳으로 습기가 있고 비옥한 토양. 이식 - 깊이 20~25cm로 가을에 심는다. 병충해 - 잿빛 곰팡이병. 번식 - 포기나누기(가을)	경제화단, 주택정원	
할미꽃	Pulsatila koreana	미나리 아재비	한국의 양지 잘 드는 들이나 산기슭	높이 25~30, 포기 20	4월	적자색	20	적지 - 햇빛이 잘 들고 반그늘진 곳, 배수가 좋고 비옥한 토양이 좋으며, 습한 토양에는 견디지 못한다. 병충해 - 별로 없다. 번식 - 실생번식(봄, 가을), 포기나누기(가을)	암석정원, 자연풍경식	
금낭화	Dicentra spectablis	현호색	한국 전국의 야산	높이 30~75, 포기 60~90	봄~초여름	붉은색	40~50	적지 - 반그늘진 곳(추운 곳에서는 햇빛이 잘 드는 곳), 비옥하고 습기가 있는 토양. 이식 - 포기나누기에 심는다. 병충해 - 별로 없다. 번식 - 포기나누기(가을)	주택정원, 경제화단, 야생풍경식	
세덤	Sedum spectabile	돌나물	중국의 중부	높이 30~60, 포기 60	8~10월	분홍, 빨강	30~40	적지 - 햇빛이 잘 들고 배수가 좋은 비옥한 토양, 극도의 가뭄에 잘 견딤. 병충해 - 별로 없다. 번식 - 실생번식(봄, 가을 파종), 포기나누기(봄), 꺾꽂이.	경제화단, 암석정원, 주택정원	
기린초	Sedum kamtschaticum	돌나물	아시아 북동의 캄차카와 한국의 산지, 풀밭, 바위틈, 바닷가	높이 10~30, 포기 2~30	6~7월	노랑	20	적지 - 햇빛이 잘 들고 배수가 좋은 비옥한 토양. 병충해 - 별로 없다. 번식 - 실생번식(봄, 가을), 포기나누기(봄), 꺾꽂이	경제화단, 암석정원, 주택정원	

식물이름	학명	과	자생지	크기(cm)	개화기	꽃빛깔	식재 거리(cm)	재배	조경	비고
아스틸베 (아렌드 루주오줌)	*Astilbe arendsii*	범의귀	한국, 중국 원산의 노루오줌에서 교배	높이 60~120 포기 60~90	4~5월	분홍, 빨강, 흰꽃	40~50	적지 - 햇빛이 잘 들고 반그늘진 곳, 습기가 있고 우산성이 비옥한 토양. 이식 - 3~4년마다 포기 나누어 식재. 병충해 - 별로 없다. 번식 - 실생번식(초가을), 포기나누기(봄, 가을)	경계화단, 못, 개울 가장자리에 식재, 절화	
버게니아	*Bergenia cordifolia*	범의귀	동아시아, 시베리아	높이 30~35 포기 30	이른봄	진분홍	30	적지 - 햇빛이 잘 들고 반그늘진 곳, 습기가 있고 비옥한 토양. 병충해 - 별로 없다. 번식 - 포기나누기(봄), 실생번식(밭이온도 21°)	지피식물, 교목과 관목 밑에 식재, 정원 길가를 따라 식재, 돌담 밑에 강조식재, 못이나 개울가에 식재, 암석정원	
바위취	*Saxifraga stolonifera*	범의귀	한국의 습한 응달	높이 20~30 포기 30	5~6월	흰색	20	적지 - 반그늘진 곳으로 습기가 있고 배수가 좋으며 비옥한 토양. 이식 - 포기 나누어 식재. 병충해 - 별로 없다. 번식 - 포기나누기, 실생번식(가을파종)	암석정원, 지피식물(관목이나 교목 밑에), 주택정원(그늘진 곳), 용기식재	
루피너스	*Lupinus poliphylla*	콩	아메리카의 서부, 위싱턴주	높이 40~50 포기 60~90	봄~여름	분홍, 보라, 하늘빛, 노랑 등	40~50	적지 - 햇빛이 잘 들고 반그늘진 곳, 습기가 있고 배수가 좋은 산성 토양. 부식질이 많으면 좋다. 건조와 더위에 약하다. 이식 - 가을에 포기 나누어 식재한다. 병충해 - 별로 없다. 번식 - 실생번식(가을에 파종, 하룻밤 침수시킨다), 포기나누기(가을)	경계화단에 뒤쪽에 식재, 야생풍경 꽃밭, 절화	

식물이름	학명	과	자생지	크기(cm)	개화기	꽃빛깔	식재 거리(cm)	재배	조경	비고
아메리카부용	*Hibiscus moscheutos*	아욱	북아메리카의 남동부 옐로대페마	높이 1.2~2.4m 포기 90~150	여름 내내	분홍색, 심홍색	90~120	적지 - 햇빛이 잘 들고 반그늘진 곳, 습기가 있고 부식질이 있는 토양, 가뭄과 습기에 견디는 성질이 강함. 이식 - 어린 식물을 식재하며 이식은 싫어한다. 병충해 - 풍뎅이. 번식 - 실생번식, 가을에 파종.	정제화단, 개울가의 목욕간의 뭐	
물레나물	*Hypericum ascyron*	물레 나물	한국의 산기슭이나 볕이 잘 드는 풀밭	높이 50~150 포기 20~30	7월	노랑	30	적지 - 햇빛이 잘 들고 배수가 좋은 토양. 이식 - 포기 나누어 심는다. 병충해 - 별로 없다. 번식 - 포기나누기, 실생번식.	야생풍경 꽃밭, 정제화단	
앵초	*Primula sieboldii*	앵초	한국의 산속이나 습지나 냇가	높이 20~30 포기 30	4~5월	자홍색	20	적지 - 반그늘진 곳으로 습기가 항상 있고 비옥한 토양. 병충해 - 별로 없다. 번식 - 실생번식(봄에 파종), 자연발아, 포기나누기(가을)	화단, 경계화단, 화분이나, 용기식재, 자연경 꽃밭, 숲속 경관식재	
프리물라 (꽃앵초)	*Primula × polyantha*	앵초	유럽	높이 20~30 포기 30	봄~초여름	흰색, 크림색, 분홍, 빨강, 보라색 등	20	적지 - 반그늘지고 산성토양으로 습기가 항상 있는 비옥한 토양. 이식 - 꽃이 진 후에 포기 나누어 식재. 병충해 - 별로 없다. 번식 - 실생번식(봄에 파종), 자연발아가 잘 된다. 포기나누기(가을)	화단, 경계화단, 테두리 식재, 화분, 용기식재, 숲속 경관식재	

식물이름	학명	과	자생지	크기(cm)	개화기	꽃빛깔	식재거리(cm)	재배	조경	비고
아주가	*Ajuga reptans*	꿀풀	유럽, 아시아	높이 10~25 포기 20~25 30~60	늦은 봄 초여름	보라색	20	적지 - 햇빛이 잘 들고 반그늘진 곳으로 배수가 좋고 습기 있는 비옥한 토양. 과도한 가뭄과 습도에 견디지 못하지만 추위와 더위에는 잘 견딘다. 이식 - 봄과 가을에 식재 병충해 - 배수가 좋지 못하면 뿌리썩음을 예방할 수 있다. 번식 - 포기나누기, 실생번식(봄에 파종)	테두리 식재, 교목과 관목 밑에 지피식물, 암석정원, 보도 옆에 테두리 식재	
꽈리	*Physalis alkekengi*	가지	유럽의 남동부예서 아시아	높이 60~90 포기 30~40	늦은 봄 한여름	주황색	30	적지 - 햇빛이 잘 들고 배수가 좋은 곳 토질은 가리지 않음. 이식 - 포기나누어 심는다. 병충해 - 별로 없다. 번식 - 포기나누기, 실생번식	주택정원, 경제화화단	
스카비오사 (서양솔체꽃)	*Scabiosa caucasica*	산토끼꽃	코카서스	높이 45~60 포기 30~45	한여름	분홍색	20~30	적지 - 햇빛이 잘 들고 배수가 좋은 곳, 습기가 있고 배수가 좋은 토양. 고온에 민감하고 다습하면 살기 어렵다. 병충해 - 별로 없다. 번식 - 포기나누기(봄), 실생번식(봄과 중)	화단, 경제화단에서 강조식물, 절화	
초롱꽃	*Campanula punctata*	초롱꽃	한국의 산기슭이나 풀밭	높이 30~80 포기 20~30	6,7월	흰색, 연분홍바탕에 진한 반점	20~30	적지 - 반그늘진 곳으로 배수가 좋은 비옥한 토양. 이식 - 포기나누어 식재 병충해 - 별로 없다. 번식 - 포기나누기, 실생번식	야생풍경정원, 꽃밭, 숲속 정원, 관상재, 경제화단	

식물이름	학명	과	자생지	크기(cm)	개화기	꽃빛깔	식재거리(cm)	재배	조경	비고
도라지	*Platycodon grandiflorum*	초롱꽃	한국의 볕이 잘 드는 산기슭의 풀밭	높이 60~90 포기 30~60	7~8월	보라색 또는 흰색	20	적지 – 햇빛이 잘 들고 반그늘진 곳, 배수가 좋은 비옥한 토양. 이식 – 심거나 파종하고 솎아낸다. 병충해 – 별로 없다. 번식 – 실생번식(봄, 가을), 포기나누기	정체화단, 자연풍경 꽃밭, 숲속 경관식재	
국화	*Chrysanthemum × morifolium*	국화	교배종	높이 45~150 포기 30~90	늦여름~가을	연분홍, 빨강, 노랑 등	30~50	적지 – 햇빛이 잘 들고 반그늘진 곳, 비옥하고 배수가 좋은 토양. 이식 – 매년 또는 2년마다 봄에 포기 나누기. 병충해 – 진딧물. 번식 – 포기나누기, 꺾꽂이	늦여름에 밝은 빛깔을 내며 과꽃과 함께 가을을 장식한다.	
샤스타 데이지	*Chrysanthemum × superbum*	국화	교배종	높이 30~90 포기 60	6~7월	설상화 흰색 관상화 노란색	30	적지 – 햇빛이 잘 들고 배수가 좋은 비옥한 토양. 해변에서는 잘 견딘다. 이식 – 3~4년마다 포기나누기를 해야 강하게 자람. 병충해 – 별로 없다. 번식 – 포기나누기	여름에 피는 대표적인 꽃으로 붓꽃, 원추리, 양귀비 등과 잘 어울린다.	
마거리트	*Chrysanthemum frutescens*	국화	카나리제도	높이 1m 포기 90	봄	흰색, 노란색	50~60	적지 – 햇빛이 잘 들고 배수가 좋은 사양토. 병충해 – 별로 없다. 번식 – 포기나누기, 꺾꽂이	화단, 경계화단, 절화	
옥스아이 데이지	*Chrysanthemum leucanthemum*	국화	유럽 전지역, 페르시아, 북아메리카, 뉴질랜드	높이 60~90 포기 30~40	5월~가을	설상화 흰색 관상화 노란색	30~40	적지 – 햇빛이 잘 들고 배수가 좋은 곳. 강건하며 토질은 가리지 않음. 병충해 – 별로 없다. 번식 – 포기나누기	화단, 경계화단, 절화	

식물이름	학명	-과	자생지	크기(cm)	개화기	꽃빛깔	식재거리(cm)	재배	조경	비고
숙근코레옵시스 (금계국)	*Coreopsis lanceolata*	국화	북아메리카	높이 50~60 포기 30~40	5월	노랑	30	적지 - 햇빛이 잘 들고 배수가 좋은 곳 방종해 - 별로 없다. 번식 - 포기나누기	경계화단, 야생풍경 꽃밭	
숙근가일라디아 (천인국)	*Gaillardia × grandiflora*	국화	원종은 남·북아메리카가 원산이나 재배되는 것은 교잡의 배종이다.	높이 60~90 포기 60	여름	설상화 - 주황 관상화 - 노랑	40	적지 - 햇빛이 잘 들고 배수가 좋은 사질토 이식 - 2~3년마다 포기 나누어 심음. 방종해 - 별로 없다. 번식 - 포기 나누기, 실생번식(가을에 파종)	경계화단, 암석정원, 해변정원	
리아트리스	*Liatris spicata*	국화	북아메리카 (매사추세츠 ~ 루이지에나)	높이 60~90 포기 30~60	6~9월	적자색	20~30	적지 - 햇빛이 잘 들고 반그늘진 곳, 습기가 있고 비옥한 토양 이식 - 봄·가을에 포기 나누기하여 식재 방종해 - 별로 없다. 번식 - 포기나누기(봄, 가을), 실생번식 (주파)	야생풍경 꽃밭, 자수화단	
루드베키아	*Rudbeckia fulgida*	국화	북아메리카 남부의 여러 주	높이 45~90 포기 60~120	여름내내	노랑	40~60	적지 - 햇빛이 잘 들고 반그늘진 곳 배수가 중요 이식 - 2~4년마다 포기 나누어 심음. 방종해 - 별로 없다. 번식 - 포기나누기(봄, 가을), 실생(봄, 가을)	야생풍경 꽃밭, 경계화단	
키다리국화	*Rudbeckia lanciniata*	국화	북아메리카 캐나다에서 콜로라다까지 넓은 범위이다	높이 60~240 포기 40~60	7~9월	노랑	40~50	적지 - 햇빛이 잘 들고 배수가 좋은 비옥한 토양. 이식 - 봄·가을에 포기 나누어 심음. 방종해 - 별로 없다. 번식 - 포기나누기	경계화단 뒤쪽에 식재, 담장·울타리·벽 부근에 식재	

식물이름	학명	과	자생지	크기(cm)	개화기	꽃빛깔	식재거리(cm)	재배	조경	비고
라벤더	*Lavandula angustifolia*	차조기	지중해 서부지역	높이 60~90 / 포기 60	초여름~ 늦은 여름	보라색	40~50	적지 – 햇빛이 잘 들고 반그늘진 곳, 배수가 잘 되고 비옥한 토양. 중성 또는 약알칼리성 토양이 좋음. 극도의 가뭄에 견딘다. 이식 – 죽은 가지를 제거하고 수년마다 묵은 줄기를 베어낸다. 병충해 – 별로 없다. 번식 – 휘묻이, 꺾꽂이.	허브가든, 매듭정원, 정제화단, 보도 옆의 산울타리, 절화, 말린 꽃	
꽃잔디	*Phlox subulata*	꽃고비	북아메리카	높이 10~15 / 포기 30~40	4~5월	분홍, 보라, 흰색	10	적지 – 햇빛이 잘 들고 배수가 아주 좋으며 부식질이 있는 토양. 병충해 – 흰가루병. 번식 – 실생번식(봄, 가을), 포기나누기(꽃이 진 후), 꺾꽂이(꽃이 안 핀 줄기).	지피식물, 암석정원, 메담(dry walls), 화단, 정제화단의 테두리 식재	
숙근 프록스	*Phlix paniculata*	꽃고비	아메리카 누저지아 ~ 조지아 아간서스	높이 90~120 / 포기 60~120	한여름~ 늦여름	보라, 빨강, 흰색, 분홍색	30~40	적지 – 햇빛이 잘 들고 반그늘진 곳, 습기가 있고 배수가 좋으며 부식질이 많은 토양. 이식 – 3~4년마다 포기 나누기. 병충해 – 흰가루병. 번식 – 포기나누기(봄, 가을)	화단, 정제화단에서의 이름답게 오랫동안 꽃이 핀다.	
피소스테지아 (꽃범의 꼬리)	*Physostegia virginia*	광대나물	북아메리카 (버지니아)	높이 90~120 / 포기 60~120	늦여름	분홍	30	적지 – 햇빛이 잘 들고 반그늘진 곳, 습기가 있고 배수가 좋으며 유기물이 있는 토양. 이식 – 2~4년마다 포기 나누어 심음. 병충해 – 별로 없다. 번식 – 포기나누기, 봄에 한다.	정제식물, 정형원, 비정형 식화단에 적합	귀화식물

식물이름	학명	-과	자생지	크기(cm)	개화기	꽃빛깔	식재거리(cm)	재배	조경	비고
천남성	Arisaema amurense var. serratum	천남성	한국 산지의 응달	높이 30~50 포기 30~45	7~8월	수꽃 - 자주색 꽃밭 암꽃 - 녹색으로 세모방에 밀파	30	적지 - 반그늘지거나 응달진 곳, 비옥한 토양이 좋으며 습기에 잘 견딘다. 이식 - 포기나누어 심는다. 병충해 - 별로 없다. 번식 - 실생번식(봄, 가을), 자연 분주가 잘 된다.	야생풍경정 꽃밭, 숙속 정원식재, 강조식물 (높이가 낮은 화단에서)	
창포	Acorus calamus var. angustatus	천남성	한국의 호수나 연못가의 습지	높이 60~90	6~7월	노란색 꽃밭	20~30	적지 - 못가, 호숫가 등 습한 곳 이식 - 봄에 식재 병충해 - 별로 없다. 번식 - 포기나누기	못, 호숫가, 도랑가 등 습한 곳에서 자람	
자주달개비	Tradescantia × andersoniana	닭의장풀	미국의 버지니아	높이 30~60 포기 60	5~6월	보라, 하늘, 자주, 흰색 등	30~40	적지 - 햇빛이 잘 들고 배수가 좋으며 습기가 있는 비옥한 토양. 병충해 - 별로 없다. 번식 - 포기나누기(가을), 실생번식(자연발아가 잘 된다).	부정형식 정원에 식재	
은방울꽃	Convallaria majjalis var. keiskei	백합	한국	높이 20 포기 15~20	5월	흰색	10~15	적지 - 그늘진 숲속에서 배수가 좋은 유기물이 있는 토양. 이식 - 포기 나누어 식재함. 병충해 - 별로 없다. 번식 - 포기나누기	그늘진 곳이 화단이나 지피식물, 숲속 조경	
원추리	Hemerocallis hybrids	백합	교배종	높이 30~150 포기 60	7~8월	노랑	30~60	적지 - 햇빛이 잘 들고 반그늘진 곳, 향 상 습기가 있고 비옥한 토양. 교배종은 하루 8시간 이상 직사광선을 받아야 함. 이식 - 3년마다 포기 나누어 식재, 병충해 - 별로 없다. 간혹 진딧물이 꽃봉오리에 달라붙는다. 번식 - 포기나누기, 기을이나 봄에 한다.	집단식재, 야생풍경 꽃밭	

식물이름	학명	과	자생지	크기(cm)	개화기	꽃빛깔	식재거리(cm)	재배	조경	비고
옥잠화	*Hosta plantaginea*	백합	중국	높이 60	한여름	흰색	30~40	적지 - 햇빛이 잘 들고 반그늘진 곳, 배수가 좋고 유기물이 있는 곳 이식 - 봄에 포기를 나누어 식재 병충해 - 별로 없다. 번식 - 포기나누기	주택정원, 정제화단	
비비추	*Hosta longipes*	백합	한국	높이 15~90 포기 15	7~8월	연보라색	30	적지 - 햇빛이 잘 들고 반그늘진 곳, 습기가 약간 있고 배수가 좋은 곳 이식 - 3~4년마다 포기나누어 식재 병충해 - 별로 없다. 번식 - 포기나누기(늦여름)	주택정원, 정제화단, 물가에 식재, 지피식물, 교목 밑에 관목 밑에 식재	
나포피아 (횃불나리)	*Kniphofia uvaria*	백합	남아프리카	높이 60~120 포기 60~120	8월	위는 빨강고, 아래는 노랑	60~70	적지 - 햇빛이 잘 들고 배수가 좋으며 부식질이 풍부한 토양. 이식 - 포기에서 가장자리에 있는 어린 포기를 떼어내서 가을에 심는다. 병충해 - 배수만 잘 되면 부패병을 피할 수 있다. 번식 - 포기나누기, 실생번식, 4~6주간 냉장고에 노천매장한 후 겨울에 실내에서 파종	정제화단이나 암석정원에서 강조식물	
맥문동	*Liriope platyphylla*	백합	한국 산지의 숲속	높이 30~50 포기 25~30	7~8월	자주색	20	적지 - 반그늘진 곳으로 배수가 좋은 비옥한 토양 이식 - 봄이나 가을에 식재 병충해 - 별로 없다. 번식 - 실생번식, 포기나누기	보도의 가장자리, 화단, 정제화단이나 비두리 식재, 지피식물, 숲속 경관식재	
삿갓나물	*Paris verticillata*	백합	한국의 산지	높이 30	6~7월	주황색	20~30	적지 - 그늘진 숲속으로 배수가 좋으며 유기물이 있는 토양 이식 - 포기 나누어 식재 병충해 - 별로 없다. 번식 - 포기나누기	그늘진 곳의 화단, 정제화단, 숲속 조경	

식물이름	학명	~과	자생지	크기(cm)	개화기	꽃빛깔	식재거리(cm)	재배	조경	비고
둥굴레	*Polygonatum odoratum var. pluriflorum*	백합	한국 산지의 응달	높이 30~70	5~6월	연한 회백색	20	적지 – 반그늘진 곳으로 배수가 좋은 비옥한 토양. 이식 – 포기 나누어 식재 번식 – 포기나누기	주택정원, 숲속 경관식재	
아가판더스	*Agapanthus umbellata*	수선화	아프리카 케냐	높이 90 포기 60	6~7월	연보라	50~60	적지 – 햇빛이 잘 들고 습기가 있는 비옥한 토양, 서리가 없어야 한다. 이식 – 봄에 포기 나누어 식재 번식 – 포기나누기	용기식재, 정재화단, 기초식재	
꽃창포	*Iris ensata var. spontanea*	붓꽃	전국 산야의 습지, 물가	높이 60~120	6~7월	진한 적자색	30	적지 – 물가, 습한 곳 이식 – 삽타. 번충해 – 별로 없다. 번식 – 포기나누기	물가, 연못가, 습지 등에 식재	
붓꽃	*Iris nertshcinskia (I. sanguinnea)*	붓꽃	한국, 시베리아, 만주, 일본	높이 30~60 포기 30~40	5~6월	보라색	30	적지 – 햇빛이 잘 들고 습기가 있으며 배수가 좋은 토양. 이식 – 봄, 가을에 포기 나누기. 번충해 – 별로 없다. 번식 – 포기나누기	정재화단, 야생풍경 꽃밭, 못 가장자리	
독일붓꽃	*Iris germanica*	붓꽃	유럽	높이 60~120 포기 30~40	봄 초여름	흰색, 분홍, 보라, 빨강, 주황, 노랑	30	적지 – 햇빛이 잘 들고 배수가 좋은 곳 이식 – 가을에 식재 번충해 – 별로 없다. 번식 – 포기나누기	화단, 정재화단, 일시적인 산울타리, 왜생종은 암석정원	
범부채	*Belamcanda chinensis*	붓꽃	한국 산지의 풀밭	높이 60~120 포기 30~60	7~8월	황적색 바탕에 짙은 암적색 점	30	적지 – 햇빛이 잘 들고 반그늘진 곳, 비옥하고 배수가 좋은 곳 이식 – 봄에 포기 나누어 심음 번충해 – 별로 없다. 번식 – 실생번식(자연발아 잘 됨) 포기 나누기	정재화단, 주택정원, 자연풍경원, 풍경 꽃밭, 숲속 정관식재	

Ⅲ. 알뿌리 화초

A. 봄에 심는 알뿌리 화초

식물이름	학명	-과	자생지	크기(cm)	개화기	꽃빛깔	식재 거리(cm)	재배	조경	비고
칸나	*Canna generalis*	칸나	원종 (C. indica)은 중남 아메리카, 교배종으로 원예 품종이 많다	높이 60~80 포기 30~60	한여름~ 늦여름	분홍, 빨강, 주황, 노랑 또는 겹꽃 빛깔이 꽃	30~45	적지 – 햇빛이 잘 들고 배그늘진 곳, 습기가 있고 배수가 좋으며 유기물이 있는 양토. 이식 – 봄에 10cm 깊이로 화단에 심음. 번식해 – 별로 없다. 번식 – 분구	화단, 경계화단에서 집단 식재, 용기식재	
다알리아	*Dahlias hybrids*	국화	멕시코, 과테말라 등의 고산지대	높이 – 왜생종 30 고생종 1.5m 포기 1.2m	초여름~ 늦가을	분홍, 빨강, 노랑, 겹색 갈 등	고생종 1m 왜생종 20	적지 – 햇빛이 잘 들고 배수가 좋은 곳 이식 – 식재깊이는 고생종은 15cm, 왜생종은 5~10cm로 심음. 여름에 멀칭하고 가을면 관수 번충해 – 바이러스, 메마토라 번식 – 분구, 접꽂이, 접목		
글라디올러스	*Gladiolus hortulanus*	붓꽃	남아프리카의 희망봉	높이 60~150 포기 15~30	여름~ 초가을	복숭아빛, 분홍, 빨강, 흰색 등	10~25	적지 – 햇빛이 잘 들고 배수가 잘 되는 토양 이식 – 깊이 10~25cm로 봄(3~4월에 심는다. 따한산데 7° 이상 지역에서는 서리가 온 후에 알뿌리를 캐서 실내에 저장 번충해 – 후사리움병(저장구근이 미라화된다), 모자이크병, 바이러스병 번식 – 자구번식	화단에는 가운데, 경계화단에서는 뒤쪽에 식재, 절화	
백합	*Lilium hybrida*	백합	아시아 북아메리카 유럽	높이 60~150 포기 15~30	5~6월	흰색 개량종은 노랑색도 있다.	15~20	적지 – 햇빛이 잘 들고 반그늘진 곳, 배수가 좋은 토양 이식 – 가을에 20cm 정도 깊게 파고 식재. 구덩이 바닥은 부드럽게 한다. 멀칭을 해서 서늘하게 습도유지를 해주고 개화 전에 가을면 물을 준다. 번충해 – 바이러스 번식 – 자구번식	화단, 경계화단, 기초식식	

2 조경화초

331

식물이름	학명	과	자생성지	크기(cm)	개화기	꽃빛깔	식재거리(cm)	재배	조경	비고
참나리	Lilium trigrinum	백합	한국 전역의 산야	높이 1~2m 포기 20~30	7~8월	적황색	30	적지 – 햇빛이 잘 들고 배수가 좋은 비옥한 토양. 이식 – 봄에 심는다. 병충해 – 별로 없다. 번식 – 자구번식, 주아번식	정제화단 뒤쪽에 식재, 주택정원, 야생풍 꽃밭	
알리움	Allium giganteum	백합	중앙아시아	높이 45 꽃대 높이 90~150 포기 약 45	6월	보라	20~30	적지 – 햇빛이 잘 들고 약간 반그늘진 곳으로 배수가 좋은 토양. 이식 – 가을이나 이른 봄에 20cm 깊이로 심고 겨울에 짚, 낙엽 등으로 덮어줌. 병충해 – 별로 없다. 번식 – 분구가 어렵다.	화단, 정제화단에의 강조 식물, 절화 (잘라 주면 수구일 후 꽃이 핀다.) 말린꽃	
엘레지	Eryythronium japonicum	백합	한국의 햇빛이 잘 드는 산록이나 숲속	높이 20~30 포기 15	4월	홍자색	20	적지 – 햇빛이 잘 들고 배수가 좋은 비옥한 토양. 병충해 – 별로 없다. 번식 – 분구	숙속 정원식재, 야생풍경 꽃밭, 정제화단	
상사화	Lycoris squamigera	수선화	한국의 중부, 일본의 중부 이북	높이 60 잎 30 포기 15	한여름	분홍색	20	적지 – 햇빛이 잘 들고 반그늘진 곳, 배수가 건조한 곳 이식 – 깊이 10~12cm로 봄에 심음 병충해 – 별로 없다. 번식 – 분구한다. 분구를 안 하면 무더기로 자란다.	주택정원, 차 연못정 꽃밭	
라넌 큘러스	Ranunculus asiaticus	미나리아재비	크레타, 남서아시아	높이 20~40 포기 20	5~6월	흰색, 노랑, 주홍, 분홍	20	적지 – 매우 비옥한 양토, 햇빛이 들거나 반그늘진 곳 이식 – 덩이뿌리는 5cm 깊이로 심는다. 추운 곳에서는 봄에 심고 따뜻한 곳에서는 가을에 심음, 꽃이 지고 잎이 노랗게 되면 덩이뿌리는 파내 번식 – 포기나누기	화단식재	

B. 가을에 심는 알뿌리 화초

식물이름	학명	과	자생지	크기(cm)	개화기	꽃빛깔	식재 거리(cm)	재배	조경	비고
꽃무릇 (석산)	*Lycoris radiata*	수선화	한국 남부지방에 식재, 중국과 일본의 남부지방	높이 30~40 높이 30~50	9~10월	진분홍	15~20	적지 - 햇빛이 잘 들고 배수가 좋은 곳 이식 - 깊이 8~10cm로 봄에 심는다. 병충해 - 별로 없다. 번식 - 분구	주택정원, 사찰 정원에서 흔히 식재한다. 자연 풍경 풍발	
튤립	*Tulipa hybrids*	백합	지중해지역, 소아시아	높이 15~90 포기 15~25	3~4월	분홍, 빨강, 노랑 등	15~20	적지 - 햇빛이 잘 들고 반그늘지고 배수가 좋은 종이며 여름에 건조한 토양. 이식 - 깊이 10~15cm 가을에 심음. 꽃이 진 후 잎뿌리는 캐내어 건조시켜 저장 병충해 - 잿빛 곰팡이병, 바이러스병 번식 - 자구변식	화단, 경계화단에 집단식재, 용기식재, 절화	
무스카리	*Muscari armeniacum*	백합	소아시아	높이 15~20 포기 8~10	이른봄	보라	10	적지 - 햇빛이 잘 들고 반그늘진 곳, 배수가 좋은 토양 이식 - 깊이 6~8cm 가을에 심음 병충해 - 별로 없다. 번식 - 분구	화단, 경계화단, 테두리 식재, 용기식재	
콜치컴	*Colchicum spaciosum*	백합	지중해의 동부 (터키 북부, 이란)	높이 20 포기 15	초가을	핑크빛	15	적지 - 햇빛이 잘 들고 반그늘진 곳, 배수가 좋은 곳 이식 - 깊이 10cm로 늦은 여름과 초가을에 알뿌리를 심음 병충해 - 별로 없다. 번식 - 분구	지피식물, 관목 아래 식재	
스킬라	*Scilla sibirica*	백합	러시아의 중남부, 시베리아, 보스니아, 세르비아, 아시아 시남부	높이 15 포기 5~8	이른봄 4월 상순경	하늘색	5~6	적지 - 햇빛이 잘 들고 반그늘진 곳으로 배수가 좋은 곳 이식 - 깊이 8~10cm 가을에 심음 병충해 - 별로 없다. 번식 - 분구	관상용	

식물이름	학명	과	자생지	크기(cm)	개화기	꽃 빛깔	식재 거리(cm)	재배	조경	비고
카마시아	*Camassia quamash*	백합	아메리카 서북부	높이 60~75 포기 30	늦은 봄	흰색, 보라 등	20~25	적지 – 햇빛이 잘 들고 반그늘진 곳, 습기가 있으나 습기 차지 않은 토양. 이식 – 깊이 10cm로 가을에 심음 병충해 – 별로 없다. 번식 – 분구	연못이나 개울가를 따라서 식재, 습한 곳에 자연풍경 식재	
스페인 푸른종	*Hyacinthoides hispanica*	백합	유럽의 남서부, 북아프리카	높이 30~40 잎 높이 20 포기 10~15	봄	흰색, 분홍, 보라빛	10~25	적지 – 햇빛이 잘 들고 반그늘진 곳, 배수가 좋고 유기물이 있는 곳. 이식 – 깊이 8~10cm로 가을에 심음 병충해 – 별로 없다. 번식 – 분구	화단, 경제화단, 지피 식물, 숲 속에 자연풍경 식재	
히아신스	*Hyacinth orientalis*	백합	그리스, 시리아, 소아시아 등 지중해 동부 등 다양함.	높이 20~30 포기 15	이른 봄	흰색, 분홍, 빨강, 주황, 노랑, 하늘 색, 보라 등	15~20	적지 – 햇빛이 잘 들고 배수가 좋으며 유기물이 있는 토양. 이식 – 깊이 12~15cm로 가을에 심음 병충해 – 부패병(저장 중에 일부분리), 백견병, 모자이크병 번식 – 분구	화단, 경제화단에서 이른 봄에 꽃이 핀다. 용기식재	
수선화	*Narcissus hybrids*	수선화	유럽, 스페인, 포르투갈에 집중분포 일부는 아시아서부, 프랑스 남부에서 소아시아, 제주도에도 이 속의 1종이 분포	높이 15~50 포기 10~20	이른봄 (3,4월)	노랑 흰색	10~20	적지 – 햇빛이 잘 들고 반그늘진 곳, 배수가 좋고 유기물이 있는 곳. 이식 – 깊이 10~20cm에 심고, 깊이 진 후에 일부리는 줄면기에 건조하 저장한다. 병충해 – 별로 없다. 번식 – 분구	화단, 경제화단, 지피식물, 절화	
눈송이꽃 (스노 우 드롭)	*Galanthus nivalis*	수선화	유럽	잎, 꽃 높이 15 포기 5~7	이른봄	흰색	7~10	적지 – 햇빛이 잘 들거나 반그늘지고 습기가 있고 배수가 좋은 유기물이 있는 토양. 이식 – 깊이 7~10cm로 가을에 심음 병충해 – 별로 없다. 번식 – 분구	화단, 지피식물, 낙엽관목과 교목 밑에 식재	

식물이름	학명	과	자생지	크기(cm)	개화기	꽃 빛깔	식재 거리(cm)	재배	조경	비고
루코줌 (스노우 후레이크)	*Leucojum aestivum*	수선화	유럽의 중앙 및 남부	잎, 꽃 높이 30 포기 15	늦은 봄	흰꽃	15	적지 - 햇빛이 잘 들고 반그늘진 곳, 습기가 있고 배수가 좋은 유기물이 있는 토양 이식 - 깊이 10cm로 가을에 심음 병충해 - 별로 없다. 번식 - 분구	화단, 경계화단에 수선화와 어울림 등과 함께 심음. 습기가 있는 곳이나 숲속에 자연풍경식재	
크로커스	*Crocus speciosus*	붓꽃	유럽의 중부 남부	잎 높이 15 꽃대 높이 10~15 포기 5	이른 봄	보라, 흰색, 핑크, 노랑	10~15	적지 - 햇빛이 잘 들고 배수가 좋은 곳 이식 - 7~8cm 깊이로 가을에 심음 병충해 - 별로 없다. 번식 - 자구번식	지피식물, 화단	
그물붓꽃	*Iris reticulata*	붓꽃	아시아 서부	꽃 높이 10~15 잎 높이 30 포기 5	이른 봄	하늘색, 보라, 흰색	5	적지 - 햇빛이 잘 들고 배수가 좋은 곳 이식 - 깊이 7~10cm로 가을에 심음 잎이 노랗게 변하면 일부 뿌리를 파냄 병충해 - 별로 없다. 번식 - 분구	화단, 경계화단, 화분 (봄에 예쁘게 핀다.)	
프리틸라리아 (황제왕관)	*Fritillaria imperalil*	붓꽃	이란, 인도	높이 60~120 포기 30	늦은 봄	주황색	30	적지 - 햇빛이 잘 들고 배수가 좋은 사양토 이식 - 늦가을에 20cm 깊이로 심는다.	화단, 경계화단에서 강조 식물이 된다.	

3. 실내조경식물

1. 관엽식물

식물이름	학명	과	크기	자생지	온도	햇빛	물주기	번식	병충해
엽란	*Aspidistra elatior*	백합	높이 40~60cm 포기 60cm	중국	18~24°C	그늘	적게	포기나누기	물 많이 주면 갈색으로 변함
렉스 베고니아	*Begonia rex Hybrids*	베고니아	높이 30cm (재배방법에 따라 10cm 이하도 있다)	인도의 아삼 (Assam)	18~24°C	밝은 빛	적당히	포기나누기	식물성병원 - 노균병, 회색곰팡이병, 뿌리썩음병, 잎썩균병 동물성해충 - 잎굴파리, 총채벌레, 응애
칼라디움	*Caladium bicolor*	아레카	높이 40cm	열대	18~24°C	밝은 빛	많이	묵은 덩이 뿌리에서 작은 새끼 덩이뿌리가 생기는 것을 봄에 떼어 화분에 심는다.	나무 건조하면
공작 칼라데아	*Calathea makoyana*	마란타	높이 40~50cm	브라질	18~24°C	밝은 빛	많이	포기나누기	깍지벌레, 가루각지벌레,

식물이름	학명	과	크기	자생지	온도	햇빛	물주기	번식	병충해
얼룩말 칼라데아	Calathea zebrina	마란타	높이 40cm 포기 60cm	브라질	18~24°C	밝은빛	많이	포기나누기	별로 없다
접란	Chlorophytum cosmosum	백합	높이 15~30cm	남아프리카	8~24°C	밝은빛	적당히	포기나누기	각지벌레
강가루 덩굴	Cissus antarctica	포도	60cm 실내 – 2~3m	오스트레일리아	8~24°C	밝은빛	적당히	포기나누기	응애
크로톤	Codiaeum variegatum var. pictum	유홀비아	높이 90cm 포기 60cm	인도의 남부, 인도네시아	8~24°C	밝은빛	많이	꺾꽂이	응애
커피나무	Coffee arabica	고무나무	자생지 – 높이 5m 용기 – 높이 1~2m	에티오피아	8~24°C	밝은빛	적당히	실생번식	각지벌레
코레우스	Coleus Hybridus	깨	높이 45cm 포기 30cm	제배종	8~24°C	밝은빛	많이	꺾꽂이	건조하면 응애가 긴다.
오스트레일리아 코디리네	Corduline austalis	백합	자생지 – 높이 8m 용기 – 높이 1m	오스트레일리아, 뉴질랜드	8~24°C	직사광선	많이	꺾꽂이, 각지벌레	각지벌레

식물이름	학명	과	크기	자생지	온도	햇빛	물주기	번식	병충해
터미널 코디리네	*Corduline terminalis*	백합	높이 60cm	동남 아시아	18~24°C	밝은빛	많이	꺾꽂이, 실생 번식	깍지벌레
시페루스	*Cyperus alternifolius*	사초	높이 1.5m 포기 45cm	마다가스카르	18~24°C	직사광선	많이	포기나누기	별로 없다
점박이 디펜바키아	*Dieffenbachia maculata*	아채가	높이 90cm 포기 40cm	브라질	18~24°C	밝은빛	적게	꺾꽂이	줄기 밑둥에 세균병
아메나 디펜바키아	*Dieffenbachia amoena*	아채가	높이 1m 이상	열대 아메리카	18~24°C	밝은빛	적게	꺾꽂이	세균성 줄기 부패병
디지고테카	*Dizygotheca elegantissima*	아라리아	높이 1.2m	남태평양의 뉴 헤브리이드	18~24°C	밝은빛	적당히	실생번식	별로 없다
마지나타 드라세나	*Dracaena marginata*	용설난	높이 2m 정도	미상	18~24°C	밝은빛	많이	꺾꽂이	깍지벌레
드라세나	*Dracaena fragrans*	용설난	높이 1.5m 이상	아프리카 동부의 열대지방	18~24°C	밝은빛	많이	꺾꽂이	깍지벌레
줄무늬 드라세나	*Dracaena deremensis*	용설난	높이 1.2m	아프리카 동부의 열대지방	18~24°C	밝은빛	많이	꺾꽂이	깍지벌레

식물이름	학명	과	크기	자생지	온도	햇빛	물주기	번식	병충해
산데리아 드라세나	*Dracaena sanderna*	용설난	높이 60cm	카메룬, 자이레	18~24°C	밝은빛	많이	꺾꽂이	깍지벌레, 잎무늬병
신답서스	*Epipremnum aureum*	아레카	길이 5~6m	솔로몬 섬	18~24°C	밝은빛	적당히	꺾꽂이	별로 없다
팻츠헤데라	*Fatshedera lizei*	두릅나무	높이 1m 포기 60cm	원예종	18~24°C	밝은빛	적당히	꺾꽂이	깍지벌레, 진딧물
팔손이나무	*Fatsia japonica*	두릅나무	높이 1.5m 포기 1.2m	한국(남해안과 도서지방), 일본 유구열도	18~24°C	밝은빛	많이	실생번식, 꺾꽂이	깍지벌레, 진딧물
벤자민 고무나무	*Ficus benjamina*	뽕나무	높이 2m 포기 90cm	인도, 말레이	18~24°C	직사광선	적당히	꺾꽂이	꺾꽂이 깍지벌레, 건조하면 응애가 낀다.
겨우살이 고무나무	*Ficus deltoidea*	뽕나무	높이 30~60cm	인도, 히말라야, 인도네시아	18~24°C	밝은빛	적당히	꺾꽂이	깍지벌레, 건조하거나 너무 더우면 응애가 낀다.
고무나무	*Ficus elastica*	뽕나무	높이 30m 실내 – 2.5m	열대 아시아	18~24°C	밝은빛	적게	꺾꽂이	응애, 깍지벌레, 달팽이
떡갈잎 고무나무	*Ficus lyrata*	뽕나무	높이 1.5m	아프리카 서부	18~24°C	밝은빛	적게	꺾꽂이, 공중 휘묻이	깍지벌레, 너무 건조하면 응애가 낀다.

식물이름	학명	과	크기	자생지	온도	햇빛	물주기	번식	병충해
덩굴 고무나무	*Ficus pumila*	뽕나무	길이 1.5m	인도 지나, 일본	18~24°C	밝은빛	적당히	꺾꽂이	깍지벌레, 응애
피토니아	*Fittonia verschaffeltii*	야칸사	높이 5~10cm 포기 15cm	페루	18~24°C	밝은빛	적당히	꺾꽂이, 휘묻이	줄기 썩음병
우단초	*Gynura procumbens*	국화	높이 1.5m 포기 45cm	원예종	18~24°C	밝은빛	적당히	꺾꽂이	진딧물
헤데라 (아이비)	*Heder helix*	두릅나무	길이 90cm	유럽	18~24°C	밝은빛	적당히	꺾꽂이	건조하면 응애가 진다
이레시네	*Iresine herbstii*	비름	높이 60cm 포기 20cm	브라질	18~24°C	직사 광선	많이	꺾꽂이	응애, 진딧물
월계수	*Laurus nobilis*	녹나무	높이 6m 실내 ~ 2m	지중해 지역	18~24°C	직사 광선	많이	꺾꽂이	깍지벌레
마란다	*Maranta leuconeura*	마란다	높이 20cm 포기 15cm	멕시코, 과테말라	18~24°C	밝은빛	적당히	뿌리줄기 봄에 나누어 심는다.	응애
몬스테라	*Monstera deliciosa*	야페카	잎이 매우 커서 1m까지 자란다.	멕시코, 과테말라	18~24°C	밝은빛	적당히	꺾꽂이	나무 건조하면 응애가 생긴다.

식물이름	학명	과	크기	자생지	온도	햇빛	물주기	번식	병충해
난쟁이 바나나	*Musa aluminata* 'DwarfCavendish'	파초	높이 1m 정도	동남아시아	18~24°C	밝은빛	많이	줄기 밑둥에서 나온 어린 식물체(흡지)로 번식	각자벌레
파키라	*Pchira aquatica*	물밤나무	높이 18m	중앙아메리카, 남아메리카의 북부	18~24°C	직사광선	많이	실생번식	별로 없다
페페로미아	*Peperomia caperata*	피페라	높이 30cm	열대 아메리카, 브라질	18~24°C	밝은빛	적게	꺾꽂이	각자벌레, 응애
아보카도	*Persea americana*	녹나무	상록 소교목으로 열대성 과수인데 실내식물로 이용된다.	멕시코, 중앙아메리카	18~24°C	밝은빛	많이	실생번식	각자벌레, 가루각자벌레
깃털 필로덴드론	*Philodendron bipinnatifidum*	아례카	높이 1m 이상	브라질	18~24°C	밝은빛	적당히	꺾꽂이	진딧물, 뿌리 썩음병
덩굴 필로덴드론	*Philidendron scandens*	아례카	길이 1.8m 정도	중앙아메리카	18~24°C	밝은빛	적당히	꺾꽂이	진딧물, 과습하면 뿌리가 썩는다.
버건디 필로덴드론	*Philpdendron* 'Burrggundy'	아례카	길이 2m	원예종	18~24°C	밝은빛	적당히	꺾꽂이	각자벌레, 진딧물, 진딧물 과습하면 부리가 썩는다.

식물이름	학명	과	크기	자생지	온도	햇빛	물주기	번식	병충해
수박잎 필레아	Pilea cadierei	쐐기풀	30cm 정도	베트남	18~24°C	밝은빛	적게	꺾꽂이	별로 없다
몰리스 필레아	Pilea mollis 'Moon Valley'	쐐기풀	높이 10~15cm	페루, 베네수엘라, 코스타리카	18~24°C	밝은빛	적게	꺾꽂이	온도가 낮으면 잎이 떨어진다.
돈나무	Pittosporum tobira	돈나무	높이 2~3m 실내 – 1.5m	한국, 일본	18~24°C	직사광선	많이	꺾꽂이	깍지벌레, 진딧물
프렉트란서스	Plectranthus coleoides	다비아테	높이 15cm 포기 60cm	재배종	18~24°C	직사광선	많이	꺾꽂이	별로 없다
잣목지 나무	Podocarpus macrophyllus	나한송	2m	한국(남해안의 도서지방), 중국, 일본, 대만	18~24°C	직사광선	적당히	꺾꽂이	뿌리썩음병 물을 너무 많이 주지 말아야 한다.
레오	Rhoeo spathacea	닭의장풀	높이 30cm 포기 30cm	멕시코	18~24°C	밝은빛	적당히	뿌리 주변에서 나오는 어린 식물체를 떼어서 옮겨 심는다.	별로 없다
로이기스우스	Rhoicissus rhomboidea	포도	길이 2m 정도	오스트레일리아	18~24°C	밝은빛	적당히	꺾꽂이	나무 가물면 응애가 낀다.

식물이름	학명	과	크기	자생지	온도	햇빛	물주기	번식	병충해
산세비에리아	Sansevieria trifasciata	용설난	90cm	열대 아프리카	18~24°C	직사광선	적게	포기나누기	별로 없다
바위취	Saxifraga stolonifera	범의귀	높이 10~20cm	한국, 중국, 일본	18~24°C	직사광선	많이	포기나누기	진딧물
쉐프렐라	Schefflera actinophylla	두릅나무	높이 2m	퀸스랜드 과푸아 뉴기니아 인도네시아	18~24°C	밝은빛	적당히	꺾꽂이	진딧물
자주 닭의장풀	Setcreasea pallida var. purpurea	닭의장풀	높이 40cm 포기 40~50cm	멕시코	18~24°C	직사광선	적당히	꺾꽂이	각지벌레, 진딧물
톨메아	Tolmiea menziesii	범의귀	높이 15cm 포기 30cm	미국	18~24°C	직사광선	적당히	봄·여름에 포복경에 달린 어린 식물체를 떼어서 심는다.	각지벌레
흰줄 닭의장풀	Tradescantia albiflora	닭의장풀	높이 30cm 포기 60cm	남아메리카	18~24°C	직사광선	적당히	꺾꽂이	별로 없다
알로에잎 유카	Yucca aloifolia	백합	높이 60~90cm	미국, 멕시코	18~24°C	직사광선	많이	봄에 어린 식물체(흡지)를 떼어서 심거나 씨로 심는다.	별로 없다

식물이름	학명	-과	크기	자생지	온도	햇빛	물주기	번식	병충해
코끼리다리 유카	*Yucca elephantipes*	백합	높이 15m	멕시코, 과테말라	18~24°C	직사광선	많이	봄에 어린 식물체(흡지)를 떼어 옮겨 심는다.	별로 없다
제브리나	*Zebrina pendula*	닭의장풀	높이 20cm 포기 60cm	멕시코	18~24°C	직사광선	적게	꺾꽂이	진딧물

4. 허브 식물

식물이름	학명	-과	내한성대	원산지	크기(cm)	생활형	개화기	번식	이용
야로우 (서양톱풀)	*Achillea Filipendulina* Yarrow	국화-과	3	유럽	120-150	여러해살이	6~9월	실생, 포기나누기	말린꽃으로 허브화환을 만든다. 노랑청연꽃말린꽃은 물에 담갔다가 차로 마신다.
블루 자이언트 히섭	*Agastache foeniculum* Blue gaint hyssop, Anise hyssop, Anise mint	꿀풀-과	5	북아메리카	90~120	여러해살이	8~9월	실생	잎은 말려서 차나 포푸리로 이용. 씨앗은 물에 담갔다가 개운 크루 기름에 반죽용으로 쓰인다.
애그리머니 (큰골 짚신나물)	*Agrimonia eupatoria* Agrimony, Cockleger, Sticklewort	장미-과	5	한국, 유럽, 서아시아, 북아프리카	30~60	여러해살이	여름~가을	실생	줄기, 잎, 꽃들을 말려서 차로 쓴다. 식물 전체는 노란색염료로 쓴다.
레디스(숙녀의)망토	*Alchemilla vulgaris* (Syn. A. xanthochlora) Lady s-mantle	장미-과	5	유럽, 서부아시아, 북아프리카	30~60	여러해살이	6월~가을	실생, 포기나누기	수렴제, 지혈제, 진통제, 잎은 베게 밑에 넣어두면 수면효과가 있다.
차이브 (산파)	*Allium schoenoprasum* (syn. A. sigricum) chives	백합-과	4	우리나라, 시베리아	20~30	여러해살이	6월~7월	실생, 포기나누기	요리, 샐러드 뿌리, 잎, 꽃에 독특향기와 매운맛이 있다.
부추	*Allium tugerosum* Chines chive, Garlic chive	백합-과	3	중국	60	여러해살이	늦여름	실생, 포기나누기	잎은 샐러드, 스프, 소스에 쓰인다.
알로에	*Aloe barbadensis* (syn. A. vera) Barbados aloe, Healing plant	백합-과	-	아프리카 남부	30 꽃필 때: 60	여러해살이		실생, 포기나누기	즙액은 화상상처, 피부보습제, 샴푸와 비누 등
레몬버베나	*Aloysia triphylla* (syn. Lippia citriodora) Lemon verena	마편초-과	8,9,10	칠레, 남아메리카	60~180	여러해살이	여름철	꺾꽂이, 포기나누기	말린 잎은 수년간 향기를 내며, 차, 포푸리에 쓰인다. 잎에서 추출한 정유는 향수로 쓴다.

식물이름	학명	과	내한성대	원산지	크기(cm)	생활형	개화기	번식	이용
매쉬멜로우 (약 접시꽃)	*Althea officinalis* Mash mallow	아욱과	5	유럽	120	여러해살이	7~8월	실생, 포기나누기, 꺾꽂이	잎은 식용, 뿌리는 음료 및 디저트용으로 추출한다.
아마란서스 (녹색 맨드라미)	*Amaranthus hypochondriacus* Prince s feather, Green amaranthus, Mercado grain amatanhus, Lady bleeding, red cockscomb	비름과	-	아시아의열대, 멕시코, 인도	90~120	한해살이	여름	실생	잎은 식용, 말린 꽃은 꽃꽂이 소재
딜 (시나)	*Anethum graveolens* Dill	산형과	-	지중해 연안, 인도, 아프리카북부	60~90	한해살이, 두해살이	여름	실생	잎과 씨는 피클, 서양김치로 쓰이고, 잎은 부향제
엔젤리카 (서양당귀)	*Angelica archangelica* Angelica	산형과	3	유럽북부	180	두해살이	초여름	실생	잎은 샐러드, 생선절시, 씨에서 향수추출
골든(금빛) 마가렛	*Anthemis tinctoria* Golden marguerit, Ox-eye chamomile, Dyer s chamomile	국화과	5	유럽, 서아시아	60	여러해살이	초여름	실생, 포기나누기	꽃은 노랑 천연염료를 생산하고, 말린꽃으로 사용
처빌 (서양, 전호)	*Anthriscus cerefolium* chervil	산형과	-	서아시아, 러시아 남부	30~40	한해살이	5월	실생	어린잎은 샐러드용, 생선, 육류에 부향제로 쓴다.
홀스 래디시 (개 고추냉이)	*Armoracia rusticana* Horseradish	십자화과	5	유럽 동남부	60~90	여러해살이	초여름	꺾꽂이	뿌리는 생체로 요리에 쓰고, 말린서도 요리용으로 쓴다.
웜우드 (서양 약쑥)	*Artemisia absinthium* Wormwood	국화과	4	유럽	120~150	여러해살이	한여름	실생, 꺾꽂이, 포기나누기	아페리티브, 압상트 등을 만들고, 베르뭇의 주원료 등으로 쓰고 말린 허브는 구충제.

식물이름	학명	과	내한성대	원산지	크기(cm)	생활형	개화기	번식	이용
테라건 (프랑스 약쑥)	*Artemisia dracunculus* Tarragon, French tarragon, Estragon	국화과	5	유럽남부	60~90	여러해살이	한 여름	포기나누기, 꺾꽂이	잎은 향신료로 요리, 잎에서 추출한 정유는 요리에 향료로 쓴다.
버터프라이 밀크위드 (인주 솜풀)	*Asclepias tuberosa* Butterfly Milkweed, Pleurisy root	박주가리과	4	북아메리카의 동남부	60~90	여러해살이	여름	실생, 포기나누기	꽃은 관상가치가 있고, 천연염료로 쓴다. 줄기섬유는 옷감에 이용.
우드러프 (선갈퀴)	*Asperula odorata* (syn. *Galium odoratum*) Sweet woodruff	꼭두서니과	4	울릉도, 동부아시아, 유럽	20~30	여러해살이	5월	실생, 봄, 가을 포기나누기	잎은 차로 쓰이고 방충효과가 있다. 관상가치가 있어 지피식물.
블루인디고	*Baptisia australis* Blueindigo, False indigo	콩콩과	5	오스트리아일리아	90~120	여러해살이	봄철	실생, 생꽃이	열매는 말려서 장식용, 꽃은 절화용. 화단이나 조경식물
버리지 (서양 지치)	*Borago officinalis* Borage, Starflower	지치과	-	지중해 연안	60~90	한해살이	5월	실생	잎과 꽃은 샐러드에 쓰이고 오이향기가 난다. 꽃은 케이크에 이용. 잎은 샐러드용
카렌둘라 (금잔화)	*Calendula officinalis* Pot-marigold,calendula	국화과	5	지중해 연안, 유럽남부, 이란	30~60	여러해살이나 보통한해살이로 취급	이른 봄	실생	잎과 꽃은 식용, 스프, 샐러드의 향료, 꽃에서 노랑염료추출
콰마시	*Camasia esculenta* Quamash	백합과	5	북아메리카의 태평양 연안	50~60	여러해살이	-	알뿌리(자구)	알뿌리는 식용한다. 고구마 맛이 난다.
샘플라워 (홍화)	*Carthamus tinctorius* Safflower,False saffron	국화과	-	이란	60~90	한해살이	여름	실생, 직파	흰 씨앗에서 요리용 기름생산, 말린 꽃잎은 천연 염료로 쓰이고 음식에 물들이는데 쓴다. 화장에 쓰이는 연지의 원료
캐러웨이	*Carum carvi* Caraway	산형화과	5	아프리카 북부, 유럽, 서부아시아	60~90	두해살이	6월	실생, 직파	씨는 향기가 있어 요리에 쓰이고 씨에서 추출한 정유는 술에 향기 내는데 이용
일일초	*Catharanthus roseus* (syn. *Vinca rosea*) Madagascar periwinkle, Rosy periwinkle	협죽도과	-	마다스카, 인도, 자바, 브라질	30	자생지: 여러해살이, 우리나라: 한해살이	봄~가을	실생	잎은 질병치료, 꽃이 예뻐서 화분기르기, 바구니걸이 화단에 이용.

식물이름	학명	-과	내한성대	원산지	크기(cm)	생활형	개화기	번식	이용
로마캐머마일	*Chamaemalum nobile* (syn. *Anthemis nobile*) Roman camomile, True camomile	국화-과	4,5	유럽	30	여러해살이	여름	실생, 포기나누기	지피식물, 디딤돌 틈새에 식재, 벤치 가까이 식재, 꽃은 말려서 차로 마신다.
커스트머리	*Chrysanthemum balsamita* Costmary, Bibleleaf	국화-과	4	서아시아	60~90	여러해살이	여름	꺾꽂이 2~3년 후 포기나누기	잎은 잘게 썰어서 차, 샐러드 케이크, 요리 등에 쓴다.
페인트데이지 (붉은除蟲菊제[충국])	*Chrysanthemum coccimeum* Pyrethrum, Painted daisy	국화-과	5	이란	60~90	여러해살이	늦은 봄부터 늦가을	실생	꽃잎은 천연 살충제, 절화, 조경식물
휘버휴 (解熱草, 해열초)	*Chrysanthemum parthenium* (syn. *Tanacetum*) Feverfew	국화-과	5	유럽남부, 서아시아, 발칸반도	60	여러해살이	-	실생	잎은 끓여서 차로 마시면 두통이 멈춘다. 잎의 냄새는 해충퇴치, 말려서 부케와 포프리로 쓴다. 절화
치커리	*Cichorium intybus* Chicory, Succory	국화-과	5	유럽, 서아시아, 북아프리카, 북아메리카	60~90	여러해살이	6~8월경	실생	포르 꽃잎은 증류하여 아이스크림으로 쓴다, 어린잎은 샐러드, 뿌리는 커피대용으로 이용.
코리더 (고수)	*Coriandrum sativum* Coriander, Chinese parsley, Cilantro	미나리아제비-과	-	지중해 연안, 서아시아	40~60	한해살이	여름	실생	씨에서 추출하는 정유는 향료, 화장품, 음식산업이용, 음식향신료
사프란 크로커스	*Crocus sativus* Saffron crocus	붓꽃-과	5	유럽남부, 소아시아	10~15	여러해살이	10월	알뿌리 (자구)	암술머리는 말려서 음식향료에 쓰이고, 노란 염료
커 민	*Cuminum cyminun* Cumin, Comino, Jeera	산형-과	-	이집트, 에티오피아, 시리아, 페루 등	20	한해살이	여름	실생	씨를 볶아 가루로 만들어 육류 요리에 향신료로 쓰고, 카레가루에 혼합, 씨에서 추출한 정유는 요리의 향료
레몬그래스 (레몬솔새)	*Cymbopogon citratus* Lemon grass	벼-과	10	인도, 아시아, 아프리카, 중남미 열대지방	60~90	여러해살이	8~9월	포기나누기	잎에서 정유 추출하여 캔디에 레몬향을 낸다. 잎은 끓여서 신선한 차로 쓰고, 배향을 내는 요리에 요리

식물이름	학명	-과	내한성대	원산지	크기(cm)	생활형	개화기	번식	이용
아티초크 (개 엉겅퀴)	*Cynana scolymus* Artichoke	국화-과	5	지중해 연안	150~200	여러해살이	7~8월	실생, 포기나누기	꽃봉오리는 식용, 어린줄기는 채소로 식용
체더핑크 (앉은뱅이 패랭이)	*Dianthus gratnoplitanus* (*D. caesius*) Cheddar pink	석죽-과	5	유럽	15~20	여러해살이	봄	실생, 나누기, 꺾꽂이	꽃은 포푸리, 암석원, 울타리정원, 용기식재
디지털리스 Foxglove	*Digitalis purpurea* Foxglove	현삼-과	5	유럽	90~150	두해살이	여름	실생	강장제로 약용, 허브정원 식재
티즐	*Dipsacus sylvestris* Teasel	산토끼-과	5	북아프리카	150~180	두해살이	여름	실생	화단식재, 꽃꽂이소재, 뿌리는 약용(이뇨, 기암, 진위제)
자주빛 콘플라워 (에키나세아)	*Echinacea purpurea* Purple coneflower	석죽-과	5	동부 아메리카	60~90	여러해살이	여름~ 초가을	실생	화단식재, 약용(피부상처, 곰팡이균 감염)
에키움 (푸른 지치)	*Echium vulgare* Blueweed viper s bugloss	지치-과	5	지중해 연안, 중동, 서아시아	60~90	두해살이	여름	실생	잎은 차로 마신다. 감기, 신경성 두통에 차로 마시면 열과 두통이 멈춘다.
카더멈 (인도생강)	*Elettaria cardamomum* Cardamom	생강-과	–	인도의 서남부	60	여러해살이	여름	포기나누기	씨를 가루로 만들어 음식의 향료로 쓴다. 씨를 씹으면 상쾌하다.
몰 프렌트 (두더지 풀)	*Euphorbia lathris* Mole plant, Capespurge	대죽-과	–	유럽	90	한해살이 또는 두해살이	여름	실생	두더지, 들쥐 등 동물퇴치용
메도우스위트 (서양 털이풀)	*Fillipendula ulmaria* Meadowsweet, Queen of the meadow	장미-과	4	유럽, 아시아 서부 북아메리카	90	여러해살이	7~8월	실생, 포기나누기	잎은 차로 마신면 감기와 소화효과가 있다. 달인 꽃봉오리는 향기주머니에 넣어 옷장에 둔다.
훼 널 (회향)	*Foeniculum vulgare* Fennel, Sweet fennel	산형화-과	6	지중해 연안	90~180	여러해살이	6~8월	한두해살이	잎, 꽃, 줄기, 씨는 요리의 향을 낸다.
리쿼리스 (스페인감초)	*Glycyrrhiza glabra* Liquorice, Locorice	콩-과	5	유럽 남부, 아 프리카니스탄	90~150	여러해살이	6~8월	실생	뿌리는 물에 담가서 입냄새 제거에 쓴다.
커리프랜트 Curry plant	*Helichrysum serotinum* Curry plant	국화-과	5	유럽 남서부	45~60	반상록관목	7~8월	–	잎은 스프, 요리에 카레향기를 낸다. 씨는 정유를 뽑아서 아로마 요법(우울증, 신경감염)
헬리오 트롭	*Heliotropium arborescens* Sweet heliotrope, Common heliotrope	지치-과	–	페루, 에쿠아돌	30~60	상록 관목	여름	실생, 꺾꽂이	꽃은 바닐라향 향수를 생산, 절화, 말린꽃 포푸리

식물이름	학명	과	내한성대	원산지	크기(cm)	생활형	개화기	번식	이용
호프	*Humulus lupulus* Hops	뽕나무과	4	유럽, 서아시아, 북아메리카	300~450	여러해살이	여름	꺾꽂이(땅눈)	열매를 건조시켜 맥주에 호프 맛을 낸다.
히솝	*Hyssopus officinalis* Hyssop	광대나물과	5	지중해연안, 소아시아	60~90	여러해살이	늦여름	실생, 포기나누기, 꺾꽂이	잎에서 추출한 정유는 포푸리, 비누 등에 향을 낸다. 근 중탕지, 잎으로 만든 차는 소화촉수, 붙인 해소
헬리캠페인 (서양금불초)	*Inula helenium* Elecampane, Yellow starwort, Scabwort	국화과	3	유럽, 아시아 북서부	150~180	여러해살이	여름	실생, 포기나누기, 꺾꽂이	어린잎은 식용, 뿌리에서 추출한 정유는 외과치료약, 뿌리는 바나나 향기가 있어 캔디 등에 향기를 낸다.
오리스 (흰붓꽃 뿌리)	*Iris germanica* 'Florentina' Orris root	붓꽃과	4	유럽 남부, 스페인, 아라비아, 서아시아 등 북반구 일대	40~60	여러해살이	5~6월	포기나누기	땅속줄기는 가루로 만들어 이용, 바닐라 향기가 난다.
월계수	*Laurus nobilis* Bay, Sweet bay, Laurel, Bay laurel	녹나무과	6	지중해연안 이탈리아, 소아시아, 프랑스 남부, 서남부	100	상록 활엽 교목	4~5월	실생, 포기나누기, 꺾꽂이	말린 잎이나 끓인 이가 난다. 스프, 스튜, 소스 등에 향을 낸다. 화환, 말린 잎은 해충퇴치, 포푸리에 이용.
라벤더	*Lavandula angustifolia* (syn. *L. officinalis*) Englis lavender, Lavender	꿀풀과	6	지중해연안, 카나리아제도, 인도, 프랑스 남부, 소말리아	60~90	여러해살이	6~8월	실생, 꺾꽂이	포푸리, 줄기는 물에 담가 차로 마신다. 꽃과 줄기는 정유하여 비누와 향수로 쓴다.
러비지	*Levisticum officinale* Lovage, Love parsley	산형과	4	지중해연안, 유럽남부	140	여러해살이	여름	실생, 포기나누기	샐러드, 스프 등 요리에 향을 낸다. 뿌리는 끓인 물에 담가 차로 마신다.
서양 인동	*Lonicera periclymenum* European honeysuckle	인동과	4	아시아, 북아프리카, 유럽	60~90	반상록 덩굴식물	6~9월	봄:반숙지 삽목 여름: 숙지삽목	포푸리 해열제, 차 등으로 이용

식물이름	학명	-과	내한성대	원산지	크기(cm)	생활형	개화기	번식	이용
맬로우 (서양 아욱)	*Malva sylvestris* Mallow, Blue mallow	아욱과	5	유럽, 시베리아	90~120	여러해살이	초여름	실생, 포기나누기	잎의 점액성분은 입과 피부염증에 쓰이며 꽃은 끓인 물에 담아서 차로 마신다. 꽃과 어린잎은 스프와 샐러드에 향을 낸다.
훨 하운드 (쓴 박하)	*Marrubium vulgare* White Horehound, Candy Horehound	꿀풀과	4	유라시아, 북아프리카	60~90	여러해살이	여름	실생	캔디에 향을 낸다. 잎은 끓인 물가 차로 마시면 목감기에 유효, 헤브정원에서 흉가식재, 비터리 식재
저먼(독일) 캐모마일	*Matricaria chamomilla* (syn. *M. recutita*) Germam camomile, Scented mayweed	국화과	-	지중해 지역, 서아시아	50	한해살이	5월	실생	꽃은 소화를 촉진시키고 차로 마시면 숙면할 수 있다.
레몬 밤	*Melissa officinalis* Lemon balm, Melissa	꿀풀과	4	지중해 연안 유럽 남부	60~90	여러해살이	여름	실생, 꺾꽂이, 포기나누기	끓인 물에 담가 차로 마신다. 레몬향기가 있다. 잎은 생선냄새, 마늘냄새를 없앤다. 잎은 포푸리로 쓰고 베개 속에 넣으면 숙면과 진정효과
페퍼민트 (후추 박하)	*Mentha piperita* Peppermint	꿀풀과	5	교잡종	90	여러해살이	여름	꺾꽂이, 포기나누기	잎에서 추출한 정유는 껜디, 향수, 포푸리의 향료로 쓰인다. 잎은 차로 마시면 입안이 상쾌하고 단잠을 잘 수 있다.
페니로열 (잔디 박하)	*Mentha pulegium* Pennyroyal, Pudding grass	꿀풀과	5	유럽의 남서부, 중해지역에서 이란	30	여러해살이	여름	실생, 포기나누기	잎은 차로 이용, 말린 것은 근충퇴치용, 잔디밭에서 지피식물
스피아민트 (청 박하)	*Mentha spicata* (syn. *M. crispa, M. viridis*) Garden mint, Spearmint, Lamb mint	꿀풀과	5	유럽(서부 및 중부), 지중해	60~90	여러해살이	여름	실생, 포기나누기	잎에서 추출한 정유는 샴푸, 치약 등에 향을 낸다. 냉차, 식초 화제 등에 쓰인다.
애플민트 (사과향 박하)	*Mentha suaveolens* (syn. *M. insularis*) Apple mint, Round-leaged, Wolly mont	꿀풀과	5	유럽	90	여러해살이	여름	실생, 꺾꽂이, 포기나누기	사과향기가 나며 포푸리에 쓰인다. 잎은 날 것이나 말려서 요리에 이용
레몬 민트 (레몬 베르가못)	*Monarda citriodora* Lemon mint, Lemon bee-balm, Lemon bergamot	꿀풀과	5	미국의 중부와 남부, 북부멕시코	90~150	여러해살이	여름	포기나누기, 꺾꽂이	날것이나 말린 잎은 샐러드에 향을 낸다. 끓인 물에 담아서 차로 이용, 포푸리, 꽃에 나비, 꿀벌 등이 몰려든다.

식물이름	학명	-과	내한성대	원산지	크기(cm)	생활형	개화기	번식	이용
베르가못 (오스웨고 티이)	*Mondarda didyma* Bergamot, Oswego tea, Scarlet bee-balm	꿀풀과	4	북아메리카	45~60	여러해살이	7~8월	실생, 꺾꽂이, 포기나누기	잎은 끓인 물에 담가 차로 마신다. 꽃에 별, 나비가 몰려든다.
스위트 시슬리	*Myrrhis odorata* Sweet chervil, Sweet cicely, Garden myrrh	산형과	3	유럽	60~90	여러해살이	5~6월	실생, 포기나누기	어린잎은 샐러드 향을 낸다. 잎은 끓인 물에 담가 차로 마신다. 씨는 빻아 향을 낸다.
워터 크래스 (물 냉이)	*Nasturtium officinale* Watercress	십자화과	5	유럽 중남부	30~60	여러해살이	4~5월	실생, 꺾꽂이, 포기나누기	어린잎은 샐러드, 샌드위치에 쓰이고 장식에 쓰인다. 생선, 육류 장식에 스프로도 훌륭하다.
캣 닙 (고양이 박하)	*Nepeta cataria* Catnip, catmint	꿀풀과	4	유럽, 남서 및 중앙아시아	45~90	여러해살이	여름	실생	잎은 말려서 끓인 물에 담가 차로 마시면 마음에 안정을 준다. 꽃, 잎, 줄기는 방향향을 낸다.
캣민트 (작은고양이박하)	*Nepta mussinii* Catmint	꿀풀과	3	유럽	30	여러해살이	이른봄~ 초여름	실생	화단에 테두리식재, 주택해변정 어느 곳에든구제어우로 쓰인다. 냄새가 정원에서 해충을 몰아낸다.
니겔라	*Nigella clamascena* Love-in-a-mist	미나리재 비과	5	남유럽, 이집 트, 시리아, 북 아프리카, 지중 해연안	60	한해살이	6~7월	실생	잎과 줄기에 향기가 있어 향료 로 쓰인다. 씨는 요리에 쓰여 식 욕을 돋운다. 꽃은 포프리로 쓰 인다. 신선한 잎은 요리접시에 올린다.
배질(향초)	*Ocimum basilicum* Basil, Sweet basil	꿀풀과	-	열대아시아, 아 프리카, 태평양	60	한해살이	7~9월	실생	페스토 소스에 주성분이 되고, 식초향을 만든다.
달맞이 꽃	*Oenothera biennis* Evening primrose	바늘꽃 과	5	동북부 아메리 카	150	-	여름	-	씨는 정유를 추출하여 약용, 식 용 등으로 쓰인다.
스위트 마저럼 (꽃 박하)	*Origanum majorana* (syn. *Majorana hortensis*) Sweet marjoram, Knotted majoram	꿀풀과	8	북아프리카, 남유럽, 터키	60	여러해살이	여름	실생	신선한 것이나 말리거나 요리에 쓰인다. 최면효과가 있어 베개 속에 넣거나 향주머니에 넣는 다. 향주는 향비누, 로션, 크림, 음료살에에 쓰인다.
오레가노	*Oreganum vulgare* Oregano, Wild marjoraam	꿀풀과	5	남유럽~서아 시아	30~60	여러해살이	여름	실생, 꺾꽂이, 포기나누기	말린 잎은 다려서 차로 마시면 신경안정두통을 안정시킨다. 베개 속에 넣으면 최면효과가 있다. 요리에 이용

식물이름	학명	과	내한성대	원산지	크기(cm)	생활형	개화기	번식	이용
꽃 양귀비	*Papaver rhoeas* Corn poppy, Field poppy	양귀비-과	–	유라시아, 북아프리카	30~90	한해살이	5~6월	실생	꽃은 포푸리, 말린 꽃, 전해체, 꽃은 케이크 빼에 장식용, 화단에 집단식체
양귀비	*Papaver somniferum* Opium poppy	양귀비-과	–	그리스, 동앙	60~90	한해살이	5~6월	실생	열매는 건정, 평온, 최면성분이 있다.
시계초	*Passifloria incarnata* Wild passion flower, Maypops	시계꽃-과	–	북아메리카의 동남부, 브라질	60~100	–	여름~가을	꺾꽂이	열매는 생식, 주스, 젤리, 소스 등으로 이용. 꽃과 줄기는 정신 안정제, 고혈압을 내리는 데 이용
장미향 제라늄	*Pelargonium 'graveolens'* Rose-scented geranium, Deodorizer plant	쥐손이풀-과	–	원예종	30~60	여러해살이	봄, 여름	꺾꽂이	잎은 젤리, 케이크, 차, 식초 등에 향기를 낼때. 잎에서 추출한 정유는 향수로 이용. 포푸리
차소기	*perilla frutescens* (syn. *P. ocimoides*) Perilla, Beefsteak plant	꿀풀-과	–	히말라야~일본	60~90	한해살이	8~9월	실생	잎은 샐러드, 스프 등으로 식용, 싱크리 대용
파슬리	*Petroselinum crispum* Parsley	미나리-과	6	남동 유럽, 서아시아	30~60	두해살이	봄	실생	요리용 곁들이에 장식용. 화단에 비두리장체
아니스	*Pimpinella anisum* Anise	산형-과	5	지중해 연안, 러시아, 시리아, 이집트	30~60	한해살이	여름	실생	씨는 톡 쏘는 향기가 단맛이 있어 카레, 소스, 빵, 비스킷, 캔디 등에 향을 낸다. 잎은 샐러드, 스프에 향을 내는 데 쓰인다.
카우스립 (서양 앵초)	*Primula veris* (syn. *P. officinalis*) Cowslip, Keyflower, Palsywort, Paigle	앵초-과	4	지중해 연안, 아시아의 서남부	20~30	여러해살이	봄	실생, 포기나누기	꽃은 끓인 물에 담가 마시고 두통이 단잠을 잔다. 꽃은 포푸리, 잎은 샐러드, 소스 지에 쓰인다.
렁워드 (허파 풀)	*Pulmonaria officinalis* Lungwort, Jerusalem cowslip	지치-과	4	유럽	30	여러해살이	5~6월	실생, 포기나누기	잎은 말려서 폐병약으로 사용. 말린 잎은 끓여서 차로 마시면 기침, 감기에 좋다.
루바브 (서양 대황)	*Rheum rhabarberum* Rhubarb	마디풀-과	3	유럽, 볼가강 유역	60~90	여러해살이	6~7월	실생, 뿌리꺾꽂이	잎자루는 봄에 식용. 잎자루는 삶아서 잼, 젤리, 파이, 푸딩, 케이크 등에 이용
아포시카리 장미 (약제상 장미)	*Rosa gallica 'Officinalis'* Apothecary's rose	장미-과	5	서아시아	80	낙엽관목	초여름	꺾꽂이	꽃잎은 포푸리, 약용(강장제), 향료, 향기요법

식물이름	학명	과	내한성대	원산지	크기(cm)	생활형	개화기	번식	이용
로즈마리 (迷迭香, 미질향)	*Rosmarinus officinalis* Rosemary	꿀풀과	8	지중해연안	180	여러해살이	봄	–	잎과 줄기는 끓인 물에 담가 차로 마신다. 잎에서 증류한 정유는 향수, 샴푸로 이용.
매더 (서양 꼭두서니)	*Rubia tinctorum* Madder, European madder, Dyer s madder	꼭두서니과	5	남동유럽, 서아시아, 중앙아시아	60~90	여러해살이	여름~가을	실생, 포기나누기	뿌리에서 천연염료를 얻고, 해열, 이뇨, 지혈에 효과가 있다.
소렐 (프랑스 수영)	*Rumex scutatus* French sorrel	명아주과	5	유럽, 서아시아, 북아프리카	60	여러해살이	6~7월	실생, 포기나누기	잎은 잘게 썰어서 스프, 샐러드에 향을 낸다.
루 (芸香, 운향)	*Ruta graveolens* Rue, Herb of grace, Herbgrass	운향과	4	유럽 남동부	60~90	여러해살이	여름	실생, 꺾꽂이, 포기나누기	말려서 해충퇴치에 쓰고, 뿌리에서는 붉은 염료를 얻는다. 허브정원식물
파인애플 세이지 (파인애플 깨꽃)	*Salvia elegans* Pineapple sage	꿀풀과	–	멕시코 과테말라	60~90	여러해살이	겨울	꺾꽂이	말린 잎으로 차, 잼, 젤리, 포프리 등에 이용.
세이지 (약초 개꽃)	*Salvia officinalis* Garden sage, Sage	꿀풀과	6	지중해연안 유럽 남부, 북아프리카	30~60	여러해살이	봄철	실생, 꺾꽂이	남은잎은 얼얼한 맛이 있어 소시지, 채소 등 음식에 향을 낸다. 잎에서 증류한 정유는 향수로 이용.
샐러드 버 (서양 오이풀)	*Sanguisorba minor* Salad burnet	장미과	5	유럽의 온대지방, 북아프리카, 캐나다아름, 서부 및 중앙아시아	30~60	여러해살이	늦은 봄~늦가을	실생, 포기나누기	어린잎은 샐러드, 스프으로 이용, 뿌리는 검은색 염료로 쓴다. 야채(지혈)
산토리나	*Santolina chamaecyparisus* Gary Santolina, Lavender-cotton, Cotton lavender	국화과	6	프랑스남부	40~60	여러해살이	여름	실생, 꺾꽂이	말린 잎은 나방 등 해충퇴치, 화단에서 테두리식재
소우프 워트 (비누풀)	*Saponaria officinalis* Soapwort	석죽과	3	유럽, 아시아	60	여러해살이	여름~가을	실생, 꺾꽂이, 포기나누기	삶은 물은 소독약, 비누로 사용. 꽃이 예쁜 허브정원식물

식물이름	학명	과	내한성대	원산지	크기(cm)	생활형	개화기	번식	이용
썸머 세이버리	*Satureja hortensis* Summer savory, Savory	꿀풀-과	–	남동부 유럽(동부 독일)	30~40	한해살이	여름	실생	낯잎이나 말린 잎은 독보있는 매운 맛이 있어 샐러드, 식초, 채소 스프 등에 이용.
윈터 세이버리	*Satureja montana* Winter savory	꿀풀-과	4	남부 유럽	10~20	여러해살이	늦여름	봄철 순지기	잎은 샐러드, 채소스프, 식초 등에 이용.
램스 이어 (양의 귀)	*Stachys byzantina* (syn. *S. olympia*) Lamb sear, Wooly betony	꿀풀-과	4	코카서스, 이란	30~40	여러해살이	여름	포기나누기	은빛잎은 허브화환에 쓰이고, 지피식물 바두리식재
베터니 (서양 석잠풀)	*Stachy officinalis* (syn. *S. betonica*) Betony	꿀풀-과	4	유럽, 터키	30~60	여러해살이	7~8월	실생, 꺾꽂이	잎은 끓인 물에 담가 차로 마신다. 긴장완화, 신경 진정 효과가 있다. 잎에서 노란진의염료를 얻는다.
스테비아 (단풀)	*Stevia rebaudiana* Stevia, Sugar leaf, Sweet herb of paraguay	국화-과	10	파라과이, 브라질, 아르헨티나	60	여러해살이	8~9월	실생, 꺾꽂이	잎에 단맛이 있어 설탕 대용.
컴프리	*Symphytum officinale* Comfrey, Knitbone	지치-과	3	유럽, 서아시아, 코카서스	90~120	여러해살이	6~7월	실생, 포기나누기	약재(줄기치료), 향암성분, 잎은 끓는 물에 넣어 차로 마신다. 잎은 잘게 썰어 샐러드에 넣는다.
아프리카 마리골드	*Tagetes erecta* African marigold	국화-과	–	멕시코	60~120	한해살이	여름	실생	꽃잎은 샤프란 대체용, 꽃잎이 노란색소는 화장품 빛을염 낸다.
탄지 (쑥 국화)	*Tanacetum vulgare* (syn. *Chrysanthemum vulgare*) Tansy	국화-과	4	유럽북부	60~90	여러해살이	여름	실생, 포기나누기	잎은 곤충퇴치, 말린꽃 식용축진제, 염료로 쓰인다.
댄딜라이언 (서양민들레)	*Taraxacum officinale* Dandelion	국화-과	4	유럽	20~30	여러해살이	봄~가을	실생	잎은 볼채소, 샐러드로 이용, 뿌리는 커피 대용, 뿌리와 잎에서 노란염료를 얻는다. 소화이뇨성분이 있다.
저맨더 (서양 곽향)	*Teucrium chamaedrys* Wall germander	가지-과	4	유럽, 남서부 아시아	35~50	여러해살이	여름	꺾꽂이, 포기나누기	잎으로 만든 차는 기침을 멈춘다. 매듭정원, 저수화단에 이용.

식물이름	학명	-과	내한성대	원산지	크기(cm)	생활형	개화기	번식	이용
타임 (서양 백리향)	*Thymus vulgaris* Common thyme, English thyme	가지-과	5	지중해연안, 남부 이탈리아	20	여러해살이	봄	실생, 꺾꽂이, 포기나누기	살균, 방부작용이 있어 요리, 스프, 스튜, 샐러드 등에 이용, 뜨거운 물에 담가 차로도 마신다.
페누그리크 (호로파)	*Trigonella foenum-graecum* Fenugreek	콩-과	-	그리스, 서아시아, 프랑스남부	30~60	한해살이	여름	실생	싹이 트는 씨앗은 샐러드, 샌드위치에 쓰이고, 약제(감기, 열), 가래가루에 노란염료로 이용
나스티춤 (旱蓮, 한련)	*Tropaeolum majus* Garden nasturtium, Indian cress	한련-과	-	남미 이페루, 브라질, 콜롬비아, 볼리비아	60	한해살이	6~9월	실생	꽃과 잎은 식용하며, 샐러드에 매운 맛을 낸다.
콜츠 (말아지 다리)	*Tussilago farfara* Coltsfoot	국화-과	5	유럽의 온대지방, 서아시아	30	여러해살이	이른 봄	실생, 포기나누기	어린잎은 식용, 잎을 태워서 소금으로 대체이용, 감기약료제
스팅 네틀 (서양 쐐기풀)	*Urtica dioica* Nettle, Stinging nette	쐐기풀-과	5	유아시아	90~180	여러해살이	6~9월	실생, 포기나누기	어린잎은 식용, 말린 잎은 차이용, 웃감, 이망, 듯매 등 섬유원료
발레리안 (서양 쥐오줌풀)	*Valeriana officinalis* Common valerian, Garden vallerian	마타리-과	4	서부 유럽	120~150	여러해살이	봄	실생, 포기나누기	뿌리는 약제(고혈압, 간질), 조경식물
물레인 (서양 현삼)	*Verbascum thapsus* Great mullein, Aaron s rod	현삼-과	4	지중해연안, 북아프리카, 서부 유럽	150	2년생 초본	7~8월	실생	꽃잎은 끓은 물에 담갔다가 차로 마신다. 약제(분면증), 말린꽃, 산울타리식재
베로니카	*Veronica officinalis* Speed Well, Swiss tea	현삼-과	6	유럽, 서부 아시아	45	여러해살이	여름	실생, 포기나누기	약용(코감기, 천식, 습진), 허브티, 조경에서 지피식물
바이올렛 (서양 제비꽃)	*Viola odorata* Sweet violet, Violet	제비꽃-과	5	유럽, 아시아, 북아프리카	10~15	여러해살이	봄	실생, 포기나누기	꽃에서 향유하여 향수로 씀. 꽃없는 샐러드, 젤리, 과일화체에 넣는다.

I. 봄에 피는 꽃

식물 이름	학 명	과	크기(cm)	생활형	개화기(월)	꽃빛깔	서식처
족두리풀	Asarum sieboldii	쥐방울덩굴	15~30	여러해살이	4~5	자주색	그늘진 숲속의 습한 곳
꿩의바람꽃	Amemome raddeama	미나리아재비	10~15	여러해살이	4	흰색	숲속의 그늘
할미꽃	Pulsatilla koreana	미나리아재비	25~30	여러해살이	4	자주(꽃받침)	햇빛 잘 드는 곳
노루귀	Hepatica asiatica	미나리아재비	10~20	여러해살이	3~4	흰색, 연보라	숲속의 그늘
복수초	Adonis amurensis	미나리아재비	15~30	여러해살이	3~4	노랑	산지의 숲속
동의나물	Caltha palustris	미나리아재비	50	여러해살이	4~5	노랑	산지의 습지, 물가
삼지구엽초	Epimedium loreanum	매자나무	20~30	여러해살이	4~5	연녹색	산지의 숲속
깽깽이풀	Jeffersonia dubia	매자나무	25	여러해살이	4~5	홍자색	산골짜기
노랑매미꽃	Hylomecon vernale	양귀비	30	여러해살이	4~5	진노랑	산지의 숲속
금낭화	Picentra spectabilis	현호색	30~50	여러해살이	5~6	연분홍	숲가의 반그늘진 곳
현호색	Corydalis turschaninovii	현호색	20	여러해살이	4	분홍	산기슭의 반그늘진 곳
산괴불주머니	Corydalis speciosa	현호색	20~30	두해살이	4~5	노랑	햇빛이 잘 드는 산지의 습한 곳
냉이	Capsella bursa-pastoris	십자화	20~30	두해살이	5~6	흰색	풀밭
꽃다지	Draba nemorosa var. hebecarpa	십자화	20~25	두해살이	4~6	노랑	햇빛이 잘 드는 들
괭이눈	Chrysoplenium grayanum	범의귀	5~20	여러해살이	4~5	황록색	산지의 물가, 습지
뱀딸기	Duchesnea chysantha	장미	15	여러해살이	4~5	노랑	풀밭
양지꽃	Potentilla fragaroides	장미	5~30	여러해살이	5~6	노랑	햇빛이 잘 드는 풀밭

식물 이름	학명	과	크기(cm)	생활형	개화기(월)	꽃빛깔	서식처
제비꽃	Viola mandshurica	제비꽃	15~20	여러해살이	4~5	보라	햇빛 잘 드는 곳
봄맞이	Androsace umbellata	앵초	10~20	한, 두해살이	4~5	흰색	햇빛 잘 드는 풀밭
구슬붕이	Gentiana squarrosa	용담	3~8	두해살이	5~6	청자색	습지, 풀밭
광대나물	Lamium amplexicaule	꿀풀	10~30	두해살이	4~5	홍자색	길가, 밭둑
벌깨덩굴	Meehania urticifolia	꿀풀	15~30	여러해살이	5	자주	숲속의 그늘
미치광이풀	Scopola parviflora	가지	30~60	여러해살이	4~5	자주	산지의 숲속
솜방망이	Senecio integrifolium	국화	20~50	여러해살이	4~5	노랑	햇빛 잘 드는 풀밭
민들레	Taraxacum mongolicum	국화	10~20	여러해살이	4~5	노랑	햇빛 잘 드는 길가
쓴바귀	Ixeris clentata	국화	25~50	여러해살이	5~6	노랑	산지, 풀밭
좀씀바귀	Ixeris stolonifera	국화	10	여러해살이	5~6	노랑	양지, 들, 밭
앉은부채	Symplocarpus renifolius	천남성	30~40	여러해살이	4	자갈색	산지의 응달
처녀치마	Heloniopsis orientalis	백합	10~30	여러해살이	4	보라	산속의 습한 응달
얼레지	Erythronium japonicum	백합	20~30	여러해살이	4	홍자색	햇빛이 잘 드는 숲속
산자고	Tulipa edulis	백합	15~30	여러해살이	4	흰색	햇빛이 잘 드는 숲속
은방울꽃	Convallaria keiskei	백합	20~30	여러해살이	5	흰색	숲속의 그늘
각시붓꽃	Iris rossii	붓꽃	30	여러해살이	4~5	보라	산지
금붓꽃	Iris savatieri	붓꽃	10	여러해살이	4~5	노랑	산기슭
타래붓꽃	Iris lactea var. chinensis	붓꽃	30~50	여러해살이	5~6	보라	산지의 건조한 곳
붓꽃	Iris nertschinskia	붓꽃	30~60	여러해살이	5~6	보라	햇빛이 잘 드는 산야
광릉요강꽃	Cypripedium japonicum	난초	20~40	여러해살이	4~5	연녹색에 적색	산지의 그늘

Ⅱ. 여름에 피는 꽃

식물 이름	학명	-과	크기(cm)	생활형	개화기(월)	꽃빛갈	서식처
패랭이꽃	*Dianthus chinensis*	석죽	30~40	여러해살이	6~8	적자색	개울가의 모래땅, 양지바른 풀밭
동자꽃	*Lychinis cognata*	석죽	40~100	여러해살이	7~8	주황색	산지의 숲속
미나리아재비	*Ranunculus japonicus*	미나리아재비	50~70	여러해살이	6	노랑	산과 들
금꿩의다리	*Thalictrum rochebrunnianum*	미나리아재비	80~120	여러해살이	7~8	연하자주	산과 들
매발톱꽃	*Aquilegia buergeriana var. oxysepala*	미나리아재비	6~7	여러해살이	6~7	자주빛노랑	산지
촛대승마	*Cimicifuga simplex*	미나리아재비	100~150	여러해살이	7~8	흰색	깊은 산지의 응달
백작약	*Paeonia japonica*	미나리아재비	40~50	여러해살이	6	흰색	깊은 산지의 숲속
애기똥풀	*Chelidonium majus var. asiaticum*	양귀비	30~50	두해살이	3~5	노랑	햇빛 잘드는 숲가
기린초	*Sedum kamtschatieum*	돌나물	10~30	여러해살이	6~7	노랑	산, 풀밭, 바위틈, 바닷가
돌나물	*Sedum sarmentosum*	돌나물	5~15	여러해살이	5~6	노랑	들 밭둑위, 습한 곳을 좋아한다.
노루오줌	*Astibe chinensis var. davidii*	범의귀	40~70	여러해살이	7~8	분홍	산골의 물가, 습지
돌단풍	*Acerphyllum rossii*	범의귀	30	두해살이	5~6	흰색	산골의 물가의 바위틈
바위취	*Saxifraga stolonifera*	범의귀	20~30	두해살이	5~6	흰색	바위 밑, 습한 응달
물매화풀	*Pornassia palustris*	범의귀	20~30	두해살이	7~8	흰색	산기슭의 습지, 물가
터리풀	*Fillipendula glaberrima*	장미	100	여러해살이	6~8	흰색	산지
오이풀	*Sanguisorba officinalis*	장미	50~100	여러해살이	8~9	자주	산야
벌노랑이	*Lotus corniculatus var. japonica*	콩	15~35	여러해살이	6~7	노랑	햇빛이 잘드는 풀밭
갈퀴나물	*Vicia amoena*	콩	80~100	여러해살이	6~9	홍자색	들

식물 이름	학명	과	크기(cm)	생활형	개화기(월)	꽃색깔	서식처
물봉선	Imatiens textori	봉선화	40~60	한해살이	8~9	홍자색	산속의 물가, 응달
물레나물	Hypericum ascyron	물레나물	50~150	여러해살이	7	노랑	햇빛이 잘 드는 풀밭, 들판, 산기슭
부처꽃	Lythu anceps	부처꽃	100	여러해살이	7~8	홍자색	냇가, 산기슭의 습지
구릿대	Angelica dahurica	미나리	100~120	여러해살이	7~8	흰색	산골짜기, 풀밭, 물가
강활	Ostercum koreanum	미나리	150~200	여러해살이	8~9	흰색	산골짜기의 물가
까치수염	Lysimachia barystachys	앵초	60~100	여러해살이	6~8	흰색	물가, 습한 풀밭
박주가리	Metaplexis japonica	박주가리	100~300	여러해살이	7~8	연보라	풀밭, 밭둑, 산기슭
메꽃	Calystegia japonica	메꽃	100~200	여러해살이	6~8	분홍	들, 누렁, 밭둑
층꽃풀	Caryopteris incana	마편초	30~60	여러해살이	7~8	자주	산과 들
조개나물	Ajuga multiflora	꿀풀	15~25	여러해살이	5~6	자주	산기슭의 풀밭
배초향	Agastache rugosa	꿀풀	60~100	여러해살이	7~9	자주	햇빛이 잘 드는 풀밭
용머리	Dracocephalum argunense	꿀풀	15~40	여러해살이	6~8	보라	햇빛이 잘 드는 산기슭, 풀밭
꿀풀	Prunella vulgaris var. lilacina	꿀풀	20~40	여러해살이	5~7	자주	햇빛이 잘 드는 산기슭, 풀밭
익모초	Leonurus sibirius	꿀풀	50~100	두해살이	7~8	분홍	햇빛이 잘 드는 들
박하	Mentha arvensis var. piperascens	꿀풀	20~60	두해살이	7~9	보라	습한 들
솔나물	Galium verum var. asiaticum	꼭두서니	50~80	여러해살이	6~8	노랑	풀밭, 숲가장자리, 밭둑
솔체꽃	Scabiosa mansensis	산토끼꽃	30~80	두해살이	8	청자색	햇빛이 잘 드는 풀밭
하늘타리	Trichosanthes kirilowii	박주가리	100~300	여러해살이	7~8	흰색	산기슭, 숲속
초롱꽃	Campanula punctata	초롱꽃	30~80	여러해살이	6~7	흰, 연홍	산기슭, 풀밭
금강초롱꽃	Hanabusaya asiotica	초롱꽃	70	여러해살이	8~9	연보라	깊은 산지
잔대	Adenophora triphylla var. japonico	초롱꽃	50~100	여러해살이	8~9	연보라	산지의 풀밭

식물 이름	학명	-과	크기(cm)	생활형	개화기(월)	꽃빛깔	서식처
모시대	*Adenophora remotiflora*	초롱꽃	40~100	여러해살이	8~9	보라	산지의 응달진 숲속
도라지	*Platycodon grandiflorum*	초롱꽃	40~100	여러해살이	7~9	보라, 흰	햇볕이 잘드는 산기슭의 풀밭
더덕	*Codonpsis lanceolata*	초롱꽃	200	여러해살이	8~9	자갈색	산지의 응달
숫잔대	*Lobeloa sssilifolia*	초롱꽃	50~100	여러해살이	7~8	보라	산과들의 습지
금불초	*Inula britannica* var. *chinensis*	국화	20~60	여러해살이	7~9	노랑	들, 물가
미역취	*Solidago virgauea* var. *asiatica*	국화	30~80	여러해살이	8~10	노랑	야산의 양지
벌개미취	*Aster koraiensis*	국화	60~70	여러해살이	6~9	연한 자주	산야의 습지, 노두렁
개미취	*Aster tataricus*	국화	100~150	여러해살이	8~9	청자색	산지의 습기 있는 곳
개쑥부쟁이	*Aster ciliosus*	국화	30~100	여러해살이	7~8	자주	산이나 들의 건조한 곳
곰취	*Ligularia fischeri*	국화	100~200	여러해살이	7~10	노랑	깊은 산 풀꽃기, 습지
우산나물	*Syneilesis palmata*	국화	60~90	여러해살이	7~8	흰, 연분홍	산속의 응달
엉겅퀴	*Cirsium maackii*	국화	50~100	여러해살이	6~8	분홍	햇볕이 잘드는 산과 들
뻐꾹채	*Rhaponticum uniflorum*	국화	100	여러해살이	6~9	홍자색	햇볕이 잘드는 산야
절굿대	*Echinops setifer*	국화	100	여러해살이	7~8	보라	산야
방가지똥	*Sonchus oleraceus*	국화	50~100	두해살이	5~9	노랑	밭둑, 노둑, 길가
고들빼기	*Youngia sonchifolia*	국화	30~70	두해살이	5~10	노랑	풀밭, 빈터 길가
톱풀	*Achillea sibirica*	국화	50~120	여러해살이	7~8	흰색	햇볕이 잘드는 풀밭, 길가
솜나물	*Leibnitzia anadria*	국화	10~20	여러해살이	4~9	흰색	햇볕이 잘드는 산기슭, 풀밭
부들	*Typha latifolia*	부들	100~150	여러해살이	7	수꽃는 갈색	늪이나 못가의 얕은 물
수크령	*Pennisetum alopecuroides*	벼	30~80	여러해살이	8~10	자주	햇볕이 잘드는 들, 밭둑, 길가 빈터

식물 이름	학명	과	크기(cm)	생활형	개화기(월)	꽃빛깔	서식처
천남성	*Arisaema amurense var. serratum*	천남성	30~50	여러해살이	7~8	불담포도는 녹색	산지의 응달
닭의 장풀	*Commelina communis*	닭의 장풀	15~50	여러해살이	6~10	보라	풀밭, 길가
비비추	*Hosta longipes*	백합	40	여러해살이	7~8	연한 자주	산지의 습한 바위틈, 물가
원추리	*Hemerocallis fulva*	백합	50~100	여러해살이	6~8	노랑	햇빛 잘드는 풀밭
큰원추리	*Hemerocallis middendorfii*	백합	40~70	여러해살이	7~8	노랑	햇빛 잘드는 풀밭
산부추	*Allium Thunbergii*	백합	30~60	여러해살이	8~9	자홍색	산야
산달래	*Allium grayi*	백합	60	여러해살이	5~6	연분홍	산기슭의 풀밭, 밭둑
중나리	*Lilium leichtlinii*	백합	50~100	여러해살이	7~8	적황색	햇빛이 잘드는 풀밭
참나리	*Lilium tigrinum*	백합	100~200	여러해살이	7~8	적황색	산야
하늘나리	*Lilium concolor*	백합	30~60	여러해살이	6~7	주홍색	산기슭
말나리	*Lilium distichum*	백합	80	여러해살이	7~8	적황색	산지
땅나리	*Lilium callisum*	백합	60~100	여러해살이	7	적황색	산야
무릇	*Scilla scilloides*	백합	30~50	여러해살이	8~9	분홍	햇빛 잘드는 산기슭, 풀밭
둥글레	*Polygonatum odoratum var. pluriflorum*	백합	30~70	여러해살이	6~7	흰색	산지의 응달
삿갓나물	*Paris verticillata*	백합	30~40	여러해살이	6~7	적황색	산지의 숲속
맥문동	*Liriope platyphylla*	백합	30~50	여러해살이	7~8	자주	숲속의 반그늘
소엽맥문동	*Ophiopogon japonicus*	백합	7~12	여러해살이	7~8	흰, 연보홍	산야의 숲속
산마늘	*Allium victorialis*	백합	40~70	여러해살이	5~7	흰색	산지의 숲속
자장보살	*Smilacina japonica*	백합	20~60	여러해살이	5~7	흰색	산지의 숲속 그늘
범부채	*Belamcanda chinensis*	붓꽃	100~150	여러해살이	7~8	적황색	산지의 풀밭
개불알꽃	*Cypripedium macranthum*	난초	20~40	여러해살이	5~7	분홍색	산지의 풀밭, 숲속
타래난초	*Spiranthes sinensis*	난초	10~40	여러해살이	6~8	분홍색	햇빛 잘드는 산기슭의 풀밭

III. 가을에 피는 꽃

식물 이름	학명	과	크기(cm)	생활형	개화기(월)	꽃빛깔	서식처
투구꽃	Aconitum jaluense	미나리아재비	120	여러해살이	9	보라	산지
용담	Gentiana scabra var. buergeri	용담	20~60	여러해살이	9~10	보라	산, 들, 길가
자주쓴풀	Swertiapseudo chinensis	용담	30~70	여러해살이	9~10	보라	산야
향유	Elsholtzia ciliata	꿀풀	30~60	여러해살이	9~10	자홍색	햇빛 잘 드는 들, 길가
마타리	Patrinia scabiosaefolia	마타리	60~150	여러해살이	8~9	노랑	햇빛 잘 드는 산야
미역취	Solidagi virgaurea var. asiatica	국화	30~80	여러해살이	8~10	노랑	햇빛 잘 드는 산야
구절초	Chrysanthemum zawadskii var. latilobum	국화	30	여러해살이	9~10	흰색	산기슭의 풀밭
산구절초	Chrysanthemum zawadskii	국화	70	여러해살이	8~9	흰색	산기슭의 풀밭
산국	Chrysanthemum boreale	국화	100~150	여러해살이	9~10	노랑	햇빛 잘 드는 산, 숲가
감국	Chrysanthemum indicum	국화	30~60	여러해살이	9~11	노랑	햇빛 잘 드는 산야
수리취	Synarus deltoides	국화	100	여러해살이	9~10	자주	햇빛 잘 드는 산지

5 야생화

Part 4
부록

팜파스 그래스, Pampas grass
(*Cortaeria selloana*)

1

내한성대 지도(Plant Hardiness Zone Map)

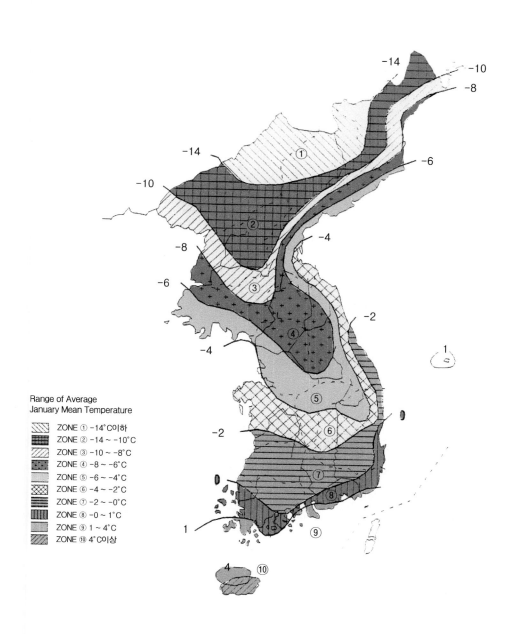

Range of Average
January Mean Temperature

ZONE ①	-14°C이하
ZONE ②	-14 ~ -10°C
ZONE ③	-10 ~ -8°C
ZONE ④	-8 ~ -6°C
ZONE ⑤	-6 ~ -4°C
ZONE ⑥	-4 ~ -2°C
ZONE ⑦	-2 ~ -0°C
ZONE ⑧	-0 ~ 1°C
ZONE ⑨	1 ~ 4°C
ZONE ⑩	4°C이상

2

조경식물 선정

1. 습한 토양에 적합한 식물
2. 건조한 토양에 적합한 식물
3. 녹음수로 적합한 식물
4. 음지에 적합한 식물
5. 배경식재에 알맞은 식물
6. 가리개 및 바람막이에 적합한 식물
7. 산울타리에 적합한 식물
8. 지피식물로 적합한 식물
9. 도시환경에 적합한 식물
10. 포장지역 틈새 토양에 적합한 식물
11. 테두리 식재에 적합한 식물
12. 꽃이 예쁘게 피는 식물
13. 절화에 적합한 식물
14. 향기가 좋은 식물
15. 단풍빛깔이 고운 식물
16. 열매 빛깔이 고운 식물
17. 속성수
18. 새들이 좋아하는 식물
19. 감거나 기어오르는 덩굴식물
20. 꽃상자에 적합한 식물
21. 꽃산울타리에 적합한 식물
22. 용기 식재에 알맞은 식물
23. 바구니 걸이에 적합한 식물
24. 실내식물 (햇빛을 많이 요구하는 것)
25. 실내식물 (서늘한 기온을 요구하는 것)
26. 병 정원에 적합한 식물
27. 꽃 달력에 알맞은 식물
28. 꽃 빛깔
29. 암석원 식물

1. 습한 토양에 적합한 식물

• 교 목

낙엽교목

오리나무	*Alnus japonica* (Japanese alder)
메타세쿼이아(수삼나무)	*Metasequia glyptostroboides* (dawn redwood)
낙우송	*Taxodium distichum* (Bald cypress)
플라타너스	*Platanus occidentalis* (buttonwood)
미류나무	*Populus deltoides* (Estern popular)
왕버들	*Salix glandulosa* (largeleaf willow)
수양버들	*Salix babylonica* (Babylon weeping willow)
능수버들	*Salix pseudo-lasiogyne* (Korean weeping willow)
버드나무	*Salix Koreensis* (Korean willow)

상록교목

동백나무	*Camellia japonica* (camellia)
붓순나무	*Illicium religiosum* (star anis tree)
태산목	*Magnolia grandiflora* (bull bay)
측백나무	*Thuja occidentalis* (arborvitae)

• 관 목

백량금	*Ardisia crenata* (coral ardisia)
자금우	*Ardisia japonica*
치자나무	*Gardenia jasminoides* for. *grandiflora* (Cape jasmine)
산수국	*Hydrangea macrophylla* for. *acuminata*
황매화	*Kerria japonica*
협죽도	*Nerium indicum* (rose bay)
꼬리조팝나무	*Spiraea salicifolia* (willow spiraea)
병꽃나무	*Weigela subsessilis* (Korean weigela)

• 여러해살이 화초

비밤	*Monardara didyma* (bee balm)
빈카	*Vinca* (periwinkle)

2. 건조한 토양에 적합한 식물

• 교 목

낙엽교목

신나무	*Acer ginnala* (Amur maple)
가죽나무	*Ailanthus altissima* (tree of heaven)
안개나무	*Cotinus coggygria* (smoke tree)
아카시아나무	*Robinia psedoacacia* (black locust)

상록교목

향나무	*Juniperus chinensis* (Chinese juniper)
독일가문비	*Picea abies* (Norway spruce)
스트로브잣나무	*Pinus strobus* (white pine)

• 관 목

매자나무	*Berberis koreana* (Korean berberry)
코토네아스터	*Costoneaster horizontalis* (cotoneaster)
화살나무	*Euonymus japonica* (euonymus)
돈나무	*Pittosporum tobira* (Japanease pittosporum)
피라칸사	*Pyracantha angustifolia* (scarlet firethorn)
꽃아카시아	*Robinia nispida* (rose acacia)

• 여러해살이 화초

아주가	*Ajuga reptans* (carpet bugle)
금빛마가렛	*Anthemis tinctoria* (golden marguerite)
코레옵시스	*Coreopsis grandiflora* (tickseed)
에키음	*Echium*
가자니아	*Gajania hybrids*
안개초	*Gypsophia paniculata* (baby's breath)
해바라기	*Helianthus*
바다라벤더	*Limonium latifolium* (sea lavender)
아이슬란드양귀비	*Paver nudicaule* (Iceland poppy)
꽃잔디	*Phlox subulata* (moss pink)
루드베키아	*Rudbeckia hirta* (coneflower)
베로니카	*Veronica* (speedwell)
실유카	*Yucca filamentosa* (Adam's needle)

• 한해살이 화초

악토티스	*Actotis stoechadifolia grandifolia* (African daisy)
브로왈리아	*Browallia americana* (browallia)
센터레아	*Centaurea cyanus* (bachelor's button, coneflower)
코레옵시스	*Coreopsis tinctoria* (calliopsis)
락스퍼	*Delphinium ajacis* (larkspur)
디몰휘데카	*Dimorphoteca* (cape marigold)
캘리포니아 양귀비	*Eschscholjia california* (California poppy)
유홀비아	*Euphorbia marginata* (snow-on-the-mountain)
가일라리아	*Gaillardia pulchella* (rose ring gaillardia)
안개초	*Gypsophila elegans* (baby's beath)
해바라기	*Helianthus annuus* (sun flower)
나팔꽃	*Ipomoea purpurea* (morning glory)
분꽃	*Phlox drummodii* (annual phlox)
채송화	*Portulaca grandiflora* (rose moss)
살비아	*Salvia splendens* (scarlet sage)
백일초	*Zinnia elegans* (common zinnia)

3. 녹음수로 적합한 식물

단풍나무	*Acer* (maple)
팽나무	*Celtis sinensis* (nettle tree)
녹나무	*Cinnamomum camphora* (camphor tree)
은행나무	*Ginkgo biloba* (maidenhair tree)
모감주나무	*Koelreuteria paniculata* (goldenrain tree)
태산목	*Magnolia grandiflora* (southern magnolia)
회화나무	*Sophora japonica* (pagoda tree)
느티나무	*Zelkova serrata* (zelkova)

4. 반 음지에 적합한 식물

• 교 목

낙엽교목

신나무	*Acer ginnala* (Amur maple)
단풍나무	*Acer palmatum* (Japanese maple)
흰말채나무	*Cornus alba*
산딸나무	*Cornus kousa* (Korean dogwood)
팥배나무	*Sorbus* (mountain ash)

상록교목

주목	*Taxus* (yew)
측백나무	*Thuja species* (arborvitae)
솔송나무	*Tsuga* (hemlock)

• 관 목

물레나물	*Hypericum* (Saint-Johns-wort)
만병초	*Rhododendron brachycarpum*

• 덩굴식물

으름덩굴	*Akebia quinata* (five-leaf akebia)
줄사철나무	*Euonymus fortunei* var. *radicans* (winter creeper)
아이비	*Hedera helix* (English ivy)
인동덩굴	*Lonicera japonica* (honeysuckle)
칡	*Pueraria thunbergiana* (Cudzo vine)

• 여러해 살이 화초 (반그늘진 곳 포함)

아주가	*Ajuga* (bugle)
아퀼레지아	*Aquilegia hybrids* (colombille)
은방울꽃	*Convallaria majalis* (lily-of-the-valley)
금낭화	*Dicentra spectabilis* (bleeding heart)
원추리	*Hemerocallis* (daylily)
비비추	*Hosta* (plantain lily)
이베리스	*Iberis sempervirens* (evergreen candytuft)
모나다라	*Monadara didyma* (bee balm)
도라지	*Platycodon grandiflorum* (balloon flower)
앵초	*Primula* (primrose)

• 한해살이 화초 (좀 그늘진 곳)

아제라덤	*Ageratum houstonianum* (floss flower)
데이지	*Bellis perennis* (English daisy)
일일초	*Catharanthus roseus* (Madagascar periwinkle)
깃털맨드라미	*Celosia* 'plumosa' (plume cockscomb)
락스퍼	*Delphinium ajacis* (larkspur)
유휠비아	*Euphorbia marginata* (snow-on-the-mountain)

고데티아	*Godetia amoena* (farewell-to-spring)
봉선화	*Impatiens balsamina* (balsam)
로벨리아	*Lobelia erinus* (lobelia)
스위트아리섬	*Lobularia maritima* (sweet alyssum)
한해살이 루피너스	*Lupinus hartwegii* (lupine, annual)
물망초	*Myosotis sylvatica* (forget-me-not)
꽃담배	*Nicotiana sanderae* (flowering tobacco)
한해살이 프록스	*Phlox drummondii* (annual phlox)
판지	*Viola tricolor hortensis* (pansy)

• 알뿌리 화초 (반그늘)

아키메네스	*Achimenes* (rainbow flower)
콜치컬	*Colchicum* (meadow saffron)
은방울꽃	*Convallaria* (lily of the valley)
크로커스	*Crocus speciosus* (showy crocus)
프리틸라리아(황제왕관)	*Frittilaria imperial* (crown imperial)
스노우드롭	*Galanthus nivalis* (snow drop)
무스커리	*Muscari armeniacum* (grape hyacinth)
스킬라	*Scilla sibirica* (siberian squill)
제피란서스	*Zephyanthus* (zephy lily)

5. 배경식재에 알맞은 식물

• 관 목

호랑가시나무	*Ilex cornuta* (Chinese holly)
꽝꽝나무	*Ilex crenata* (Japanese holly)
협죽도	*Nerium oleander*
목서	*Othmanthus fragrans* (sweet olive)
탱자나무	*Poncirus trifoliata* (hardy orange)

• 여러해살이 화초

접시꽃	*Althaea rosea* (hollyhock)
과꽃	*Aster*
델피니움	*Delphinum* (Hybrid delphinium)
해바라기	*Helianthus* (sunflower)
원추리	*Hemerocallis* (daylily)
루드베키아	*Rudbeckia* (coneflower)
실유카	*Yucca filamentosa* (Adam's needle)

• 한해살이 화초

줄맨드라미	*Amaranthus caudatus* (love-lies-bleeding)
맨드라미	*Celosia cristata* (cockscomb)
코스모스	*Cosmos bipinnatus* (cosmos)
락스퍼	*Delphinum* (Larkspur)
해바라기	*Helianthus* (sunflower)
꽃담배	*Nicotiana* (flovering tabacco)
살비아	*Salvia splendens* (scarlet sage)
마리골드	*Tagetes* (mangold)
백일초	*Zinnia elegans* (zinnia)

6. 가리개 및 바람막이에 적합한 식물

• 교 목

상록교목

동백나무	*Camellia japonica* (camellia)
편백	*Chamaecyparis obutusa*
삼나무	*Cryptomeria japonica*
광나무	*Ligustrum japonica*
소나무	*Pinus densiflora*
곰솔	*Pinus thunbergii*
서양측백	*Thuja occidentalis*
측백나무	*Thuja orientalis*
아왜나무	*Viburnum awabuki*
녹나무	*Cinnamomum camphora*

• 관 목

상록관목

사철나무	*Euonymus japonica*
꽝꽝나무	*Ilex crenata*
호랑가시나무	*Ilex corneta*

7. 산울타리에 적합한 식물

• 교 목

상록교목

향나무	*Juniperus chinensis* (Chinese juniper)
노간주나무	*Juniperus rigida* (needle juniper)
광나무	*Ligustrum japonicum* (Japanese privet)
주목	*Taxus cuspidata* (Japanese yew)
미측백	*Thuja occidentalis* (American arborvitae)
측백나무	*Thuja orientalis* (Oriental arborvitae)

• 관 목

상록관목

식나무	*Aucuba japonica* (Japanese aucuba)
사철나무	*Euonymus japonica* (Japanese euonymus)
꽝꽝나무	*Irex crenata* (Japanese holly)
섬엄나무(돈나무)	*Pittosporum tobira* (Pittosporum)
피라칸사	*Pyracantha angustifolia* (narrow leaf firethorn)

낙엽관목

매자나무	*Berberis koreana* (Korean barberry)
화살나무	*Euonymus alatus* (winged euonymus)
무궁화나무	*Hibiscus syriacus* (shrub althea)
쥐똥나무	*Ligustrum obtusifolium* (border privet)
옥매	*Prunus glandulosa* for. *albiplena*

8. 지피식물로 적합한 것

• 관 목

코토네아스타	*Cotoneaster horizontalis* (rock spray)
눈향나무	*Juniperus chinensis* var. *sargentii*
백리향	*Thymus quinaquecostatus* (oriental thyme)

• 덩굴식물

으름덩굴	*Akebia quinata* (five-leaf akebia)
줄사철	*Euonymus radicans* (winter creeping)
아이비	*Hedera helix* (English ivy)

• 여러해살이 화초

아주가	*Ajuga repentans* (carpet bugle)
캐모마일	*Anthemis nobilis* (chamomile)
캠판율라	*Campanula* (bellflower)
은방울꽃	*Convallaria majalis* (lily-of-the-valley)
가자니아	*Gajania splendens* (gajania)
이베리스	*Iberis sempervirens* (evergreen candytuft)
파키산드라	*Pachysandra terminalis* (Japanese pachysandra)
스위트윌리암프록스	*Phlox divaricata* (sweetwilliam phlox)
꽃잔디	*Phlox subulata* (moss pink)
세덤	*Sedum acre* (stonecrop)
빈카	*Vinca minor* (common periwinkle)

9. 도시환경에 적합한 식물

• 교 목

낙엽교목

가죽나무	*Ailanthus altissima* (tree of heaven)
꽃산딸나무	*Cornus florida* (flowering dogwood)
은행나무	*Ginkgo biloba* (maidenhair tree)
목련	*Magnolia*
꽃아그배	*Malus* (flowering crab apples)
황벽나무	*Phellodendron amurense* (Amur corktree)
플라타너스	*Platanus*
양버들	*Populus nigra italica* (Lombardy poplar)
회화나무	*Sophora japonica* (pagoda tree)
때죽나무	*Styrax japonica* (snow bell)
비술나무	*Ulmus pumila* (dawn elm)

상록교목

| 주목 | *Taxus cuspidata* (Japanese yew) |
| 미측백 | *Thuja occidentalis* (American arborvitae) |

• 관 목

꽃댕강	*Abelia grandiflora* (albelia)
브들레아	*Buddleia davidii* (buttlerfly bush)
회양목	*Buxus microphylla* var. *koreana* (Korean boxwood)
명자나무	*Chaenomeles japonica* (Japanese quince)
코토네아스터	*Cotoneaster horizontalis* (rock spray)
팔손이나무	*Fatsia japonica* (Japanese fatsia)
개나리	*Forsythia* (golden bell)
무궁화	*Hibiscus syriacus* (rose of sharon)
꽝꽝나무	*Ilex crenata* (Japanses holly)
황매화	*Kerria japonica* (kerria)
백일홍나무	*Lagerstroemia indica* (crape myrtle)
쥐똥나무	*Ligustrum* (privet)
남천	*Nandina domestica* (heavenly bamboo)
마취목	*Pieris japonica* (japanese andromeda)
해당화	*Rosa rugosa* (rugosa rose)
라일락	*Syringa vulgaris* (common lilac)
위석류	*Tamarix*
병꽃나무	*Weigela*

• 덩굴식물

으름덩굴	*Akebia quinata* (five-leal akebia)
아이비	*Hedera helix* (englih ivy)
인동덩굴	*Lonicera japonica* (honeysuckle)
담쟁이덩굴	*Parthenocissus tricuspidata* (boston ivy)

• 여러해살이 화초

노루오줌	*Astilbe*
버제니아	*Bergenia*
코레옵시스	*Coreopsis*
스위트윌리암	*Dianthus barbatus* (sweet william)
가일라디아	*Gailladia*
원추리	*Hemerocallis* (daylily)
옥잠화	*Hosta plantaginea* (plantain lily)
붓꽃	*Iris*

작약	*Paeonia* (peony)
프록스	*Phlox*
세덤	*Sedum* (stonecrop)

• 한해살이 화초

아제라덤	*Ageratum*
금어초	*Antirrhinim* (snapdragon)
클레오메	*Cleome*
로벨리아	*Lobelia erinus* (lobelia)
분꽃	*Mirabilis*
꽃담배	*Nicotiana*
페투니아	*Petunia*
프록스	*Phlox*
살비아	*Salvia*
마리골드	*Tagetes* (marigold)
버베나	*Verbena*
백일초	*Zinnia*

10. 포장지역 틈새 토양에 적합한 식물

• 관 목

산토리나	*Santolina*
백리향	*Thymus*

• 여러해살이 화초

아주가	*Ajuga reptans* (carpet bugle)
캐모마일	*Anthemis nobilis* (chamomile)
패랭이	*Dianthus* (pink)
이벨리스	*Iberis sempervirens* (edging candytuft)
꽃잔디	*Phlox subulata* (moss pink)
세덤	*Sedum acre* (stone crop)
베로니카	*Veronica repens* (creeping speedwell)
빈카	*Vinca minor* (common periwinkle)

11. 테두리 식재에 적합한 식물

• 교 목

상록소교목

회양목	*Buxus microphylla* var. *koreana* (boxwood)

• 관 목

상록관목

백정화	*Serissa japonica* (rim)

• 여러해살이 화초

아주가	*Ajuga reptans* (carpet bugle)
데이지	*Bellis perennis* (English daisy)
캠파율라	*Campanula carpatica* (bell flower)
이베리스	*Iberis sempervirens* (evergreen candytuft)
아이슬란드 양귀비	*Papaver nudicaule* (Iceland poppy)
꽃잔디	*Phlox subulata* (moss pink)
앵초	*Primula* (primrose)
세덤	*Sedum* (stonecrop)
베로니카	*Veronica* (speedwell)
팬지	*Viola*

• 한해살이 화초

아제라덤	*Ageratum*
금어초	*Antirrhinum* (snapdragon)
꽃베고니아	*Begonia semperflorens* (wax begonia)
브로왈리아	*Browallia americana* (browallia)
금잔화	*Calendula officinalis* (calendula)
맨드라미	*Celosia* (cockscomb)
센터레아	*Centaurea cineroria* (dusty miller)
코레옵시스	*Coreopsis tinctoria* (Calliopsis)
석죽	*Dianthus chinensis* (China pink)
캘리포니아 양귀비	*Eschcholzia california* (california poppy)
이벨리스	*Iberis umbellata* (globe candytuft)

로벨리아	*Lobelia erinus* (lobelia)
페투니아	*Petunia* (petunia)
한해살이 프록스	*Phlox drummondii* (annual phlox)
채송화	*Portulaca grandiflora* (rose moss)
마리골드	*Tagetes* (marigold)
한련	*Tropaeolum majus* (nasturtium)
버베나	*Verbena*

12. 꽃이 예쁘게 피는 식물

• 교 목

자귀나무	*Albizzia julibrissin* (silk tree)
동백나무	*Camellia japonica* (camellia)
박태기나무	*Cercis chinensis* (redbud)
꽃산딸나무	*Cornus florida* (flowering dogwood)
산딸나무	*Cornus kousa* (dogwood)
모감주나무	*Koelreuteria paniculata* (golden rain tree)
태산목	*Magnolia grandiflora* (southern magnolia)
꽃아그배나무	*Malus* (crab apple)
살구나무, 벚나무	*Prunus*
회화나무	*Sophora japonica* (pagoda tree)

• 관 목

진달래	*Rhododendron* (azalea)
브들레아	*Buddleia davidii* (butterfly bush)
산당화	*Chaenomeles speciosa* (flowering quince)
서향	*Daphne odora* (fragrant daphne)
개나리	*Forsythia koreana* (Korean golden bells)
무궁화	*Hibiscus syriacus* (shrub althaea)
백일홍나무	*Lagerstroemia indica* (crape myrtle)
조팝나무	*Spiraea*
라일락	*Syringa vulgaris* (common lilac)
백당나무	*Viburnum*
병꽃나무	*Weigela*

• 덩굴식물

능소화	*Campsis grandiflora* (trumpet creeper)
클레마티스	*Clematis*
인동덩굴	*Lonicera japonica* (honey suckle)
등나무	*Wisteria floribunda* (wisteria)

13. 절화에 적합한 식물

• 관 목

브들레아	*Buddleia*
산당화	*Chaenomeles*
개나리	*Forsythia*
고광나무	*Philadelphus*
조팝나무	*Spiraea*
라일락	*Syringa*
위석류	*Tamarix*

• 여러해살이 화초

야로우	*Achillea* (yarrow)
아네모네	*Anemone japonica* (japanese anemone)
과꽃	*Aster*
국화	*Chrisanthemum morifolium*
델피니움	*Delphinium*
스위트 윌리암	*Dianthus barbatus* (sweet william)
가일라디아	*Gaillardia grandiflora* (blanket flower)
작약	*Paeonia* (peony)
루드베키아	*Rudbeckia hira* (coneflower)

• 한해살이 화초

브로왈리아	*Browallia speciosa* (browallia)
금잔화	*Calendula officinalis* (pot marigold)
과꽃	*Callistephus chinensis* (aster)
센터레아	*Centaurea moschata* (sweet sultan)
국화	*Chrysanthemum*
코레옵시스	*Coreopsis tinctoria* (calliopsis)
코스모스	*Cosmos*

락스퍼	*Consolida ambigua* (larkspur)
패랭이꽃	*Dianthus chinensis* (China pink)
디몰휘데카	*Dimorphoteca* (Africa daisy, Capemarigold)
캘리포니아 양귀비	*Eschscholzia california* (California poppy)
가일라디아	*Gaillardia*
천일홍	*Gomphrena globosa* (globe-amaranth)
집소필라	*Gypsophia*
해바라기	*Helichrysum annuus* (sunflower)
밀짚꽃	*Helichrysum bractaetum* (strawflower)
스위트피	*Lathyrus odoratus* (sweet pea)
루피너스	*Lupinus* (lupine)
스톡	*Mathiola incana* (stock)
꽃담배	*Nicotiana sanderae* (flowering tobacco)
니젤라	*Nigella damescena* (love-in-a-mist)
꽃양귀비	*Popaver rhoeas* (corn poppy)
한해살이 프록스	*Phlox drummondii* (annual phlox)
스카비오사(서양솔체꽃)	*Scabiosa atropurpurea* (pincushion flower)
세네시오	*Senecio elegans* (purple ragwort)
마리골드	*Tagetes* (marigold)
버베나	*Verbena hybrida* (garden verbena)
백일초	*Zinnia elegans* (zinnia)

14. 향기가 좋은 식물

• 관 목

꽃댕강	*Abelia grandiflora* (glossy abelia)
서향	*Daphne odora* (winter daphne)
치자나무	*Gardenia jasminoides* for. *grandiflora* (gadenia)
목서	*Osmanthus*
수수꽃다리	*Syring* (lilac)
백리향	*Thymus quinquecostatus* (thyme)
분꽃나무	*Viburnum carlesii* (Korea spice viburnum)

• 여러해살이 화초

캐모마일	*Anthemis nobilis* (chamomile)
서던우드	*Artemisia abrotanum* (southern wood)
스위트 우드러프	*Asperula odorata* (sweet woodruff)
은방울꽃	*Convallaria majalis* (lily-of-the-valley)
헬리오트럽(향수초)	*Heliotropium arborescens* (heliotrope)

원추리	*Hemerocallis* (daylily)
옥잠화	*Hosta plantaginea* (plaintain lily)
비밤	*Monadara didyma* (bee balm)
스위트 바이올렛	*Viola odorata* (sweet violet)

• 덩굴 식물

으름덩굴	*Akebia quinata* (five leaf akebia)
인동덩굴	*Lonicera japonica* (honey suckle)

• 한해살이 화초

아제라덤	*Ageratum houstonianum* (floss flower)
금어초	*Antirrhinum majus* (snapdragon)
금잔화	*Calendula officinalis* (pot marigold)
센터레아	*Centaurea moschata* (sweet sultan)
락스퍼	*Consolida ambigua* (larkspur)
이베리스	*Iberis umbellata* (globe candytuft)
스위트 피	*Lathyrus odoratus* (sweet pea)
스위트 알리섬	*Lobularia maritima* (sweet alyssum)
루피너스	*Lupinus luteus* (yellow lupine)
스톡	*Matholia incana* (stock)
꽃담배	*Nicotiana sanderae* (flowering tobacco)
달맞이꽃	*Oenothera odorata* (evening primrose)
페투니아	*Petunia*
한해살이 프록스	*Phlox drummondii* (annual phlox)
스카비오사(서양솔체꽃)	*Scabiosa atropurpurea* (pincushion flower)
마리골드	*Tagetes* (marigold)
한련	*Tropaeolum majus* (nasturtium)
버베나	*Verbena*
팬지	*Viola tricolor hortensis* (pansy)

• 알뿌리 화초

은방울꽃	*Convallaria*
프리지아	*Freesia*
백합	*Lilium* (lily)
상사화	*Lycoris*
무스카리	*Muscari* (grape hyacinth)
수선화	*Narcissus* (daffodils)

15. 단풍 빛깔이 고운 식물

• 교 목

빨 강

신나무	*Acer ginnala* (Amur maple)
단풍나무	*Acer palmatum* (Japanese maple)
사탕단풍	*Acer saccharum* (suger maple)
산딸나무	*Cornus kousa* (Korea dogwood)
감나무	*Diospyros kaki*
붉나무	*Rhus japonica*

노 랑

설탕단풍	*Acer saccharum* (sugar maple)
가쓰라나무	*Cercidiphyllum japonicum* (katsura tree)
은행나무	*Ginkgo biloba*
튤립나무	*Liliorodendro tulifera*
때죽나무	*Styrax japonica*
낙우송	*Taxodium distichum*

• 관 목

빨 강

진달래	*Rhododendron mucronulatum* (Korean azalea)
매자나무	*Berberis koreana* (barberry)
코토네아스터	*Cotoneaster horizontalis* (rock spray)
화살나무	*Euonymus alstus* (winged euonymus)
남천	*Nandina domestica* (heavenly bamboo)

노 랑

생강나무	*Lindera obtusiloba*

16. 열매 빛깔이 고운 식물

• 관 목

빨강열매

백량금	*Ardisia crenata* (caral ardisia)
자금우	*Ardisia japonica* (ardisia)
식나무	*Aucuba japonica* (Aucuba)
매자나무	*Berberis koreana* (Korean barnerry)
코토네아스타	*Cotoneaster horizontalis* (rock spray)
화살나무	*Euonymus alatus* (winged euonymus)
구기자나무	*Lycium chinense* (Chinese matrimony vine)
남천	*Nandina domestica* (heavenly bambo)
찔레나무	*Rosa multiflora* (oriental wildrose)
아왜나무	*Viburnum awabuki* (coral tree)
백당나무	*Viburnum sargentii* (sargent viburnum)
가막살나무	*Viburnum dilatatum* (Linden viburnum)
팔손이나무	*Fatsia japonica* (Japanese fatsia)
왕쥐똥나무	*Ligustrum ovalifolium* (California privet)

까망열매

쥐똥나무	*Ligustrum obtusifolium* (border privet)
갈매나무	*Rhamnus davurica* (buckthorn)

• 덩굴식물

노박덩굴	*Celastrus orbiculatus* (bitter sweet)
오미자	*Schisandra chinensis* (Chinese magnolia vine)
청미래덩굴	*Smilax china* (wild smilaks)

17. 속성수

• 교 목

낙엽교목

네군도단풍	*Acer negundo* (box elder)
가죽나무	*Ailanthus altissima* (tree of heaven)
은행나무	*Ginkgo biloba* (maidenhair tree)
튤립나무	*Liriodendron tulipifera* (tulip tree)
뽕나무	*Morus alba* (white mulberry)
은백양나무	*Populus alba* (white popular)
양버들	*Populus nigra italica* (Lombardy poplar)
아카시아나무	*Robinia pseudoacacia* (black locust)
피나무	*Tilia amurensis* (Amur linden)
참느릅나무	*Ulmus parvifolia* (chinese elm)

상록교목

독일가문비나무	*Picea abies* (Norway spruce)
리기다소나무	*Pinus rigida* (pitch pine)
스트로브잣나무	*Pinus strobus* (estern white pine)

• 관 목

개나리	*Forsythia koreana* (Korean golden bell)
쥐똥나무	*Ligustrum obtusifolium* (border privet)
고광나무	*Philadelphus schrenkii* (mock orange)
라일락	*Syringa vulgaris* (common lilac)
백당나무	*Viburnum*

• 덩굴식물

으름덩굴	*Akebia quinata* (five-leaf akebia)
크레마티스	*Clematis*
아이비	*Hedera helix* (English ivy)
인동덩굴	*Lonicera*
등나무	*Wisteria floribunda* (Japanese wisteria)

18. 새들이 좋아하는 나무

• 교 목

낙엽교목

자귀나무	*Albizzia julibrissin* (silk tree)
오리나무	*Alnus japonica* (alder)
자작나무	*Betula platyphylla* var. *japonica* (white birch)
팽나무	*Celtis sinensis* (Lettle tree)
꽃산딸나무	*Cornus florida* (flowering dogwood)
산딸나무	*Cornus kousa* (dogwood)
산사나무	*Crataegus pinnatifida* (hawthorn)
뽕나무	*Morus alba* (white mulberry)
팥배나무	*Sorbus alnifolia* (Korean mountainash)
마가목	*Sorbus commixta* (mountain ash)

상록교목

향나무	*Junperus chinensis* (Chines juniper)
독일가문비	*Picea abis* (norway spruce)

• 관 목

매자나무	*Berberis* (barberry)
코토네아스타	*Cotoneaster*
쥐똥나무	*Ligustrum* (privet)
인동덩굴	*Lonicera* (honey suckle)
피라칸사	*Pyracantha*
백당나무	*Viburnum*

19. 감거나 기어오르는 덩굴식물

으름덩굴	*Akebia quinata* (five-leaf akebia)
능소화	*Campsis grandiflora*
으아리	*Clematis*
송악	*Hedera rhombea*
칡	*Pueraria thunbergiana*
등나무	*Wisteria floribunda* (wisteria)

20. 꽃상자에 적합한 식물

• 햇빛이 잘드는 곳

아제라텀	*Ageratum*
금어초	*Antirrhinum majus* (snapdragon)
데이지	*Bellis perennis* (English daisy)
제라니움	*Geranium*
이벨이스	*Iberis umbellata* (candytuft)
란타나	*Lantana*
로벨리아	*Lobelia erinus* (lobelia)
스위트알리섬	*Lobularia maritima* (sweet alyssum)
물망초	*Myosotis sylvatica* (forget-me-not)
페투니아	*Petunia hybrid*
한해살이 프록스	*Phlox drummondii* (annual phlox)
채송화	*Portulaca grandiflora* (rose moss)
한련	*Tropaelum majus* (nasturtium)
버베나	*Verbena*
판지	*Viola tricolor* (pansy)

• 반 그늘지고 빛이 조금 있는 곳

아키메네스	*Achimenes*
베고니아	*Begonia* (tuberous begonia, wax begonia)
브로왈리아	*Browallia speciosa* (browallia)
코레우스	*Coleus*
훅시아	*Fuchsia*
아이비	*Hedera helix* (English ivy)
향수초	*Heliotrope*
봉선화	*Impatience*
자주달개비	*Tradescantia* (spiderwort)

21. 꽃산울타리에 적합한 식물

말발도리나무	*Deutzia parviflora*
개나리	*Forsythia koreana*
옥매	*Prunus glandulosa* for. *albiplena*
진달래	*Rhododendron mucronulatum*
산철쭉	*Rhododendron yedoense* var. *poukhanense*
찔레나무	*Rosa multiflora*
해당화	*Rosa rugosa*
수수꽃다리	*Syringa dilatata*
조팝나무	*Spiraea prunifolia* var. *simpliciflora*

22. 용기(容器) 식재에 알맞은 식물 (현관, 파티오, 테라스 앞)

• 교 목

낙엽교목

신나무	*Acer ginnala* (amur maple)
단풍나무	*Acer palmatum* (Japanese maple)
자귀나무	*Albizzia julibrissin* (silk tree)
박태기나무	*Cercis chinensis* (redbud)
이팝나무	*Chionanthus retusa* (fringe tree)
꽃산딸나무	*Cornus florida* (flowering dogwood)
산딸나무	*Cornus kousa* (dogwood)
산사나무	*Crataegus pinnatifida* (hathorn)
모감주나무	*Koelreuteria paniculata* (goldrain tree)
백일홍나무	*Lagerstreomia indica* (crape myrtle)
석류나무	*Punica granatum* (pomegranate)
노각나무	*Stewartia korea* (Korea stewartia)
때죽나무	*Styrax japonica* (snow bell)
쪽동백나무	*Styrax obassia* (fragrant snowbell)

상록교목

동백나무	*Camellia japonica* (camellia)
탱자나무	*Poncirus trifoliata* (hardy orange)
향나무	*Juniperus chinensis* (Chinese juniper)
월계수	*Laurus nobilis* (laurel)
태산목	*Magnolia grandiflora* (souther magnolia)
올리브나무	*Olea europeae* (common olive)
소나무	*Pinus* (pine)
돈나무	*Pittosporum tobira* (pittosporum)
젖꼭지나무	*Podocarpus macrophyllus* (buddis pine)

• 관 목

상록관목

애기동백	*Camellia sasangua* (sasanggua camellia)
팔손이나무	*Fatsia japonica* (Japanese aralia)
꽃치자	*Gardenia jasminoides* (cape jasmine)
호랑가시나무	*Ilex crenata* (Japanese holly)

협죽도	*Nerium oleander* (oleander)
목서	*Osmanthus fragrans* (sweet olive)
돈나무	*Pittosporum tobira* (Japanes pittosporum)
실유카	*Yucca filamentosa* (Adam's needl)

23. 바구니 걸이에 적합한 식물

아키메네스	*Achimenes*
포도잎 아이비	*Cissus rhombifolia* (grape ivy)
코레우스	*Coreus*
고사리	*Fern*
훅시아	*Fuchsia*
아이비	*Hedera helix* (English ivy)
호야	*Hoya carnosa* (wax plant)
마란타	*Maranta massangeana*
아이비 제라늄	*Pelargonium peltatum* (ivy geranium)
딸기 바위취	*Saxifraga sarmentosa* (strawberry geranium)
신답서스	*Scindapsus aureus* (pothos)
싱고니움	*Syngonium*
톨메아	*Tolmiea menziesii* (pickaback plant)

24. 실내식물 (햇빛을 많이 요구하는 것)

아브틸론	*Abutilon hybridum* (flowering maple)
아키메네스	*Achmenes*
베고니아	*Begonia*
카틀레아	*Cattleya*
코레우스	*Coleus*
크라슐라	*Crassula argentea* (jade plant)
크로돈(변엽목)	*Croton*
디펜바키아	*Dieffenbachia*
드라세나	*Dracaena fragrans massangeana* (dracerna)
에케베리아	*Echeveria*
벤자민 고무나무	*Ficus benjanina* (fig)
고무나무	*Ficus carica* (common fig)
하훌티아	*Haworthia tessellata*
반다	*Vanda*

25. 실내식물 (서늘한 기온을 요구하는 것. 낮 15~18℃, 밤 10℃)

아브틸론	*Abutilon hybridum* (flower maple)
노폭 섬 소나무	*Araucaria excelsa* (Norfork Island pine)
아스파라가스	*Asparagus sprengeri* (emerald fern)
엽란	*Aspidistra elatior* (cast-iron plant)
동백나무	*Camellia jaonica*
캠판뉼라	*Campanula* (bellflower)
톨미아	*Tolmiea menziesii* (pickaback plant)
크리스마스 선인장	*Zygocactus truncatus* (christmas cactus)

26. 병 정원(Bottle Garden)에 적합한 식물

칼라데아	*Calathea*
덩굴 고무나무	*Ficus pumila*
피토니아	*Fittonia*
마란타	*Marantha*
큰봉의 꼬리	*Pteris*

27. 꽃달력에 알맞은 식물

• 이른 봄

서향	*Daphne odora* (fragrant daphne)
풍년화	*Hamamelis mollis* (Chinese witch hazel)

• 봄

채진목	*Amelanchier asiatica* (june berry)
명자나무	*Chaenomeles japonica* (Japanese quince)
산당화	*Chaenomeles speciosa* (flowering quince)
개나리	*Forsythia koreana* (Korean goldenbell)
영춘화	*Jasminum nudiflorum* (winter jasmine)
마취목	*Pieris japonica* (andromeda)
진달래	*Rhododendron mucronulatum* (Korean rhododendron)

• 여 름

꽃댕강	*Abelia grandiflora* (glossy abelia)
무궁화	*Hibiscus syriacus* (althea)
백일홍나무	*Lagerstroemia indica*
고광나무	*Phiadelphus* (mock orange)
장미	*Rosa*

• 겨 울

애기동백	*Camellia sasanqua*
동백나무	*Camellia japonica*

28. 꽃빛깔

• 여러해살이 화초

하 양

야로우	*Achillea ptarmica* (yarrow)
접시꽃	*Althaea rosea* (hollyhock)
아네모네	*Anemone hybrids* (anemone)
아퀼레지아	*Aquilegia* (colonbine)
악토티스	*Arctotis*
웜우드	*Artemisia frigida* (fringed wormwood)
스위트 우드러프	*Asperula odorata* (sweet woodruff)
노루오줌	*Astilbe*
데이지	*Bellis perennis* (English daisy)
버제니아	*Bergenia cordiflora* (heartleaf bergenia)
샤스터 데이지	*Chrisanthemum maximum* (shasta daisy)
국화	*Chrisanthemum morifolium* (florists' mum)
은방울 꽃	*Convallaria majalis* (lily-of-the-valley)
스위트윌리암	*Dianthus barbatus* (sweet william)
안개초	*Gypsophila paniculata* (baby's breath)
옥잠화	*Hosta plantaginea* (plantain lily)
이베리스	*Iberis sempervirens* (evergreen candytuft)
흰붓꽃	*Iris* (bearded iris)
스타티스	*Limonium latifolium* (statice, sea lavender)
비밥	*Monadara didyma* (bee balm)
백작약	*Paeonia* (peony)
스위트윌리암 프록스	*Phlox divaricata* (sweet william phlox)
숙근(섬머) 프록스	*Phlox paniculata* (summer phlox)

꽃잔디	*Phlox subulata* (moss pink)
도라지	*Platycodon grandiflorum* (balloonflower)
바위취	*Saxifraga* (saxifrage)
스위트 바이올렛	*Viola odorata* (sweet violet)
실유카	*Yucca filamentosa* (Adam's needle)

파 랑

아퀼레지아	*Aquilegia* (colombine)
과꽃	*Aster* (aster)
캠파눌라	*Campanula carpatica* (bellflower)
향수초	*Heliotropium arborescens* (heliotrope)
스타티스	*Limonium latifolium* (statice, sea lavender)
블루 프랙스	*Linum perenne* (blue flax)
루피너스	*Lupinus polyphyllus* (lupine)
참물망초	*Myosotis scorpioides* (true forget-me-not)
스위트윌리암 프록스	*Phlox divaricata* (sweet william phlox)
꽃잔디	*Phlox subulata* (moss pink)
도라지	*Platycodon grandiflorum* (balloon flower)
프리물라	*Primula polyantha* (polyanthus)
살비아	*Salvia patens* (blue salvia, meadow sage)
베로니카	*Veronica* (speedwell)

라벤더

접시꽃	*Althaea rosea* (hollyhock)
아퀼레지아	*Aquilegia* (columbine)
과꽃	*Aster* (aster)
디지털리스	*Digitalis purpurea* (foxglove)
꽃잔디	*Phlox subulata* (moss pink)
프리물러	*Primula polyantha* (polyanthus)
발레리안	*Valeriana officinalis* (common valerian)
빈카	*Vinca minor* (common periwinkle)

보 라

아퀼레지아	*Aquilegia* (columbine)
디지털이스	*Digitalis purpurea* (foxglove)
향수초	*Heliotropium arborescens* (heliotrope)
리아트리스	*Liatris pycnostacha* (gayfeather)
루피너스	*Lupinus polyphyllus* (lupine)
숙근(섬머) 프록스	*Phlox paniculata* (summer phlox)
도라지	*Platycodon grandiflorum* (balloon flower)
프리물라	*Primula polyantha* (polyanthus)

스카비오사	*Scabiosa caucasica* (pincushion flower)
스위트 바이올렛	*Viola odorata* (sweet violet)

빨 강

접시꽃	*Althea rosea* (hollyhock)
일본아네모네	*Anemone japonica* (Japanese anemone)
아퀼레지아	*Aquilegia* (columbine)
과꽃	*Aster*
노루오줌	*Astilbe* (meadowsweet)
디지털이스	*Digitalis purpurea* (foxglove)
가일라디아	*Gailladia grandiflora* (blanket flower)
횃불나리	*Kniphofia* (torch lily)
로벨리아	*Lobelia cardinails* (cardinal flower)
루피너스	*Lupinus polyphyllus* (lupine)
비밤	*Monarda didyma* (bee balm)
아이슬랜드 양귀비	*Paver nudicaule* (Iceland poppy)
양귀비	*Paver orientale* (oriental poppy)
숙근(섬머) 프록스	*Phlox paniculata* (summer phlox)
꽃잔디	*Phlox subulata* (moss pink)
프리뮬라	*Primula polyantha* (polyanthus)
세덤	*Sedum spectable* (stonecrop)
시네나리아	*Sencio* (cinenaria)

분 홍

접시꽃	*Althea rosea* (hollyhock)
아퀼레지아	*Aquilegia* (columbine)
과꽃	*Aster*
노루오줌	*Astilbe* (meadow sweet)
데이지	*Bellis perennis* (English daisy)
캠파뉼라	*Campanula carpatica* (bellflower)
페인트 데이지	*Chrisanthemum coccineum* (painted daisy)
스위트윌리암	*Dianthus barbatus* (sweet william)
금낭화	*Dicentra spectabilis* (bleeding heart)
디지털이스	*Digitalis purpurea* (foxglove)
스타티스	*Limonium latifolium* (statice, sea lavender)
루피너스	*Lupinus polyphyllus* (lupine)
비밤	*Monarda didyma* (bee balm)
아이슬랜드 양귀비	*Papaver nudicaule* (Iceland poppy)
양귀비	*Papaver orientale* (oriental poppy)
스위트윌리암 프록스	*Phlox divaricata* (sweet william phlox)
숙근(섬머)프록스	*Phlox paniculata* (summer phlox)
꽃잔디	*Phlox subulata* (moss pink)

프리뮬라	*Primula polyantha* (polyanthus)
세덤	*Sedum spectbile*
세네시오	*Senecio* (cinenaria)
베로니카	*Veronica* (speedwell)
스위트 바이올렛	*Viola odorata* (sweet violet)

노 랑

캐모마일	*Anthemis nobilis* (chamoile)
금빛 마가렛	*Anthemis tinctoria* (golden marguerite)
금빛 아퀼레지아	*Aquilegia chrysantha* (golden marguerite)
서던 우드	*Artemisia abrotanum* (southernwood)
센터레아	*Centaurea gymnocarpa* (dusty miller)
국화	*Chrisanthemum morifolium* (florist's mum)
가일라디아	*Gaillardia grandiflora* (blanket flower)
가자니아	*Gazania hybrids*
해바라기	*Helianthus*
헬리옵시스	*Heliopsis* (orange sunflower)
원추리	*Hemerocallis* (day lily)
물레나물	*Hypericum* (Saint-John-wort)
횃불나리	*Kniphofia* (torch lily)
달맞이꽃	*Oenothera* (evening primrose)
아이슬랜드 양귀비	*Papaver nudicaule* (Iceland poppy)
프리뮬라	*Primula polyantha* (polyanthus)
루드베키아	*Rudbeckia hirta* (coneflower)

• 한해살이 화초

하 양

아제라덤	*Ageratum houstonianum* (floss flower)
금어초	*Antirrhinum majus* (snapdrogon)
악토티스	*Artotis stoechadifolia* (African daisy)
꽃베고니아	*Begonia semperflorens* (wax begonia)
브로왈리아	*Browallia americana* (browallia)
과꽃	*Callistephus chinensis* (aster, China aster)
일일초	*Catharanthus roseus* (Vinca rosea) (Madagaster periwinkle)
센터레아	*Centaurea cyanus* (bachelor's button, coneflower)
국화	*Chrysanthemum*
크레오메	*Cleome spinosa* (spider flower)
코스모스	*Cosmos bipannatus* (cosmos)
락스퍼	*Dephinium ajacis* (larksper)
디몰휘데카	*Dimorphotheca sinuata* (cape marigold, African daisy)
에키움	*Echium*
유휠비아(설악초)	*Euphorbia marginata* (snow-on-the mountain)

천일홍	*Gomphrena globosa* (globe-amaranth)
안개초	*Gypsophila elegans* (baby's breath)
밀집꽃	*Helichrysum bracteatum* (strawflower)
이베리스	*Iberis umbellata* (globe candytuft)
봉선화	*Impatiens balsamina* (balsam)
스위트 피이	*Lathyrus odoratus* (sweet pea, summer)
스타티스	*Limonium bonduellii* (ststice, sea lavender)
로벨리아	*Lobelia erinus* (lobelia)
스위트 알리섬	*Lobularia maritima* (sweet alyssum)
루피너스	*Lupinus mutabilis* (lupine)
스톡	*Mathiola incana* (stock)
분꽃	*Mirabilis jalapa* (four-o'-clock)
꽃담배	*Nicotiana sanderae* (flowing tobacco)
니젤라	*Nigella damascena* (love-in-a-mist)
달맞이꽃	*Oneothera biennis* (evening primrose)
아이슬랜드 양귀비	*Papaver nudicaule* (Iceland poppy)
꽃양귀비	*Papaver rhoeas* (shirley poppy)
페투니아	*Petunia hybrids*
한해살이 프록스	*Phlox drummondii* (annual phlox)
꽈리	*Phyalis alkekengi* (Chinese lantern)
채송화	*Portulaca grandiflora* (rose moss)
스키잔더스	*Schizanthus pinnatus* (butter flower)
버베나	*Verbena hybrida* (hortensis) (garden verbena)
팬지	*Viola tricolor hortensis* (pansy)

파 랑

아제라덤	*Ageratum houstonianum* (floss flower)
브로왈리아	*Browallia americana* (browallia)
과꽃	*Callistephus chinensis* (aster)
센터레아	*Centaurea cyanus* (bachelor's button, cornflower)
락스퍼	*Delphinium ajacis* (larkspur)
에키움	*Echium*
나팔꽃	*Ipomea purpurea* (morning glory)
스타티스	*Limonium bonduellii* (statice, sea lavender)
리나리아	*Linaria maroccana* (baby snapdragon)
로벨리아	*Lobelia erinus* (lobelia)
스톡	*Mathiola incana* (stock)
물망초	*Myosotis sylvatica* (forget-me-not)
니젤라	*Nigella damascena* (love-in-a-mist)
꽃양귀비	*Papaver rhoeas* (shirley poppy)
살비아	*Salvia* (sage)
스카비오사	*Scabiosa atropurpurea* (pincussion flower)
버베나	*Verbena hybrids*
판지	*Viola tricolor hortensis* (pansy)
백일초	*Zinnia elegans* (giant-flowered zinnia)

라 벤 더

과꽃	*Callistephus chinensis* (Aster)
센터레아	*Centaurea cyanus* (bachelor's button, cornflower)
락스퍼	*Delphinium ajacis* (larkspur)
석죽	*Dianthus chinensis* (China pink)
스타티스	*Limonium bonduellii* (statice)
스위트 알리섬	*Lobularia maritima* (sweet alyssum)

보 라

금어초	*Antirrhinum majus* (snapdragon)
브로왈리아	*Browallia speciosa* (browallia)
천일홍	*Gomphrena globosa* (globe-amarath)
이베리스	*Iberis umbella* (globe candytuft)
나팔꽃	*Impomoea purpurea* (morning glory)
스위트피이	*Lathyrus odoratus* (sweet pea)
로벨리아	*Lobelia erinus* (lobelia)
루피너스	*Lupinus* (lupine)
마티올라	*Mathiola bicornus* (night-scent stock)
스톡	*Mathiola incana* (stock)
네메시아	*Nemesia strumosa* (nemesia)
페투니아	*Petunia hybrids*
한해살이 프록스	*Phlox drummondii* (annual phlox)
스카비오사	*Scabiosa atropurpurea* (pincushion flower)
스키잔서스	*Schizanthus pinnatus* (butterfly flower)
세네시오	*Senecio elegans* (purple ragwort)
버베나	*Verbena hybrids*
판지	*Viola tricolor hortensis* (pansy)
백일초	*Zinnia elegans* (giant-flowered zinnia)

빨 강

줄맨드라미	*Amaranthus caudatus* (love-lies-bleeding)
금어초	*Antirrhinum majus* (snapdragon)
과꽃	*Callistephus chinensis* (aster)
센터레아	*Centaurea cyanus* (bachelor's button, cornflower)
코레옵시스	*Coreopsis tinctoria* (calliopsis)
가일라디아	*Gailladia pulchella* (rose-ring gaillardia)
천일홍	*Gomphrenia globosa* (globe-amaranth)
밀집꽃	*Helichrysum bracteatum* (straw flower)
봉선화	*Impatiens balsamina* (balsam)
나팔꽃	*Ipomea purpurea* (morning glory)

리나리아	*Linaria maroccana* (baby snapdragon)
후랙스	*Linaria grandiflorum* 'Rubrum' (scarlet flax)
스톡	*Mathiola incana* (stock)
분꽃	*Mirabilis jalapa* (four-o'clock)
꽃담배	*Nicotiana*
꽃양귀비	*Papaver rhoeas* (rose moss)
채송화	*Portulaca grandiflora* (rose moss)
한련	*Tropaeolum majus* (nasturtium)

분 홍

아제라텀	*Agertum houstonianum* (flossflower)
금어초	*Antirrhinum majus* (snapdragon)
꽃베고니아	*Begonia semperflorens* (wax begonia)
일일초	*Catharanthus roseus* (Vinca rosea)(Madagascar periwinkle)
깃털맨드라미	*Celosia* 'Plumosa' (plume cockcomb)
센터레아	*Centaurea cyanus* (bachelor's button, cornflower)
크레오메	*Cleome spinosa* (spider flower)
코스모스	*Cosmo bipinnatus* (cosmos)
락스퍼	*Consolida ambigua* (larkspur)
석죽	*Dianthus chinensis* (China pink)
캘리포니아 양귀비	*Eschscholzia californica* (california poppy)
밀집꽃	*Helichrysum bracteatum* (strawflower)
이베리스	*Iberis umbellata* (globe candytuft)
봉선화	*Impatience balsamina* (balsam)
나팔꽃	*Impomoea purpurea* (morning glory)
스위트피이	*Lathyrus odoratus* (sweet pea summer)
로벨리아	*Lobelia erinus* (lobelia)
한해살이 루피너스	*Lupinus hartwegii* (lupine, annual)
스톡	*Mathiola incana* (stock)
분꽃	*Mirabilis jalapa* (four-o'clock)
물망초	*Myosotis sylvatica* (forget-me-not)
네메시아	*Nemesia strumosa* (nemesia)
꽃양귀비	*Papaver rhoeas* (shirley poppy)
페투니아	*Petunia hybrids*
살비아	*Salvia splendens* (scarlet sage)
한련	*Tropaeolum majus* (nasturtium)
버베나	*Verbena hybrid* (garden verbena)

노 랑

금어초	*Antirrhinum majus* (snapdragon)
금잔화	*Calendula officinalis* (calendula, pot marigold)
깃털맨드라미	*Celosia* 'Plumosa' (plume cockscomb)

코레옵시스	*Coreopsis tinctoria* (calliopsis)
금빛코스모스	*Cosmos sulphureus* (yellow cosmos)
디몰휘데카	*Dimorphoteca sinuata* (Africa daisy, Cape marigold)
캘리포니아 양귀비	*Eschscholzia california* (California poppy)
가일라디아	*Gaillardia pulchella* (rose-ring gaillardia)
거베라	*Gerbera jamesonii* (transvaal daisy)
스타티스	*Limonium sinuatum* (statice, sea lavender)
리나리아	*Linaria maroccana* (baby snapdragon)
루피너스	*Lupinus mutabilis* (lupine)
노랑루핀	*Lupinus luteus* (yellow lupine)
스톡	*Mathiola incana* (stock)
분꽃	*Mirabalis jalapa* (four-o'clock)
네메시아	*Nemesia strumosa* (nemesia)
달맞이꽃	*Oenothora biennis* (evening primrose)
채송화	*Portulaca grandiflora* (rose moss)
루드베키아	*Rudbeckia bicdor* (coneflower)
마리골드	*Tagetes* (marigold)
티토니아	*Tithonia rotundifolia* (Mexican sunflower)
한련	*Tropaeolum majus* (nasturtium)
판지	*Viola tricolorhortensis* (pansy)
멕시코 백일초	*Zinnia angustifolia* (Mexican zinnia)
백일초	*Zinnia elegans* (zinnia)

• 알뿌리 화초

하 양

아카판더스	*Agapanthus* (flower-of-the-Nile)
양귀비꽃 아네모네	*Anemone coronaria* (popyflower anemone)
구근베고니아	*Begonia* (tuberous)
카마시아	*Camassia* (camas)
콜치컴	*Colchicum autumnale* (autumn crocus)
크로커스	*Crocus*
다알리아	*Dahlia*
후리지아	*Freesia*
프리틸라리아(황제왕관)	*Frittilaria*
글라디올러스	*Gladiolus*
히아신스	*Hyacinthus orientalis* (common hyacinth)
흰붓꽃	*Iris* (bearded iris)
독일붓꽃	*Iris tingitana* (Dutch iris)
백합	*LiLium* (lily)
무스카리	*Muscari* (grape hyacith)
수선화	*Narcissus*
스킬라(스페인 푸른종)	*Scilla hispanica* (spanish bluebell)
칼라	*Zantedeschia* (calla)
제피란서스	*Zephyranthes* (zephy lily)

파 랑

아카판더스	*Agapanthus* (flower-of-the-Nile)
양귀비꽃 아네모네	*Anemone coronaria* (popyflower anemone)
카마시아	*Camassia* (camas)
크로커스	*Crocus*
히아신스	*Hyacinthus orientalis* (common hyacinth)
독일붓꽃	*Iris tingitana* (Dutch iris)
무스카리	*Muscari* (grape hyacith)
스킬라(스페인푸른종)	*Scilla hispanica* (spanish bluebell)

보 라

아카판더스	*Agapanthus* (flower-of-the-Nile)
양귀비꽃 아네모네	*Anemone coronaria* (popyflower anemone)
콜치컴	*Colchicum autumnale* (autumn crocus)
크로커스	*Crocus*
다알리아	*Dahlia*
후리지아	*Freesia*
프리틸라리아(황제왕관)	*Frittilaria*
글라디오러스	*Gladiolus*
히아신스	*Hyacinthus orientalis* (common hyacinth)
독일붓꽃	*Iris tingitana* (Dutch iris)
무스카리	*Muscari* (grape hyacith)
스킬라(스페인푸른종)	*Scilla hispanica* (spanish bluebell)

빨 강

양귀비꽃 아네모네	*Anemone coronaria* (popyflower anemone)
구근베고니아	*Begonia* (tuberous)
칸나	*Canna*
다알리아	*Dahlia*
프리지아	*Freesia*
프리틸라리아(황제왕관)	*Frittilaria*
글라디올러스	*Gladiolus*
히아신스	*Hyacinthus orientalis* (common hyacinth)
라넌큘러스	*Ranunculus asiaticus* (turban buttercup)
튤립	*Tulipa* (tulip)

분홍

양귀비꽃 아네모네	*Anemone coronaria* (popyflower anemone)
구근 베고니아	*Begonia* (tuberous)
칸나	*Canna*
콜치컴	*Colchicum autumnale* (autumn crocus)
크로커스	*Crocus*
다알리아	*Dahlia*
아마릴리스	*Hippeastrum orientalis* (common hyacinth)
상사화	*Lycoris squamigera*
라넌쿨러스	*Ranunculus asiaticus* (turban buttercup)
스킬라	*Scilla hispanica* (spanish bluebell)
튤립	*Tulipa* (tulip)

노 랑

구근베고니아	*Begonia* (tuberous)
칸나	*Canna*
군자란	*Clivia miniata* (kaffir lily)
크로커스	*Crocus*
다알리아	*Dahlia*
후리지아	*Freesia*
프리틸라리아	*Frittilaria*
글라디오러스	*Gladiolus* (gladiola)
히아신스	*Hyacinthus orientalis* (common hyacinth)
라넌쿨러스	*Ranunculus asiaticus* (turban buttercup)
튤립	*Tulipa* (tulip)
칼라	*Zantedeschia* (calla)
금빛칼라	*Zanteschia ellottiana* (golden calla)

29. 암석원(rock garden) 식물

하 양

아킬레아	*Achillea* (silver alpine yarrow)
흰 아라비스	*Arabis albida* (wall rock cress)
산악 아라비스	*Arabis alpina* (mountain rock cress)
아레나리아	*Arenaria grandiflora* (showy sandwort)
여름 눈	*Cerastium tomentosum* (snow-in-summer)
은방울꽃	*Convallaria majalis* (lily-of-the-valley)
크리스마스 장미	*Helleborus nigra* (christmas rose)
이베리스	*Iberis sempervirens* (evergreen candytuft)

양지꽃	*Potentilla fruticosa* (cinquefoil)
바위취	*Saxifraga* (saxifrage)
세덤	*Sedum album* (stonecrop)
시레네(파리잡이)	*Silene maritima* (catchfly)

파 랑

아주가	*Ajuga reptans* (carpet bugle)
캠파눌라	*Campanula carpatica* (bellflower)
센터레아	*Centaurea montana* (mountain bluet)
난쟁이붓꽃	*Iris pumila* (dwarf beanded iris)
블루프랙스	*Linum perenne* (blue flax)
물망초	*Myosotis sylvatica* (forget-me-not)
스위트윌리암프록스	*Phlox divaricata* (sweet william phlox)
꽃잔디	*Phlox subulata* (moss pink)
도라지	*Platycodom grandiflorum* (balloonflower)

보 라

| 바위 과꽃 | *Aster alpinus* (rock aster) |
| 도라지 | *Platycodom grandiflorum* (balloonflower) |

분 홍

기는 안개초	*Gypsophila repens* (creeping baby's breath)
금낭화	*Dicentra spectabilis* (bleeding heart)
꽃잔디	*Phlox subulata* (moss pink)
세덤	*Sedum stoloniferum* (stonecrop)

노 랑

아킬레아	*Achillea tomentosa* (wooly yarrow)
난쟁이 아리섬	*Alyssum saxatile compactum* (dwarf goldentuft)
금빛 아리섬	*Alyssum argenteum* (silver alyssum)
바위 과꽃	*Aster alpinus* (rock aster)
물레나물	*Hypericum repens* (saint-John-wort)
난쟁이 붓꽃	*Iris pumila* (dwarf beardediris)
세덤	*Sedum acre* (stonecrop)

(속명만을 기재한 것은 속에 포함되는 모든 종들을 가리킨다.)

3

조경식재 용어

가든 룸(garden room, 정원 방, 옥외실(屋外室)) : 사생활 보호와 격리된 공간을 창출하기 위하여 산울타리, 트렐리스, 구조물 벽 등에 의해서 경계를 지은 옥외공간.

가로수(街路樹, street tree) : 낙엽 교목을 도로를 따라 인도 가까이에 식재하여 그늘을 제공하고, 공기를 정화하며, 오염물질을 집진하고, 시원함과 색채를 제공하며, 그 밖에 유용한 기능을 한다.

가리개 식재(screen planting) : 바람직하지 못한 조망, 소음, 섬광 등을 차단하기 위해 식재하는 것으로서 식물의 높이는 사람의 눈높이보다 높아야 한다.

가식(假植, heeling in, temporary planting) : 식재준비를 위해 정식하기 전에 임시로 땅을 파고 뿌리 부분을 흙으로 덮어주는 것으로 응달에서 하며 줄기 부분은 햇빛을 막기 위해 천으로 덮어 주고 물을 뿌려 습도를 유지한다.

감추기(baffle) : 옥외에서 수도전, 전기조절장치 등의 유틸리티 미터기를 감추기 위해서 이용되는 시설물이나 또는 식재하는 것.

강전정(强剪整, severe pruning) : 관목의 생장을 위하여 윗부분의 대부분을 잘라내거나 줄기를 제거하는 것.

강조(强調, accent) : 조경에서 어떠한 특질을 관심 있게 집중시키는 것.

강조식물(强調植物, accent plant) : 특별하게 주의를 끌 수 있는 뚜렷한 형태, 잎, 질감, 빛깔 등에 의해 그 주변과 대조를 이루는 곳에 놓인 식물.

강조식재(强調植栽, accent planting) : 강조하기 위해 조경식물을 식재하는 것.

갤러리(gallery) : 아치형 지붕의 터널 같은 구조물. 보통 덩굴식물을 얹는다.

거품도형(bubble diagram) : 부지에 일반적인 이용지역의 부분들을 가르키는 것으로 기본도 위에 물거품 모양으로 표현하는 것.

건조경관(乾燥景觀, xericscape) : 내건성 식물을 이용하고 최소한의 물 사용을 위해 다양한 기술로 조경설계한 경관.

경재화단(境栽花壇, flower border) : 정원에서 건물의 벽, 담장, 펜스, 울타리 등의 구조물 앞쪽에 원로를 따라서 만들어진 화단으로, 원로쪽은 키가 작은 화초를 심고 구조물의 수직벽 쪽으로 차차 큰 키의 화초를 심다.

경쟁(競爭, competition) : 이용 가능한 빛, 수분, 영양 등에 대해서 식물들 간에 다툼이 일어나는 것.

경질경관(硬質景觀, hardscape) : 목재, 석재, 기타 재료로 만든 인도, 옹벽, 트렐리스 따위의 조경재료들로 이루어진 경관.

교잡종(交雜種, hybrid) : 다른 속이나 종 사이의 두 양친으로 이루어진 식물.

구내식물(區內植物, inter plant) : 식재의 다양성과 외양을 증진시키기 위하여 동일 화단 안에서 개화기가 다르고 생장습성이 다른 식물을 이용하는 것.

군집식재, 군식(群集植栽, mass planting) : 여러 그루의 교목이나 관목을 한 군데에 모아서 식재하는 것.

근원직경(根元直徑, caliper) : 원예에서 사용되는 용어로 나무줄기의 직경을 재는 도구이다. 나무의 근원직경이 10cm 이하인 것은 지상 15cm 높이에서 측정하고 그 이상 큰 나무들은 30cm 높이에서 직경을 측정한다. 임업에서는 흉고직경(DBH)을 주로 쓴다.

기능식재(機能植栽, functional planting) : 환경개선을 위한 기능을 하도록 식재하는 것.

기본도(基本圖, base map) : 부지 전체의 경계선, 구조물, 경사, 주요식재, 일출과 일몰의 위치를 상세하게 그린 도면이나 측량도 조경에서 첫 번째 단계로 중요하다.

기초식재(基礎植栽, foundation planting) : 전통적으로 주택의 기초 부분을 따라서 화초, 관목, 지피식물, 소교목 등을 식재하는 좁은 형태의 경재화단.

기후대(氣候帶, climate zone) : 위도에 따라서 23° 30′ 이남을 열대, 여기서 66° 30′ 까지를 온대, 그 이북을 한대라 한다. 연평균 기온이 20°C 이상은 열대, 10~20°C는 온대, 10°C 이하는 한대라 한다. 식물학상 분류와는 좀 다르다.

긴자루가위(lopper) : 직경 2~3cm 굵기의 가지를 자르는 데 쓰이는 손잡이가 긴 전정가위.

끝가지치기(cutting back) :
    1) 조경식물을 이식하고자 할 때 심한 타박상이나 파손에 대비하여 줄기나 뿌리를 짧게 잘라내어 다듬는 것.
    2) 줄기와 가지를 많이 잘라냄으로써 교목이나 관목의 크기를 줄이는 것.

내한성(耐寒性, hardiness) : 주어진 지역에서 갑자기 얼거나 극도의 습한 상태나 극한의 온도일지라도 그 기후에서 견뎌내거나 적응하여 생존하기 위한 식물의 능력.

내한성대지도(耐寒性帶地圖, hardiness zone map) : 어떤 식물이 추운 겨울철에 얼어 죽지 않고 생장할 수 있는 지리적인 띠로서 표시한 것으로서 1월달의 평균기온으로 띠를 만들고, 숫자로 식물의 내한성대를 표시한다. 1은 가장 추운 곳이며 10은 가장 더운 곳을 가리킨다.

노천매장법(露天埋藏法, stratification) : 조경식물의 종자를 습기 있는 모래흙, 톱밥 등에 한층한층 사이에 넣어서 땅속에 저장하는 방법으로 휴면을 타파하는데 쓰이는 처리방법이다.

녹음수(綠陰樹, shade plant) : 그늘을 제공하는 나무.

녹음식재(綠陰植栽, shade planting) : 그늘을 만들기 위하여 수관이 넓은 교목을 식재하는 것.

농장재배식물(nersery grown plant) : 조경식물 농장에서 재배해온 수목으로 몇 년마다 뿌리돌림 작업을 해 와서 잔뿌리가 밀생하여 이식이 잘 되는 식물이다. (조경현장에서는 흔히 일본어 모지꾸미로 쓰는 경우가 있으나 삼가할 일이다.)

높여심기(상식上植, base up planting) : 뿌리목이 기존의 지면보다 높게 식재하는 것.

니치(niche) : 생물군집에서 그 종(種)이 누리는 지위, 즉 그 종이 어디서 먹이를 얻고, 천적이 무엇이며 어디에 집을 짓고, 언제 활동하는가를 의미한다.

다듬기전정(shearing) : 산울타리나 관목의 겉모양을 만들기 위해서 전정가위나 전동 산울타리가위로 전정하는 것.

단일식재, 단식(單一植栽, single planting) : 한 그루의 교목만을 식재하는 것.

당김줄(guying) : 식재에서 이식한 교목이 넘어가지 않도록 안정시키기 위하여 로프, 와이어, 케이블 등으로 세 군데 방향에서 고정시켜 나무가 쓰러지지 않게 버텨내도록 하는 것이다.

대칭(對稱, symmetry) : 중심축의 양쪽에 양, 부피 등이 똑같게 배치된 것.

덩굴시렁(arbor, 아버) : 문간에 아치형태로 이어진 열린구조물 또는 앉는 자리에 대피소를 제공하는 구조물. 흔히 덩굴식물을 올리기도 하며 정원에서 초점으로서도 이용된다.

도장지(徒長枝, water sprout) : 줄기나 가지에서 새로 나와 힘차게 자란 가지. 특별하게 이용할 경우가 아니면 제거하는 것이 양분 소모, 병충해 방제에 효과적이다.

디딤돌(stepping stone) : 자갈길, 원로, 또는 잔디밭에 놓인 원로에 표면이 매끈한 돌을 놓아 디딜 수 있도록 한 재료.

떼(sod) : 흙까지 아울러 뿌리째 떠낸 잔디.

로제트(장미형, rosette) : 잎이 낮고 납작하게 지면을 덮어 장미형을 이루는 형태. 로제트는 잎이 뿌리에서 나오는 근생엽(根生葉)이다.

리본화단(ribbon bedding) : 정원에서 화초를 기다란 선형으로 마치 리본처럼 배열한 화단으로 질감, 색채, 기타 효과를 대비시킨다.

매듭정원(knot garden) : 자수화단의 일종으로 지피식물이나 키가 작은 관목으로 매듭 같은 자수를 놓은 것처럼 설계하여 식재한 정원.

맨뿌리(bare root) : 이식을 하기 위해 교목이나 관목의 뿌리 주변의 흙을 모두 털어낸 것.

맹아지(萌芽枝, sprouting) : 교목의 줄기에 부정아로부터 돋아난 곁가지.

메담(dry wall) : 모르타르를 쓰지 않고 돌담을 쌓는 것으로 높이가 1m~1.2m를 넘지 않아야 한다.

모래정원(sand garden) : 보통 모래땅에 꾸민 정원으로서 태양열에 강하고 급작스럽게 빗물이 모래땅에 스며드는데 견디는 능력이 있는 식물들이 잘 생장할 수 있다. 화본과 식물, 야생화, 선인장,

허브 등이 모래 정원에 적합한 식물이다.

모서리 식재(corner planting) : 건물의 모서리나 또는 정원의 담장 구석진 곳에 조경식물을 심는 것.

모여식재(associated planting) : 식물을 3 이상 5 그루, 7그루 등으로 같은 종을 한 식재구덩이에 식재하는 것.

물가 식물(marginal plants) : 연못, 호수, 개울 등에서 물가에 자라는 식물이며, 뿌리는 물 속에 잠기지만 잎이나 꽃은 수면 위에 있다. 예) 꽃창포

물집(planting basin, saucer) : 새로 심은 교목이나 관목의 밑동둘레에 만든 얕은 구덩이로 여기에 물을 붓고 땅속에 뿌리로 물이 서서히 스며들도록 만든 것이다.

물집 둑(berm) : 이식한 나무에 물을 주기 위해 뿌리 주위에 접시 모양으로 물집을 만들고 가장자리에 물이 흘러 나가지 않도록 지은 물매 턱.

미궁(迷宮, labyrinth) : 미로(迷路)와는 달리 지면에 바깥쪽에서 중심으로 한줄로 소용돌이 모양으로 길을 낸것으로 높은 산울타리나 담장은 없고, 낮게 자라는 식물이나 벽돌, 그 밖의 재료들로 길을 나타낸다.

미기후(微氣候, microclimate) : 일정한 부지에서 조경식물의 생장에 영향을 미치는 소규모의 기후요소로서 그늘, 기온, 강우 등이 포함된다.

미로정원(迷路庭園, mage garden) : 눈높이보다 높은 산울타리 또는 그 밖의 울책 등으로 미로와 같이 배치한 정원.

밀집식재, 밀식(密集植栽, close planting) : 식물이 정상적으로 생장하는 수관의 나비보다 좁게 식재하는 것.

바람막이, 방풍식재(防風植栽,windbreak planting) : 열린 지역에 상록교목을 촘촘히 식재하거나 산울타리를 만들어서 겨울철의 찬바람이나 여름철에 메마르고 뜨거운 바람 또는 바람직하지 못한 바람으로부터 어떤 지역을 보호하기 위해 식재하는 것.

바람쐬기(windburn) : 어린 교목이나 관목들이 과도한 풍속으로 인하여 잎, 눈, 수피, 기타 조직에 손상이 가는 것.

바위틈 식물(crevice plant) : 암석정원에서 바위 틈에 심는 식물로, 주로 키가 작고 건조에 견디는 고산식물이 이용된다.

바위틈 식재(crevice planting) : 암석정원이나 메담 옹벽의 바위 틈에 식물을 심는 것.

바자울 : 대, 갈대, 수수깡 따위로 발처럼 엮은 울타리.

발근호르몬제(rooting hormone powder) : 뿌리 생장을 촉진시키기 위하여 뿌리의 절단면에 바르는 분말.

방풍림대(防風林帶, shelter belt) : 바람의 속도를 줄이고, 바람으로부터 식물을 보호하고, 바람에 의한 토양침식을 막기 위해서 나무를 식재한 지대.

배경식재(背景植栽, background planting) : 건물이나 조각물 뒤편에 숲을 만들어 배경을 이루도록 식재하는 것.

백화현상(白化現象, chlorosis) : 알칼리 토양에서 철분 흡수 부족으로 인해 잎이 노랗게 되는 것.

버미큘라이트(vermiculite) : 가벼운 운모질의 광물질로서 중성이고 물에 녹지 않으며 보수력이 높다. 버미큘라이트 광(鑛)을 100°C로 가열하면 조각 사이에 있는 물이 증기로 되어 밖으로 나가게 되며, 그때 조각과 조각이 떨어져서 작은 공극이 많아 스펀지와 같다. 가열로 인해 유해 병균이 없으므로 발근 배양기로 쓰인다.

부식(腐蝕, humus) : 영양분이 많이 들어 있는 부패한 유기물. 스펀지 질감으로 습기를 보존한다.

부엽토(腐葉土, leaf mold) : 낙엽이 쌓여 썩어서 흙과 혼합된 흙으로 유기질이 풍부하다. 흔히 낙엽수림 지역에서 흔히 볼 수 있다.

부유식물(浮游植物, floater) : 수면에 떠서 살아가는 식물. 땅속이 아니라 물에서 양분을 흡수한다.

분(盆)뜨기(root balling) : 이식하기 위하여 뿌리 부분을 공 또는 화분모양으로 만들어서 나무의 뿌리와 함께 주변의 흙을 보호하기 위하여 삼베나 새끼줄 또는 삼베띠 등으로 감싸는 것.

분뜨기와 분감싸기(ball and burlap) : 뿌리 주변에 있는 흙이 떨어져 나가지 않도록 공 또는 화분 모양으로 파 올릴 때 삼베띠나 새끼줄 또는 그 밖에 질긴 끈으로 감아서 싸매는 것.

빗물받이 선(drip line) : 교목의 수관부 끝에서 빗물이 땅에 떨어지는 가상의 선. 교목의 많은 실뿌리들이 이 선 밖으로 활동해서 여기에 관수와 시비를 한다.

뿌리덮개(tree grate) : 금속 격자판으로서, 교목의 뿌리 목 둘레에 있는 포장도로에 설치하여 물, 공기, 영양분 등이 들어 갈 수 있도록 토양이 단단해지는 것을 예방하는 시설물로서, 흔히 가로수 공원 등에 설치한다.

뿌리돌림(root pruning) : 이식을 돕기 위하여 뿌리목에서 일정한 거리를 두고 둥글게 도랑을 파내려가면서 뿌리를 자르면 여기서 실뿌리가 많이 나오게 된다. 첫해와 둘째해로 나누어서 하고 3년차에 이식하게 되면 실뿌리가 많이 나와 새로운 이식지에서 활착이 잘 된다.

뿌리목(root collar) : 나무에서 줄기와 뿌리가 나누어지는 부분으로서, 흔히 지면과 줄기가 맞닿은 부분이 된다. 식재구덩이에 나무를 앉힐 때 뿌리목과 지면의 높이가 같아야 하며, 뿌리목을 지면보다 낮게 심어서는 안 된다. 나무를 굴취할 때는 근원직경에서 2~3배 길이로 떨어진 곳에서 도랑을 파게 된다.

뿌리뭉치(girdling) : 화분이나 식재용기 안에서 뿌리가 밖으로 뻗어나가지 못하고, 그 안에서 서로 엉키고 붙어서 뭉치를 이룬 모양. 물과 양분의 흐름을 저해하여 결국에는 고사 지경에 이른다.

뿌리분(root ball) : 원예, 조경에서 이식하려는 교목이나 관목의 뿌리들이 흙과 달라붙도록 삼베띠, 새끼줄 등으로 싸매어 묶어서 마치 화분이나 공모양으로 만드는 것.

뿌리분 둘러싸기(pot bound) : 화분이나 식재용기 안쪽에 뿌리가 에워싼 것. 더러는 배수구멍으로 뿌리가 나온다.

뿌리예비전정(root preprune) : 굴취하기 수개월 전에 뿌리를 일정 거리에서 잘라내면 새로운 실뿌리
가 나와서 생장을 촉진하고 이식 후 생존하는 데 도움이 된다.

산도(酸度, pH scale) : 수소이온 농도의 화학적 표시 방법으로, 토양에서 산성과 알칼리를 측정하는데
이용된다. pH의 범위는 0.0(순산성)과 14.0(순알칼리) 범위이고 7.0이 중성이다. 토양검사에
서 4.5 이하는 강산성이고 6.5에서 7.0은 유효중성이고 7.0 이상은 알칼리성이다. 조경식물
은 대체로 중성이나 약산성 토양에서 생장한다.

산성(酸性, acidic) : 수소이온농도가 낮아서 7(중성)보다 적은 pH측정치. 진달래, 철쭉나무, 고사리
등은 pH 5~7 사이의 약산성 토양을 좋아한다. 산성토양에서는 석회를 넣어주면 토양이
개량이 된다.

산울타리(living hedge) : 교목이나 관목을 서로 가까이 줄지어 식재한 것으로 정형(흔히 전정을 해서)
산울타리와 부정형(자연상태로 둔 것)산울타리가 있다(죽은 나뭇가지로 만든 것을 섶울타
리라 하고 막대기나 대나무로 만든 것을 바자울이라 한다).

산울타리가위(hedge clippers) : 산울타리나 관목을 모양내기 위해서 고안된 손잡이가 긴 가위.

상위식재(上位植栽, 높여심기, base up planting) : 교목의 뿌리목이 지면보다 약간 높게 심는 것.

상층목(上層木, overstory) : 교목이나 대관목으로 양수이며 가장 높은 캐노피를 이룬 형태이다. 그 밑에
음지식물의 소교목이나 관목들이 자라는데 이들은 하층목으로 반대되는 용어이다.

생태식재(生態植栽, ecological planting) : 특별한 생장조건하에서 생존할 수 있는 식물만을 식재하는 것
으로, 흔히 적당한 장소에 적합한 식물을 식재하는 것을 말한다.

선택적 전정(選擇的 剪整, selective pruning) : 관목의 모양을 가다듬고 활력을 유지하거나 크기를 제
한하기 위하여 가지를 개별적으로 자르거나 제거하는 전정.

성층구조(成層構造) : 층화참조

섶울 : 잎이 달린 밤나무, 참나무 등의 가지를 엮어서 만든 울타리. 방범·가리개·동물침입 등을 예
방한다. 섶울이 변해서 서울로 되었다.

속가지치기(thining out) : 원예에서 교목이나 관목의 약한 가지를 제거하여 균형을 이룬 생장, 공기유
통, 채광을 돕고, 관목은 묵은 줄기를 제거함으로써 새로운 줄기가 나와 갱신된다.

수관(樹冠, tree crown) : 교목에서 줄기의 윗부분에 퍼져 있는 가지와 잎을 통틀어서 일컫는다.

수관거리두기(tree crown distance) : 나뭇가지 끝의 잔가지(twig)들이 다른 나무의 잔가지들과 겹치는
것을 피하는 현상.

수목 보호대(tree guard) : 수목 주위에 금속재료 말뚝이나 판자 등으로 줄지어 세워서 수목을 보호 격
리시키는 시설물로 차량, 자전거, 사람에 의한 파괴행위를 예방한다.

수목 우물(tree well) : 기존 수목이 성토로 인하여 깊게 묻히게 될 경우에 기존 지면 위에 덮인 흙을 우

물처럼 파내어서 뿌리의 생장(호흡)을 돕도록 하는 시설이다.

수생정원(水生庭園, water garden) : 수생식물을 재배하기 위하여 꾸민 정원.

수압종자살포(水壓種子撒布, hydraulic-seeding) : 정상적으로는 파종이 부적합하거나 접근하기 어려운 급경사지에 수압으로 종자와 그 밖의 혼합물들과 함께 파종하는 방법.

숙지전정(熟枝剪整, hardwood cutting) : 생장기 말에 줄기의 목질부가 완전히 굳어지고 가지가 연필 굵기만큼 자랐을 때 가지 끝부분을 제거하는 것.

순치기(pinching) : 가지의 끝 생장 부분을 자르거나 또는 줄기의 양쪽 눈의 생장을 촉진시키기 위해 새순을 제거하는 것.

스탠더드 식물(standard plant) : 1~1.5m 높이의 외줄기에서 접목하거나 전정하여 많은 가지가 늘어지도록 유인하여 가꾸는 것으로, 예를 들면 찔레나무 대목에 장미를 아접하여 수관이 공모양의 형태로 가꾼다.

스파그넘모스(sphagnum moss) : 습지에서 얻어지는 부분적으로 분해된 식물재료인데, 수분흡수력이 뛰어나서 토양 개량재로서 판매되고, 때로는 수분 보수능력이 있어서 바구니걸이에서도 이용된다.

습성(習性, habit) : 식물의 개별적인 특유한 형질의 모양으로 원형, 원주형, 피라미드형, 배상형 등이 있다.

습지정원(濕地庭園, bog garden) : 습지에서 잘 자라는 식물로 식재한 정원.

시선유도식재(視線誘導植栽, delineation planting) : 도로 또는 고속도로에서 차량운전자에게 도로선형을 안내하여 시선을 유도하기 위한 식재.

식물목록(植物目錄, plant list) : 식재하기 위하여 진열한 식물목록으로 식물의 이름, 학명, 규격, 수량, 기타 사항들이 포함된다.

식재거리(植栽距離, planting distance, plant spacing) : 식재하고자 하는 조경식물과 식물 사이의 거리.

식재 구덩이(planting pit) : 조경식물을 식재하기 위해 뿌리분을 앉힐 수 있도록 땅속을 파낸 공간.

식재대(植栽臺, planter) : 조경설계에서 화초나 관목 또는 소교목을 식재하기 위해서 실내 또는 실외에 설치한 고정된 장소. 바닥면에서 높이 올라와 있다.

식재 분리대(植栽分離帶, planting strip) : 인도와 연석 사이에 길게 나무를 식재하는 구역.

식재상(植栽床, planting bed) : 조경식물을 식재하기 위하여 정원에 설계한 구역으로 지면의 원로(garden path)보다 높아서 배수가 좋고 작업하기에 편리하다.

식재 평면도(植栽平面圖, planting plan) : 조경도면에서 기존 식물과 식재계획 식물들을 식재 범례, 상세도면, 기타 기록을 표현하는 것.

실뿌리(feeding roots) : 가느다란 뿌리로서 일반적으로 토양 표면 가까이에 있어 공기, 수분, 양분 등을 흡수한다.

아스맥스식재법 : 한 가지 주 색채를 두고 이와 유사한 색(예, 빨강과 주홍 등)을 섞어, 65% 정도는 주 색채, 35% 정도는 보색을 써서 조화시키는 방법

아치(arch) : 덩굴식물을 올리기 위한 수직구조물로서 흔히 정원에서 전이지역이나 입구를 표시한다.

안뜰, (내정內庭, 중정中庭, artrium, courtyard) : 중세 유럽 건축양식에서 큰 입구口 형태 건물의 내부 지면공간을 말한다. 사생활보호와 평온을 위해서 안뜰만 바라볼 수 있고, 그 둘레에 방을 배치하여 햇빛과 환기가 되도록 하였다.

알칼리(alkaline) : 수소이온농도가 높은 수준으로 7(중성)보다 높은 pH측정치. 알칼리성 토양은 낙엽, 솔잎 등 산성물 재료들을 첨가하거나 유황 및 철분이 든 제품을 토양에 첨가함으로써 알칼리성을 줄일 수 있다.

암석정원(岩石庭園, rock garden) : 바위들이 빙하층의 퇴석처럼 비탈면에 만들어진 정원으로 키가 낮고, 질감, 색채 등으로 강조되는 고산식물이 바위들과 조화를 이루어 경관을 만들어낸다.

야생수집식물(野生收集植物, collected plants) : 농장에서 재배한 것이 아니라, 산야에서 자생하는 식물을 캐내 온 조경용 식물 (조경현장에서는 흔히 일본어「荒木, 황목, 아라기」로 쓴다).

야생정원(野生庭園, wild garden) : 삼림경관에서 꽃피는 관목, 지피식물, 야생화 등을 선정하여 식재한 정원으로 자생식물들이 식재된다.

양탄자 화단(카펫, carpet bedding) : 키가 낮게 자라는 관엽식물이지만 화초를 사용하여 양탄자 문양처럼 정형적으로 꾸민 화단.

양토(壤土, loam) : 식물재배에 이상적인 토양으로 풍부한 유기물과 무기물 분자의 범위가 균형을 이룬다.

얼굴식재(face planting) : 조경 식재설계에서 키가 낮게 자라는 식물(관목, 화초, 지피식물, 기타)을 키가 큰 상록교목이나 상록관목 또는 구조물 앞쪽에 식재하는 것.

여러해살이(숙근초宿根草, perennial) : 두 해 이상으로 여러 해를 계속 살아가는 초본식물. 추운 곳에서 사는 여러해살이는 보통 여름에는 휴면을 하고, 더운 곳에서 살아가는 여러해살이는 겨울에 휴면을 한다.

연질경관(軟質景觀, softscape) : 원로, 돌, 파티오, 벽 등 비생명 경관 물체로 언급되는 경질경관에 반대되는 용어로서 경관에서 이용되는 식물의 팔레트(색조판).

엽면살수(葉面撒水, syringe) : 식물체의 잎에 분무하여 수분을 공급하는 것으로 먼지를 제거하고 해충을 방제하는 효과도 있다.

엽면시비(葉面施肥, foliage feeding) : 식물체의 잎에 액체비료를 공급하는 것으로서, 이식한 나무는 뿌리에서 수분흡수가 어렵거나 생장이 빈약한 경우에 질소비료를 용해시켜 엽면시비한다. 보통 요소를 1~5%로 희석하여 엽면에 살포한다.

예비설계(豫備設計, preliminary design) : 조경설계의 해결을 위하여 몇 가지 방안으로 접근을 시도하는 미완의 설계.

옥상정원(屋上庭園, roof garden) : 건물의 맨 윗층 옥상에 식재하여 꾸민 정원.

옹벽(擁壁, retaining wall) : 비탈면을 안정시키고 토양의 침식과 유실을 막기 위해서 쌓은 담장벽.

옹벽정원(擁壁庭園, wall garden) : 호박돌로 메담을 쌓고서 돌틈의 공간에 고산식물을 심은 정원.

완충식재(緩衝植栽, buffer planting) : 용도지역이 다른 두 지역간을 구분하기 위하여 식재하는 것. 예를 들면 공장지역과 주거지역 사이에 완충지대를 설정하고 여기에 식재하여 두 공간을 분리시키는 것.

용기재배식물(容器栽培植物, container - grown plants) : 조경식물을 플라스틱이나 금속제품 용기에서 재배한 교목 및 관목, 또는 그 밖의 식물을 이식할 때 뿌리 손상이 전혀 없는 이점이 있다.

원경법(遠景法, perspective) : 물체는 거리가 멀수록 작게 보이기 때문에 정원에서는 원근법으로 식물을 이용하여 변경이 가능하다. 예를 들면 소정원 끝에 작은 조각물 설치는 크게 보일 수 있다. 엄청나게 높은 식재와 좁은 원로는 원경법을 기초로 해서 시각적 착각을 만들어낸다.

월대(月臺, moon patio) : 임금님이 거처하는 궁궐 앞에 있는 섬돌. 서양주택에서 파티오와 같은 용도이다.

위요식재(圍繞植栽, enclosure planting) : 식물로 주위를 둘러 감싸 식재하는 것으로 위요공간에서는 편안하고 포근한 느낌을 준다.

유기물(有機物, organic matter) : 동물체나 식물체가 부분 또는 완전히 분해된 물질. 퇴비, 부엽 등.

이스펠리어(espalier) : 나무를 담벽에 납작하게 붙여서 일정한 형태로 가지를 유인하여 가꾸는 것으로 흔히 배나무, 피라칸사 등이 이용된다.

이식(移植, transplanting) : 조경식물을 농장이나 야생지역에서 정원이나 또는 조경 부지에 옮겨 심는 것으로 뿌리분, 상자공법 또는 맨뿌리 등의 상태로 흔히 이식한다.

이식몸살(transplanting shock) : 이식한 후 뿌리 손실로 인하여 수관부와 균형이 깨져서 식물체가 시들어가고 심하면 고사하게 된다.

일소(日燒, sunscald ; 햇볕타기) : 이식한 교목에서 흔히 나타나는 것으로 햇볕의 복사열로 인하여 줄기의 서쪽 부분이 타들어가서 수분 부족으로 인하여 수피가 목질부에서 떨어져나가는 것으로 수피가 얇은 벚나무, 목련 등에서 흔히 나타난다.

입구식재(入口植栽, enterance planting) : 대문이나 공원등의 출입구 양쪽에 똑같은 나무를 식재하는 것.

자생(自生, native) : 외부에서 도입된 것이 아니라 일정지역에 야생하는 식물.

자연전정(自然剪定, natural, or self-pruning) : 교목에서 가지가 자연적으로 마르거나 눈의 무게, 바람, 부패, 그 밖의 요인에 의해 떨어져 나간다. 특히 강풍이나 태풍이 불 때 자연전정이 많이 생긴다.

잔뿌리(fine root) : 굵은 뿌리에서 돋아나는 작고 가는 뿌리.

재배종(栽培種, cultivated variety, cultivar) : 종자로부터 번식된 것이 아니라 식물 육종가에 의해서 번식된 식물개체.

저전압 조명(底電壓照明, low-voltage lighting) : 120볼트 또는 220볼트의 가정용 표준전압 대신에 12볼트의 낮은 전압으로 작동되는 조명기구.

적심(摘心, dead heading) : 식물의 외모, 종자 형성 예방, 새로운 꽃 생장의 자극을 위하여 생장기 동안에 줄기의 정아(頂芽), 생장점 부위를 제거하는 일.

점적관수(點摘灌水, drip irrigation) : 식물이 수분을 완전히 흡수할 수 있도록 뿌리에 직접 서서히 급수하는 방식.

접시분(盆, dish rootball, flat ball) : 천근성 교목은 뿌리가 지면 가까이에서 사방으로 퍼져 나가므로 굴취시에 분을 뜬 모양이 납작해서 접시 모양을 이룬다.

정원토양(庭園土壤, garden soil) : 뿌리가 충분히 뻗어나가고 물이 쉽게 스며들 수 있도록 식재를 위해 특별히 만든 토양.

정형(正形, formal) : 인접한 건물과 관계되는 화단, 원로 등이 대칭으로 배치되는 경관의 양식, 그리고 보통 기하학적 또는 특수한 모양으로 전정한 식물도 정형으로 배치된다.

조형전정(造形剪整, formative pruning) : 어린교목이나 관목이 성숙했을 때 좋은 형태를 유지할 수 있도록 전정하는 방법.

줄기 감싸기(tree wrapping) : 이식한 수목의 줄기가 햇빛에 타거나 바람에 마르는 것을 예방하기 위하여 얇은 갈색 종이나 삼베띠 등으로 줄기를 감아서 싸매는 것.

지면시비(地面施肥, topdress) : 퇴비나 화학비료를 잔디밭이나 화단의 지면에 얇게 뿌려 덮는 것.

지주목(支柱木, 대), 버팀목(대)(동발이, staking) : 이식한 나무가 넘어가지 않도록 나무말뚝, 장대, 막대기, 금속 말뚝 등으로 지탱하기 위해 세우는 재료로서 이식한 나무가 스스로 지탱할 수 있을 때까지 2~3년간 받쳐주어야 한다.

지표식물(指標植物, indicator plant) : 특수한 기상변화, 인간의 이용, 기타 요인 등으로 인하여 환경의 변화가 나타나는 것을 알려주는 식물. 예를 들면 자주 달개비의 자줏빛 꽃은 방사능에 오염되면 분홍빛으로 금방 변한다.

지피식물(地被植物, ground cover plant) : 키가 보통 50cm 이하로 낮게 자라는 식물로 지면을 덮는 데 쓰이는 식물재료이다. 토양침식을 예방하고 잡초발생을 막는데 효과적이다.

집단식재(集團植栽, group planting) : 군집 식재와 같은 용어이지만 더 큰 규모의 식재이다.

차광식재(遮光植栽, antiglare planting) : 보안등, 가로등, 차량의 전조등, 그 밖의 불빛을 가리기 위해서 식재하는 것.

채소원(菜蔬園, kitchen garden) : 영국 빅토리아시대 채소나 허브 등 요리에 사용되는 식물로 꾸민 정원으로, 원래는 먹기 위한 것이 아니라 화려한 장식을 위해 가꾼 정원으로 회양목 산울타리로 기하학적 문양을 만들고 그 안에 채소나 허브를 심어 장식효과를 높였다. 주택의 주변

이나 정원의 일부에서 식탁을 마련하기 위해서 과일, 샐러드, 향신료, 채소, 허브 등을 생산하는 정원.

취병(翠屛) : 비취색 병풍이란 뜻으로, 산울타리 또는 꽃나무의 가지를 이리저리 휘어서 문이나 병풍모양으로 만든 것으로, 창덕궁 후원의 주합루 하단부 입구에 있던 취병은 2008년 복원하였고(앞 우측 그림), 조선시대 상류층 주택의 정원에서만 사용된 산울타리이다. 앞의 그림은 단원 김홍도의 〈후원유연〉에서 보이는 취병이다.

층화(層化, stratification) : 숲속에서 교목, 그 다음의 키작은 관목, 초본, 이끼 등이 층을 이루는 현상

침상정원(沈床庭園, sunken garden) : 주위보다 1m 정도의 낮은 고도에서 설계한 정원.

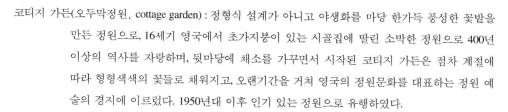

침입식물(侵入植物, invasive) : 인접한 식재상에 종자나 포복경, 지하경 등으로 빠르게 퍼져 들어오는 식물.

카펫화단(carpet bedding) : 양탄자 화단의 동의어

캐노피(canopy, 나무의 챙 ; 차양〈遮陽〉의 준말)

　　　1) 땅에 그늘을 만드는 교목의 줄기가 퍼져 나간 부분.
　　　2) 그늘을 위해서 만든 지붕과 같은 구조물.

코티지 가든(오두막정원, cottage garden) : 정형식 설계가 아니고 야생화를 마당 한가득 풍성한 꽃밭을 만든 정원으로, 16세기 영국에서 초가지붕이 있는 시골집에 딸린 소박한 정원으로 400년 이상의 역사를 자랑하며, 뒷마당에 채소를 가꾸면서 시작된 코티지 가든은 점차 계절에 따라 형형색색의 꽃들로 채워지고, 오랜기간을 거쳐 영국의 정원문화를 대표하는 정원 예술의 경지에 이르렀다. 1950년대 이후 인기 있는 정원으로 유행하였다.

테두리(edging) : 식재상(planting bed)이나 잔디밭과 화단 가장자리에 경계를 짓는 것으로 플라스틱 장식울타리, 벽돌, 금속재료 등 낮은 재료들이 이용된다.

테두리 식물(edging plant) : 한해살이 화초, 여러해살이 화초, 키가 낮게 자라는 관목 또는 허브 식물들이 화단의 앞쪽이나 둘레 또는 원로의 가장자리에 분리를 위해서 쓰이는 식물.

테두리 식재(edging planting) : 테두리 식물을 식재하는 것.

토성(土性, soil class) : 토양의 질감에 따라 자갈, 모래, 점토, 양토, 사양토, 식양토 등으로 구분한다.

토양개량(土壤改良, soil amendment) : 일반적으로 유기물의 상태, 통기, 비옥도, 물의 침투, 부서지기 쉽도록 개선할 목적 등으로 토양에 첨가하는 것으로, 퇴비, 톱밥, 수피, 부엽, 피트모스, 짚, 석회, 짚섭(gypsum) 등이 이용된다.

토양개량제(土壤改良制, amendments) : 토양을 개량하기 위해서 이용되는 유기물 또는 무기물. 흔히 피트모스, 소나무 수피, 퇴비 등이 이용된다.

토양검사(土壤檢查, soil testing) : 토양의 비옥도나 pH의 균형(산성이나 알칼리성) 등이 분석에 의하여 결정된다.

토양단면(土壤斷面, soil profile, horizon) : 토양의 빛깔, 구성, 위치, 그 밖의 특성에 따라 구분되는 것으로 표토(topsoil), 심토(subsoil), 모암(parent rock) 등의 층으로 구분된다.

토양비옥도(土壤肥沃度, soil fertility) : 식물이 생장하는 동안에 좋은 상태를 유지할 수 있는 능력이 있는 토양의 성질을 측정하는 것.

토양산도(土壤酸度, Soil, pH) : 식물의 생장과 영양분 흡수에 영향을 미치는 토양의 산성과 알칼리성.

토피어리(topiary) : 조경에서 상록 교목이나 관목을 전정하여 짐승, 새모양 등 어떠한 기하학적인 형태로 유인하고 전정하여 만드는 것.

통경선(通景線, vista) : 도로, 가로수 길에서처럼 길게 내다보이는 경관. 작은 정원에서 초점으로 이끄는 짧고 곧은 원로는 정원이 커보이는 통경선을 창출한다.

퇴비(堆肥, compost) : 잡초, 낙엽, 전정한 가지, 부엌 쓰레기 등의 분해된 유기물, 토양 개량, 잔디밭 마무리 조성, 식재상 피복에 이상적이다.

트렐리스(trellis) : 정원 구조물로서, 덩굴식물을 지탱하고 머리 위나 수직적으로 햇빛을 가리기 위해 이용되는 목재 및 금속 등으로 격자 모양으로 만든 구조물.

파아테르(佛, parterre, 자수화단) : 정형적으로 양탄자 무늬 모양의 화단과 원로를 배치하여 장식한 화단으로 흔히 회양목이 이용된다.

파티오(patio) : 주택 건물에 인접한 포장된 구역으로, 거실과 잔디밭 사이의 중간지역이 되며, 스페인이나 라틴 아메리카의 정원에서 흔히 볼 수 있다.

파티오 교목(patio tree) : 정원에서 파티오 가까이에 그늘, 과일 생산 또는 미학적인 기능을 위한 작은 키의 교목이다.

파티저(potager) : 채소, 과일 더러는 화초도 심는 부엌정원으로 색채와 질감의 패턴을 만들어내기 위해 정형식 설계에 따라 식재한다.

팽이분(盆, top rootball, deeper ball) : 심근성 교목은 원뿌리가 땅속 깊이 곧게 들어가므로 분을 뜨게 되면 팽이 모양을 이룬다.

퍼골라(pergola) : 아버(덩굴시렁)와 비슷한 구조물이며, 정원에서 그늘을 제공하기 위한 것으로 덜 장식적이며 덩굴식물이나 그밖의 그늘을 만드는 식물로 덮기 위한 구조물로서 기둥 위에 일정한 거리에 보와 서까래를 사람 키보다 높게 얹은 구조물이다.

펄라이트(perlite, 진주암) : 물과 열에 의해 처리된 화산암의 물질로서 매우 가볍다. 조경에서는 피복재료, 인공토양, 식물재배 배양기 등으로 쓰인다.

폴라딩(pollarding) : 교목의 외모를 정형으로 만들기 위해 어린 교목의 줄기를 1.5~2m 높이에서 잘라내고 여기서 새로나온 많은 가지들의 끝 부분을 1cm 정도로 남겨두고 겨울철에 해마다 잘라내어 새가지를 키운다.

표본식물(標本植物, specimen plant) : 조경식재에서 특별하게 아름다운 개성을 지닌 조경식물이다. 예를 들면 강조, 형태, 색채, 크기, 질감 등의 목적을 위해서 흔히 식재한다. 표본식물은 바라보는 지점에서 멋진 광경(good looking)을 이룬다.

플리칭(pleaching) : 선정한 교목을 선형식재하고 생장하는 가지를 상자모양으로 전정하여 옆 교목의 가지들이 서로 얽혀서 전체가 나무 담벽을 이룬다.

피복(被覆, mulching) : 짚(밀짚, 보리짚, 볏짚), 솔잎, 퇴비, 구비(두엄), 조개껍질, 옥수수 대, 톱밥, 수피, 분쇄목, 피트모스 등의 재료들을 식재한 나무뿌리의 지면을 덮는 것으로 습도를 유지하고 잡초발생을 예방한다.

피트모스(peat moss ; 토탄) : 저습지에서 자라는 스파그넘이나 하이프눔모스에서 만들어지는 것으로 유기물이 풍부하여 토양 개량제로 쓰인다.

하층목(下層木, understory) : 높이가 크고 우세한 교목이나 관목 밑에서 살아가는 작은 크기의 관목으로 음지식물들을 가리키며 층을 이룬다.

하층식물(下層植物, underplant) : 높이가 큰 교목의 수관 밑에 식재하는 지피식물이나 관목으로 음지식물이 해당된다.

하층식재(下層植栽, under planting) : 키가 큰 교목이나 관목 밑에서 자라는 키가 낮게 자라는 식물을 식재하는 것.

한해살이(annual) : 한 생장기간 동안에 씨가 싹터서 생장하여 꽃이 피고 새로운 씨를 맺고서 12개월 이내에 죽는 식물.

허브정원(herb garden) : 약용 식품, 향기, 맛 등을 얻기 위해서 허브식물을 재배하는 정원.

현관식재(玄關植栽, entrance planting) : 건물의 현관 양쪽에 강조를 위해서 식재하는 것.

화계(花階, flower terrace) : 전통적인 민가 정원에서 안채 뒷동산의 비탈면을 계단식으로 화단을 꾸미면서 주로 꽃피는 관목을 식재하고 궁중 정원에서는 후원에 다듬은 화강암 장대석으로 바로쌓기를 하여 단을 만들고 화목류를 식재한 화단이다.

화초원(花草園, flower garden) : 한해살이 화초, 여러해살이 화초, 알뿌리 화초 등을 진열하여 꾸민 화단으로 화초원의 종류에 따라 식재는 대칭 또는 비대칭으로 배치하고 계절에 따라 색채가 변화하도록 식재한다.

활착(活着, reestablisment, well-establishment) : 이식한 후 뿌리 활동이 시작되어 새롭게 생장하는 것.

회전관수(回轉灌水) : 한 번에 전지역에 관수하기 보다는 설정된 작은 지역에 돌아가며 관수하는 것.

흉고직경(胸高直徑, DBH, diameter of breast height) : 가슴 높이에서 교목의 지름을 측정하는 것으로서, 서양에서는 130cm(4.5feet) 동양에서는 120cm 높이에서 측정한다.

흙넣기(back fill) : 식재 구덩이에서 파낸 흙을 조경식물을 앉힌 다음에 다시 구덩이에 넣는 일. 이때 유기물을 흙과 섞어서 넣으면 좋다.

흡지(吸枝, sucker, 움가지) : 땅속에 있는 뿌리에서 부정아가 생겨나서 땅 위로 솟아나온 가지. 또한 근관부 부근에서 나온 가지도 흡지라고 한다. 임업에서는 근맹아지라고 하며, 원예가들은 접목묘 대목에서 나온 측지들도 흡지라고 한다. 흡지는 교목의 발육을 방해할 수 있다.

참고문헌

Austin, Richard L.(1982), Designing with Plants. New York, Van Norstrand Reinhold.

Austin, Richard L.(2002), Elements of Planting Design, John Wiley & Sons.

Beckett, k. and G.(1979), Planting native trees and shrubs, Jarrold.

Booth, Norman K.(1983), Basic Elements of Landscape Architectural Design, Ch. 2. Plant Materials, New
York, Elsevier.

Booth, Norman K.(2002), Residental Landscape Architecture, 3rd. ed. PrenticeHall.

Bridwell, F. M.(1994), Landscape plants , Their identification,
culture and use. Albany, New York, Delmar, Publisher.

Carpenter, Philip L. and Theodore D. Walker(1990). Plants in the
Landscape ; Part Ⅲ Arranging Plants in the Landscape, ch.7, ch.8, ch.9 New York, Freeman.

Cliff Tandy(1973), Handbook of urban landscape, Section 4 Bassic plant data, London, The Architecture Press.

Closton B.(ed)(1977), Landscape design with plants. London, Heinemann.

Feuch, James R. · Jac. R. D. Butler(1988), Landscape management, Van Nostrand Reinhold, New York.

Glman, Edward F.(1977), Tree for urban and suburban landscapes, Chapter 4 Planting technigues, Albany New
York, Delmar Publish.

Hackett, B.(1979), Planting Design, Landon Spon.

Harris, Richard W.(1992), Arboriculture, Integrated management of landscape tress, shrub, vine, Chapter 9.
Transplanting Large Plants, Englewood Cliffs, NJ, Prentice Hall.

Helen Wood Hall(2001), The RHS book of planting schemes, Coran Octopus Limited, London.

Hilary Thomas(2008), The Complete Planting Design Course, Mitchell Beazley.

Leroy Hannebaum(1981), Landscape design, Chpter 7. Principle of planting design, Virginia, Reston.

Leszczynski Nancy A.(1999), Planting the landscape, John Wiley & Son's Inc.

Martin, E. C., JR(1983), Landscape plant in design, Westport Conn., AVI Publishing Company.

Michael Laurie(1986), An Introduction to landscape architecture, 2nd ed, Chapter 11. plants and planting
design, New York, Elsevier.

Morrow, Baker H.(1988), A Dictionary of Landscape Architecture, 2nd. Printing. The University of New
Mexico Press.

Nelson, William R.(1979), Planting Design : A Manual of theory and practice, Champain, IL. Stipes Publishing
Company.

Nick robinson(2004), The Planting Design Hand Book, Ashgate.

Noël kingsbury(1996), The Ultimate Planting Guride, Ward Lock.

Robinette, Gray O.(1972), Plant, people and environmental quality, US Department of the Interior / ASLA

Robinson, Nick(2004), The planting design handbook, 2nd. ed. London, Ashgater Publishing Company.

Rosemary Verey's Good Planting Plans(1993), Litthe, Brown and Vereg Company, New York.

Siomond, John Ormsbee(1983), Landscape Architecture. 2nd ed. Chapter 4. Plants. New York, McGraw-Hill
        Book Company.

The Gardener's Index of plants & flowers(1987), London, Dorling Kindersley.

Thomas, Graram s'tuart(1984), The art of planting, London, J. M. Dent & Sons Ltd.

Walker, Theodore D.(1991), Planting Design, 2nd ed. New York, Van Norstrand Reinhold.

上原敬二(1962), 樹木の植栽と 配植, 東京, 加島書店.

上原敬二(1979), 造園 植栽法 講義, 東京, 加島書店.

三橋一也・相川貞(1981), 造園植栽 設計施工, 東京, 鹿島出判會.

新田伸三(1974), 植栽理論技術, 東京, 鹿島出判會.

강희안(서윤이, 이경록 역), (1990), 양화소록, 눌와.

최상범(1980), 원예・조경용어사전, 기문당.

최상범(1982), 조경식재기술, 기문당.

최상범 역(1985), 조경식재설계, 기문당.

최상범 외(1991), 조경식재설계론, 문운당.

최상범(2001), 조경식물, 기문당.

최상범(2001), 조경화초, 기문당.

최상범(2001), 실내조경식물, 기문당.

최상범(2004), 원예・조경식물의 학명, 동국대학교 출판부.

최상범(2005), 야생화정원, 기문당.

최상범(2005), 장미정원, 기문당.

최상범(2005), 허브정원, 기문당.

허 균(2003), 한국의 정원, 도서출판 다른세상.

찾아보기

최 상 범

서울시립대학교 원예학과 졸업
서울대학교 교육대학원 졸업
동국대학교 대학원 농학박사
해병중위 베트남전 소대장 참전
상지대 교수 역임
미국 버지니아공대(VPI & SU) 조경학과 초빙교수
동국대학교 학생처장, 자연과학대학장, 경주캠퍼스 부총장 역임

현재
동국대학교 조경학과 명예교수

저서
조경식재기술, 원예 · 조경용어사전, 조경식물, 조경화초,
실내조경식물, 원예 · 조경식물의 학명, 허브정원, 장미정원,
야생화정원

조경식재학

2006년 2월 27일   1판 1쇄 발행
2023년 9월 25일   2판 6쇄 발행

지 은 이   최 상 범
발 행 인   강 해 작
발 행 처   기 문 당
주   소   서울시 성동구 무학봉28길 4-1
전   화   02) 2295-6171(代)~5
팩   스   02) 6971-8188
출판등록   1976. 10. 7(1-44)
홈페이지   http://www.kimoondang.com
I S B N   978-89-6225-697-0   94480